Kohlhammer

Joseph Messerer/Peter Bachmeier

Vorbeugender baulicher Brandschutz

10., aktualisierte Auflage

Verlag W. Kohlhammer

Wichtiger Hinweis

Die Verfasser haben größte Mühe darauf verwendet, dass die Angaben und Anweisungen dem jeweiligen Wissensstand bei Fertigstellung des Werkes entsprechen. Weil sich jedoch die technische Entwicklung sowie Normen und Vorschriften ständig im Fluss befinden, sind Fehler nicht vollständig auszuschließen. Daher übernehmen die Autoren und der Verlag für die im Buch enthaltenen Angaben und Anweisungen keine Gewähr.

Die Abbildungen stammen – sofern nicht anders angegeben – von den Autoren.
Umschlagbild: Branddirektion München

10., aktualisierte Auflage 2026

Gesamtherstellung: W. Kohlhammer GmbH, Heßbrühlstr. 69, 70565 Stuttgart
produktsicherheit@kohlhammer.de

Print:
ISBN 978-3-17-045174-2

E-Book-Formate:
pdf: ISBN 978-3-17-045176-6
epub: ISBN 978-3-17-045177-3

Vorwort

Wer mit der Errichtung eines Gebäudes befasst ist, sei er Bauherr, Architekt, Brandschutznachweiserstellender oder Ausführender, der wird früher oder später mit Anforderungen des Vorbeugenden Brandschutzes in Berührung kommen. Dies ist unvermeidlich, da die Baurechtsbestimmungen in erheblichem Umfang auf den Brandschutz abgestellt sind. Das Bauen ist in unseren Tagen eine komplexe Tätigkeit geworden, nicht mehr vergleichbar mit dem archaischen Zusammenfügen von Steinen und Balken, wie es seit Jahrtausenden genügt hat. Genauso komplex sind die rechtlichen Bestimmungen geworden, sie sind in ständigem Fluss und selbst für Fachkräfte nicht immer durch- und überschaubar. Es soll daher Aufgabe des vorliegenden Buches sein, den Zusammenhang zwischen den Zielvorstellungen des Vorbeugenden Brandschutzes, den grundlegenden Rechtsbestimmungen und den technischen Ausführungsmöglichkeiten herzustellen. Damit soll das Verständnis für den Sinn der Bestimmungen gestärkt werden, die wegen ihrer Vielzahl und örtlichen Streuung natürlich in diesem Rahmen nicht einzeln dargestellt werden können.

Trotz einer inhaltlichen Gliederung lassen sich gewisse Wiederholungen und Verweisungen im Text wegen der stark ineinandergreifenden Sachverhalte nicht vermeiden. Dies zeigt deutlich, dass der Vorbeugende Brandschutz niemals aus isoliert zu betrachtenden Einzelmaßnahmen besteht, sondern – wenn er wirksam sein soll – ein Brandschutzkonzept, d. h. ein aufeinander abgestimmtes System von Vorkehrungen, darstellt, deren Zusammenwirken erst den umfassenden Schutz ergibt.

Die Schrift richtet sich weniger an den versierten Brandschutzexperten, der auf alle Fragen eine erschöpfende Antwort parat hat – gibt es diese überhaupt? –, sondern vielmehr an diejenigen, für die die Beschäftigung mit diesem Thema ein unvermeidlicher Teil ihrer beruflichen Tätigkeit ist und an diejenigen, die in das Gebiet als Studierende oder Auszubildende »einsteigen« wollen oder müssen. Dies sind neben dem erstgenannten Personenkreis vor allem auch Angehörige der Bauaufsicht, der Feuerwehr mit ihren Brandschutzdienststellen, Sicherheitsfachkräfte, Technische Aufsichtskräfte und Betriebsleiter.

Brandschutzkenntnisse werden im Hinblick auf den teilweisen Rückzug der Bauaufsichtsbehörden aus dem Genehmigungsverfahren und den Ersatz baulicher Maßnahmen durch Anlagentechnik zur Begründung von Abweichungen immer wichtiger! Auch durch den europäischen Zusammenschluss werden neuere, keineswegs einfachere Regelungen auf die am Bau Beteiligten zukommen, die aber letztlich auch auf den gleichen Zielvorstellungen aufbauen, um deren Verständnis dieses Buch wirbt.

Inhaltsverzeichnis

1 Baurecht

Der Bauherr fasst den Vorsatz, ein Gebäude zu errichten, in der Absicht, eine bestimmte wirtschaftliche Nutzung optimal auszuführen und ggf. ein repräsentatives Gebäude zu erhalten. Sein Nutzungsbestreben findet zunächst nur dort eine Einschränkung, wo ihm die finanzielle Grenze gesetzt ist. Da er meist Bauexperte ist, bedient sich der Bauherr bei der Planung der Hilfe eines Entwurfsverfassers (Architekt, Bauingenieur).

Der Architekt ist in erster Linie Gestalter, oft Künstler. Auf der Grundlage seines technischen Wissens und seines handwerklichen Könnens versucht er, den Bau zu gestalten, harmonische Formen und ästhetische Linien zu verwirklichen, Baukunst, Architektur zu schaffen. Für ihn sind die Wünsche des Bauherrn und die zur Verfügung stehenden Geldmittel der primäre Rahmen.

Da aber Bauen nicht im freien Raum geschieht, sondern in einer hochdifferenzierten Gesellschaft, ist jegliches Tun zugleich ein Eingriff in die Interessen Dritter und der Allgemeinheit. Der Interessenabgleich erfolgt in einem Rechtsstaat durch das geschriebene Recht – im Falle des Bauens durch das Baurecht. Es ist selbstverständlich, dass auch im Bereich der Genehmigungsfreiheit von Bauvorhaben dieses geschriebene Recht vollständig zu beachten ist – die Verantwortung dafür geht lediglich von der Behörde allein auf den Bauherrn und Entwurfsverfasser über.

Die freie Entfaltung des Nutzungsstrebens des Bauherrn wie des Gestaltungswillens des Architekten wird durch das Baurecht daher so eingeschränkt, dass auch den berechtigten Anliegen der Nachbarn und der Öffentlichkeit Rechnung getragen ist.

Die den Brandschutz betreffenden Bestimmungen des Baurechts sind das Ergebnis von Überlegungen, wie den Brandgefahren, die im Folgenden noch näher betrachtet werden sollen, begegnet werden kann. Man könnte diese Überlegungen gewissermaßen die »Brandschutz-Philosophie« nennen.

Daneben gibt es das Gebiet der Brandschutzforschung und -technik, auf dem durch wissenschaftliche und technische Verfahren ermittelt und festgelegt wird, wie die Forderungen der »Brandschutz-Philosophie« verwirklicht werden können.

Beide Gebiete sind einer stetigen Wandlung begriffen, wobei insbesondere die Erfahrungen der Praxis immer wieder Anlass geben, die Vorstellungen abzuwandeln bzw. neue wissenschaftlich-technische Verfahren zu ihrer Verwirklichung zu finden. Letztlich bestimmen nicht selten politische Vorgaben die Fortschreibung des Baurechts. Allgemein ist festzuhalten, dass gegenüber dem baulichen Brandschutz mehr und mehr ein anlagentechnischer Brandschutz Raum gewinnt.

Neue Technologien können neue Risiken herbeiführen – man denke z. B. an die Installation von PV-Anlagen, die Energiespeicherung in Lithium-Ionen-Akkus oder die Auswirkungen der Elektromobilität auf die Garagennutzung. Neue Technologien werden aber auch stets auf ihre Anwendbarkeit zur Verbesserung des Brandschutzes geprüft.

1.1 Planungsrecht und Bauordnungsrecht

Das Baurecht regelt im Grundsatz zweierlei Sachverhalte: zum einen wo und was gebaut werden darf, zum anderen wie etwas gebaut werden muss. Die Zulässigkeit welcher Art von Bauvorhaben und an welchen Orten regelt das Planungsrecht. Planungsrecht ist Bundesrecht. Es findet sich im Wesentlichen im »Baugesetzbuch«. Die Planungshoheit liegt bei der jeweiligen Gemeinde. Diese überplant ihr Gemeindegebiet mit einer vorbereitenden (Flächennutzungsplan) und verbindlichen Bauleitplanung (Bebauungsplan).

1.2 Bauordnungsrecht ist Sicherheitsrecht

Das Bauordnungsrecht regelt, welche formellen und materiellen Bestimmungen bei der Errichtung baulicher Anlagen einzuhalten sind. Durch das Bauordnungsrecht sollen die von einem Gebäude ausgehenden möglichen Nachteile und Gefahren vermieden oder gemindert werden. Solche Gefahren können verschiedenster Art sein: das Gebäude ist feucht, schlecht belichtet oder beleuchtet, die Lüftung kann unzureichend sein, Schall- oder Wärmeschutz genügen nicht, Müll und Abwässer gefährden die Umgebung oder das Grundwasser. Diese Aufzählung ist beispielhaft und ließe sich beliebig erweitern. Allen diesen Nachteilen und Gefahren haftet die Eigenschaft an, dass sie erst im Laufe eines längeren Zeitraumes zu einer schädigenden Wirkung führen und dass Nachbesserungen möglich sind.

Tabelle 1: ***Brandgefahren***

Energieform Feuer > 200 °C	Brandparallelerscheinung Rauch
Gefahr für den Menschen	
▪ Verbrennungen 1., 2. oder 3. Grades ▪ Verbrühung ▪ Verletzungen durch Explosion und Einsturz	▪ Vergiftung (CO, HCN, NO_x, PCB) ▪ Ersticken durch Sauerstoffmangel ▪ Verätzung (HCl), Sichttrübung ▪ Verletzungen durch Sturz oder Panikhandlungen (Springen)
Gefahr für Sachwerte	
▪ Erweichen (Thermoplaste) ▪ Schmelzen (Metalle), Ausdehnung ▪ Zerspringen (Glas, Faserzement, Beton) ▪ Auflösung des Kristallgefüges (Gips) ▪ Bräunung, Versengen, Verbrennen aller organischen Stoffe (kohlenstoff- u. wasserstoffhaltige Stoffe)	▪ Rauchgeruch (Textilien, Lebensmittel) ▪ Verschmutzen aller Oberflächen durch Ruß, Aerosole Korrosion, Chloridschäden (HCl)
Gefahr für die Umwelt	
▪ Thermik (Verbreitung der Schadstoffe)	▪ Luftverschmutzung durch Schadstoffe, CO_2-Bildung, Löschmittel CO_2
Gefährdung des Grund- und Oberflächenwassers durch verunreinigtes Löschwasser oder durch Löschmittel	

Anmerkung: Die willkürliche gewählte Temperaturgrenze von 200 °C bildet den Unterschied zwischen »kaltem Rauch« und »Feuer«. So werden z. B. Rauchschutztüren nach DIN 18095 mit einer Temperatur von 200 °C auf ihre Leckrate geprüft. Höhere Temperaturen bergen bereits die Gefahr einer Entzündung von organischen Stoffen, deren Zündtemperatur bei 300 bis 350 °C liegt.

Zwei Gefahren jedoch unterscheiden sich davon grundsätzlich:

- mangelnde Standsicherheit und
- mangelnde Brandsicherheit (▶ Tabelle 1).

Beispiel für mangelnde Standsicherheit: Decke stürzt auf Supermarkt-Kunden

Jülich (dpa) – Durch eine herabstürzende Decke sind in einem Supermarkt im rheinländischen Jülich vier Kunden schwer und drei weitere leicht verletzt worden. Nach Angaben der Polizei löste sich plötzlich das etwa 40 Quadratmeter große Deckenteil und begrub die an einer Fleischtheke wartenden Menschen unter sich.

Stürzt ein Gebäude ganz oder teilweise ein oder kommt es im Gebäude oder in seiner Nachbarschaft zu einem Brand, so werden diese Gefahren akut wirksam. Sie treten plötzlich auf, der Mensch kann sich ihnen nicht entziehen, er kann in diesem Moment auch nichts mehr am Gebäude »nachbessern«. Natürlich kann nachgebessert werden, aber erst nachdem der Schaden eingetreten ist. Der Vorbeugung vor diesen beiden Gefahren kommt daher aus öffentlich-rechtlicher Sicht die größte Bedeutung zu.

Die Standsicherheit – zu der sinngemäß auch die sichere Begehbarkeit eines Gebäudes gehört – wird durch Prüfung der Festigkeitsrechnung, der so genannten Baustatik, durch die Verwendung von CE-gekennzeichneten bzw. zugelassenen Bauprodukten und Bauarten mit entsprechenden Bauartgenehmigungen, und durch die Beachtung der »allgemein anerkannten Regeln der Baukunst« gewährleistet.

Die Brandsicherheit wird erreicht, wenn das Gebäude nach den materiellen Regeln des Vorbeugenden Brandschutzes erstellt wird oder die Schutzziele gleichwertig erreicht werden.

Zweifellos hat das Bauordnungsrecht als Sicherheitsrecht in erster Linie den Personenschutz, d. h. den Schutz von Leben und Gesundheit der Personen sicherzustellen, die sich in einer baulichen Anlage aufhalten oder im Einsatz tätig werden müssen. In zweiter Linie gilt es Dritte (hier die Nachbarschaft) zu schützen.

Ob der Sachgüterschutz, d. h. der Schutz von Eigentum und Besitz eine primäre Forderung des Bauordnungsrechts ist, oder durch die Maßnahmen des Personenschutzes sozusagen nebenher anfällt, ist umstritten, aber für die folgenden Betrachtungen unerheblich. Auch die Gefahren für die Umwelt durch Brand werden durch die geforderten Maßnahmen automatisch auf den überhaupt erreichbaren Umfang reduziert. Ein Blick in die Statistik zeigt jedoch, dass die Schäden durch fehlende Standsicherheit und den Brandschutz nicht zu vergleichen sind und von der Bauaufsicht auch nicht gleichbehandelt werden.

Durch mangelnde Standsicherheit dürfen keine Personenschäden auftreten; dies würde auch politisch nicht toleriert. Im § 12 Musterbauordnung (MBO) heißt es: »Jede bauliche Anlage muss im Ganzen und in ihren einzelnen Teilen für sich allein standsicher sein. […]«

Brände hingegen verursachen jährlich ca. 350 bis 400 Tote und rund 20 000 Verletzte. Der Grund dafür ist, dass Brände – und somit auch Personenschäden – nicht sicher verhindert werden können. Würde das Baurecht fordern, dass durch Brände keine Personen zu Schaden kommen dürfen, wäre ein Bauen nicht mehr möglich. In § 14 MBO wird deshalb lediglich gefordert, dass »der Entstehung eines Brandes […] vorgebeugt wird und bei einem Brand die Rettung von Menschen und Tieren […] möglich sind.«

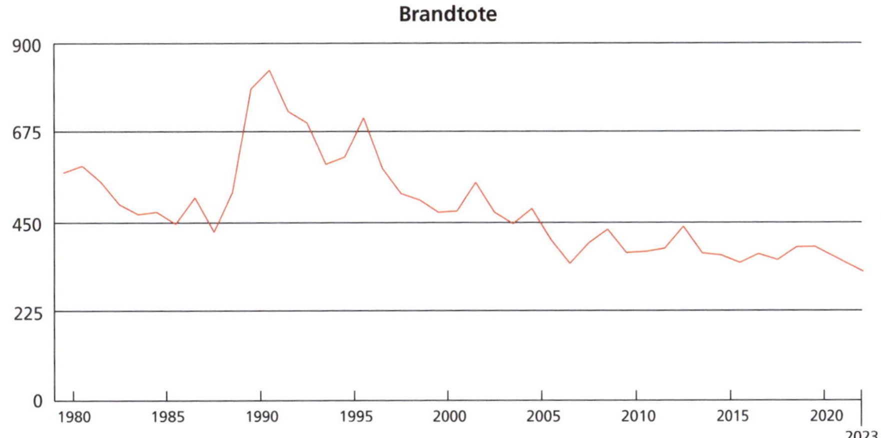

Bild 1: ***Die baurechtlichen Verbesserungen im letzten Jahrhundert, insbesondere die Forderung nach einem zweiten Rettungsweg in den 1960er-Jahren und die Einführung der Rauchmelderpflicht Anfang der 2000er-Jahre, zeigen nachhaltige Wirkung bei den Brandopferzahlen. Aber auch andere Belange, wie der verbesserte abwehrende Brandschutz oder die Umstellung der Gebäudeheizungen zeigen eine positive Wirkung. Nun daraus zu schließen,***

Der Gesetzgeber hat dazu im Baurecht ein Brandschutzkonzept hinterlegt. Die Brandschutzanforderungen dieses Konzeptes bestehen aus den Einzelvorschriften der Bauordnung, der dazugehörigen Vorschriften (Verordnungen) und der eingeführten technischen Baubestimmungen. Diese Vorschriften sind aufeinander abgestimmt, nach fünf Gebäudeklassen gestaffelt und werden für Sonderbauten ggf. durch Einzelfallentscheidungen ergänzt.

Hält sich der Bauherr an dieses Brandschutzkonzept, hat er das Recht auf die Erteilung einer Baugenehmigung. Der Bauherr kann von diesem Brandschutzkonzept aber auch abweichen; die Abweichung muss jedoch von der Bauaufsichtsbehörde auf die Einhaltung der Schutzziele kontrolliert und genehmigt oder durch einen Prüfsachverständigen bescheinigt werden.

1.3 Bauordnungsrecht ist Landesrecht

Das Grundgesetz der Bundesrepublik weist das Bauordnungsrecht als Sicherheitsrecht den Bundesländern zu. Demzufolge gibt es eine Nordrhein-Westfälische Bauordnung oder eine Bayerische Bauordnung. Damit aber gleichgeartete Fälle vergleichbar geregelt werden können, stützen sich die Landesbauordnungen auf eine so genannte Musterbauordnung. Dieses Muster wird von der Fachkommission Bauaufsicht – einer Arbeitsgemeinschaft der Obersten Bauaufsichtsbehörden der Länder – erarbeitet und von ihr permanent fortgeschrieben. Hier legen Baufachleute und Juristen unter Beiziehung von Sachverständigen den materiellen und formellen Inhalt der Bauordnungsrechtsbestimmungen fest. In Abständen wird ein verbindliches Muster von der Innenministerkonferenz beschlossen. Über dieses Muster haben dann die legislativen Körperschaften der jeweiligen Bundesländer bei der Umsetzung in Landesrecht zu befinden. Einzelne Vorschriften einer Landesbauordnung (LBO) können jedoch von der Musterbauordnung oder von anderen Landesbauordnungen erheblich abweichen. Im Folgenden wird immer auf die Bestimmungen der Musterbauordnung Bezug genommen werden, wobei weniger Einzelbestimmungen als vielmehr Grundsätze in den Vordergrund gestellt werden.

Entgegen dem üblichen Sprachgebrauch bedeutet »grundsätzlich« oder »im Grundsatz« in Rechtsbestimmungen so viel wie »es gibt Ausnahmen«.

Anstelle den früher verwendeten Begriffen »Ausnahmen und Befreiungen« kennt die jetzige Musterbauordnung nur die »Abweichung«. § 67der MBO lautet:

»Die Bauaufsichtsbehörde soll Abweichungen von Anforderungen dieses Gesetzes und aufgrund dieses Gesetzes erlassener Vorschriften zulassen, wenn sie unter Berücksichtigung des Zwecks der jeweiligen Anforderung und unter Würdigung der öffentlich-rechtlich geschützten nachbarlichen Belange mit den öffentlichen Belangen […] vereinbar sind […].«

Öffentliche Belange sind insbesondere die öffentliche Ordnung und der Schutz von Leben oder Gesundheit. Auch der Umweltschutz gehört zu den öffentlichen Belangen. Abweichungen beziehen sich immer auf materielle Vorschriften. Daneben gibt es den Begriff der Abweichung von technischen Baubestimmungen. Eine Abweichung kann zugelassen werden, sie kann mit kompensierenden Auflagen zugelassen werden, oder sie kann nicht zugelassen werden. Dies erlaubt eine elastischere und auf den Einzelfall eingehende Behandlung der Fälle.

Dennoch könnte man mit der Bauordnung allein nicht bauen. Wie jedes andere Gesetz bedarf eine Bauordnung der »Ausfüllung« zur Verwirklichung und näheren Bestimmung (Konkretisierung) ihrer allgemeinen Anforderungen. Die Bauordnung ermächtigt daher die Obersten Baubehörden zum Erlass von Rechtsverordnungen auf dem Verwaltungswege.

Solche Rechtsverordnungen sind insbesondere Durchführungsverordnungen zu den Länderbauordnungen, Garagenverordnungen und Feuerungsverordnungen, für die jeweils eine Musterverordnung die Grundlage bildet. Sie konkretisieren unbestimmte Rechtsbegriffe.

Die Bauordnungen der Länder unterscheiden Gebäude nach ihrer Gebäudeklasse und der Nutzung als Standardbau, Sonderbau oder Mittel- und Großgarage.

Gebäudeklasse 1:
freistehende Gebäude mit einer Höhe bis zu 7 m und nicht mehr als zwei Nutzungseinheiten von insgesamt nicht mehr als 400 m^2 und freistehende land- oder forstwirtschaftlich genutzte Gebäude,

Gebäudeklasse 2:
Gebäude mit einer Höhe bis zu 7 m und nicht mehr als zwei Nutzungseinheiten von insgesamt nicht mehr als 400 m^2,

Gebäudeklasse 3:
sonstige Gebäude mit einer Höhe bis zu 7 m,

Gebäudeklasse 4:
Gebäude mit einer Höhe bis zu 13 m und Nutzungseinheiten mit jeweils nicht mehr als 400 m^2,

Gebäudeklasse 5:
sonstige Gebäude einschließlich unterirdischer Gebäude.

Hinweis:

Unterirdisch ist ein Gebäude, das keine oberirdischen Geschosse, sondern nur Kellergeschosse hat. Tiefgaragen als Teil eines Gebäudes teilen die Gebäudeklasse des oberirdischen Gebäudeteils.

Standardbauten sind nach einem Ausschlussprinzip Gebäude, die weder Sonderbau noch Mittel- oder Großgarage sind. Es handelt sich hierbei um den Großteil der Gebäude, wie übliche Wohngebäude, kleinere Bürogebäude oder landwirtschaftliche Gebäude.

Sonderbauten sind Anlagen oder Räume besonderer Art oder Nutzung, die einen der nachfolgenden Tatbestände erfüllen:

1. Hochhäuser (mit einer Höhe von mehr als 22 m),
2. bauliche Anlagen mit einer Höhe von mehr als 30 m,
3. Gebäude mit mehr als 1 600 m^2 Grundfläche des Geschosses mit der größten Ausdehnung, ausgenommen Wohngebäude und Garagen,
4. Verkaufsstätten, deren Verkaufsräume und Ladenstraßen eine Grundfläche von insgesamt mehr als 800 m^2 haben,
5. Gebäude mit Räumen, die einer Büro- oder Verwaltungsnutzung dienen und einzeln eine Grundfläche von mehr als 400 m^2 haben,
6. Gebäude mit Räumen, die einzeln für die Nutzung durch mehr als 100 Personen bestimmt sind,
7. Versammlungsstätten
    a) mit Versammlungsräumen, die insgesamt mehr als 200 Besucher fassen, wenn diese Versammlungsräume gemeinsame Rettungswege haben,
    b) im Freien mit Szenenflächen sowie Freisportanlagen jeweils mit Tribünen, die keine Fliegenden Bauten sind und insgesamt mehr als 1 000 Besucher fassen,
8. Schank- und Speisegaststätten mit mehr als 40 Gastplätzen in Gebäuden oder mehr als 1 000 Gastplätzen im Freien, Beherbergungsstätten mit mehr als 12 Betten und Spielhallen mit mehr als 150 m^2 Grundfläche,
9. Gebäude mit Nutzungseinheiten zum Zwecke der Pflege oder Betreuung von Personen mit Pflegebedürftigkeit oder Behinderung, deren Selbstrettungsfähigkeit eingeschränkt ist, wenn die Nutzungseinheiten
    a) einzeln für mehr als 6 Personen oder
    b) für Personen mit Intensivpflegebedarf bestimmt sind oder
    c) einen gemeinsamen Rettungsweg haben und für insgesamt mehr als 12 Personen bestimmt sind,
10. Krankenhäuser,
11. Wohnheime,
12. Einrichtungen zur Unterbringung von Personen sowie Tageseinrichtungen für Kinder, Menschen mit Behinderung und alte Menschen, ausgenommen sind Tageseinrichtungen einschließlich Tagespflege für nicht mehr als zehn Kinder,
13. Schulen, Hochschulen und ähnliche Einrichtungen,
14. Justizvollzugsanstalten und bauliche Anlagen für den Maßregelvollzug,
15. Camping- und Wochenendplätze,

16. Freizeit- und Vergnügungsparks,
17. Fliegende Bauten, soweit sie einer Ausführungsgenehmigung bedürfen,
18. Regallager mit einer Oberkante Lagerguthöhe von mehr als 7,50 m,
19. bauliche Anlagen, deren Nutzung durch Umgang oder Lagerung von Stoffen mit Explosions- oder erhöhter Brandgefahr verbunden ist,
20. Anlagen und Räume, die in den Nummern 1 bis 19 nicht aufgeführt und deren Art oder Nutzung mit vergleichbaren Gefahren verbunden sind.

In § 51 MBO wird ergänzt:

»An Sonderbauten können im Einzelfall zur Verwirklichung der allgemeinen Anforderungen […] besondere Anforderungen gestellt werden. Erleichterungen können gestattet werden, soweit es der Einhaltung von Vorschriften wegen der besonderen Art oder Nutzung baulicher Anlagen oder Räume oder wegen besonderer Anforderungen nicht bedarf.«

Die Anforderungen und Erleichterungen […] können sich insbesondere erstrecken auf

- Baustoffe, Feuerwiderstandsdauer von Bauteilen,
- Brandschutzanlagen, -einrichtungen und -vorkehrungen,
- die Löschwasserrückhaltung,
- die Anordnung und Herstellung von Aufzügen, Treppen, Treppenräumen, Fluren, Ausgängen und sonstigen Rettungswegen,
- die Beleuchtung und Energieversorgung,
- die Lüftung und Rauchableitung,
- die Feuerungsanlagen und Heizräume,
- Umfang, Inhalt und Zahl besonderer Bauvorlagen, insbesondere eines Brandschutzkonzeptes,
- den Betrieb und die Nutzung einschließlich der Bestellung und der Qualifikation eines Brandschutzbeauftragten.

Um den Ermessensspielraum der Unteren Bauaufsichtsbehörden einzugrenzen und um dadurch eine Gleichbehandlung der Fälle zu erreichen, auf die der Bauherr ein Recht hat, erlassen die Obersten Baubehörden der Länder Verordnungen, z. B. über den Bau und Betrieb von Verkaufsstätten, über den Bau und Betrieb von Versammlungsstätten usw. Auch diese Verordnungen stützen sich inhaltlich auf die entsprechenden Musterverordnungen der Fachkommission Bauaufsicht. Ist eine der im § 2 MBO aufgelisteten baulichen Anlagen durch Verordnung konkret geregelt, so können weitergehende Anforderungen zu den Regelungspunkten mit der Bauordnung nicht mehr begründet werden.

Wie lauten nun die »allgemeinen Anforderungen« der MBO?

»Anlagen sind so anzuordnen, zu errichten, zu ändern und instand zu halten, dass die öffentliche Sicherheit und Ordnung, insbesondere Leben, Gesundheit und die natürlichen Lebensgrundlagen, nicht gefährdet werden. […]«

Ergänzend heißt es im § 85 a MBO:

»Die Anforderungen nach § 3 können durch Technische Baubestimmungen konkretisiert werden. Die Technischen Baubestimmungen sind zu beachten. […]«

Unter diese Generalklausel stellt der Gesetzgeber das Baugeschehen in der Bundesrepublik Deutschland. Er schränkt damit bestimmte Grundrechte der persönlichen Freiheit im Interesse des Gemeinwohls ein. Neben dem Schutz gegen Gefahren für Leben oder Gesundheit beinhaltet die öffentliche Sicherheit auch den Schutz der Rechtsgüter Eigentum und Besitz sowie der natürlichen Lebensgrundlagen, also die Umwelt.

Zu den Hauptgefahren für Leben, Gesundheit, Eigentum und Besitz ist, wie oben ausgeführt, insbesondere die Brandgefahr zu zählen. Aus diesem Grunde widmet das Baurecht den Anforderungen zur Abwendung von Brandgefahren einen breiten Raum in seinen materiellen Bestimmungen. Diese Vorkehrungen zur Abwendung von Brandgefahren bezeichnen wir gewöhnlich mit dem Ausdruck »Vorbeugender baulicher Brandschutz«.

Neben der reinen Bausubstanz steht die Nutzung des Gebäudes. Sie bestimmt zunächst den Umfang der erforderlichen Schutzmaßnahmen. Gerade aus der Nutzung erwachsen Brandgefahren und damit eine Gefährdung der öffentlichen Sicherheit oder Ordnung. Auch diesen Gefahren muss vorgebeugt werden, sodass der Begriff des »Vorbeugenden baulichen Brandschutzes« auf den allgemeineren Begriff »Vorbeugender Brandschutz« erweitert werden muss. Er schließt dann auch betriebliche Maßnahmen ein. Hier ist anzumerken, dass zwar einige Verordnungen, nicht aber die Bauordnungen selbst, Betriebsvorschriften kennen.

Da die Erfahrung lehrt, dass selbst die besten vorbeugenden baulichen und betrieblichen Brandschutzmaßnahmen nicht verhindern können, dass es zu Bränden kommt, gehört zum »Vorbeugenden Brandschutz« auch die Vorbereitung für die Maßnahmen des »Abwehrenden Brandschutzes«. Der »Abwehrende Brandschutz« – worunter ganz allgemein die Brandbekämpfung und die Menschenrettung durch die

Feuerwehr zu verstehen ist – steht in einer engen Wechselbeziehung zum Vorbeugenden Brandschutz. Ohne vorbeugende Maßnahmen am Objekt (Feuerwiderstand von Bauteilen, Feuermeldung, Zugänglichkeit, Angriffsweg, Löschwasserversorgung usw.) ist ein wirksamer Lösch- oder Rettungseinsatz im Allgemeinen nicht möglich.

Bild 2: ***Regelkreis des Brandschutzes (Quelle: Bachmeier, BF München)***

Um die Forderungen der Generalklauseln im Hinblick auf die Brandgefahren auszufüllen, bestimmt § 14 der Musterbauordnung im Abs. 1:

»Bauliche Anlagen sind so anzuordnen, zu errichten, zu ändern und instand zu halten, dass der Entstehung eines Brandes und der Ausbreitung von Feuer und Rauch (Brandausbreitung) vorgebeugt wird und bei einem Brand die Rettung von Menschen und Tieren sowie wirksame Löscharbeiten möglich sind.«

Dieser Kernsatz bildet die Grundlage für alle Bestimmungen des Vorbeugenden baulichen Brandschutzes und gibt gleichzeitig für die Praxis eine übersichtliche Gliederung, nach welchen Schutzzielen die zu treffenden vorbeugenden Maßnahmen auszurichten sind. Ergänzt wird die Schutzzielanforderung durch die Bauproduktenverordnung, die explizit noch den Schutz der Rettungskräfte mit aufführt.

2 Begriffe

2.1 Anordnen

Die Anordnung der baulichen Anlagen auf dem Grundstück, d. h. der Abstand der Gebäude voneinander, der Abstand zur Grundstücksgrenze und der Abstand zu bestehenden oder baurechtlich zulässigen künftigen Gebäuden, beeinflusst die Möglichkeit der Brandausbreitung ganz wesentlich.

An dieser Stelle muss ein Begriff eingeführt und erläutert werden, der im Baurecht eine wichtige Rolle spielt: der Nachbarschutz. Alle Schäden und Nachteile, die von einem Grundstück und seiner Bebauung ausgehend das Nachbargrundstück und dessen Bebauung betreffen könnten, sollen durch Nachbarschutzbestimmungen verhindert werden. Auf den Brandfall bezogen, sind viele Bestimmungen – über Brandwände, Außenwände und Dächer –, die der Ausbreitung eines Brandes entgegenwirken sollen »nachbarschützend«. Andere, das Anordnen der Gebäude auf dem Grundstück betreffende Bestimmungen haben den Schutz der Personen im Gebäude, der Gebäude selbst, bzw. der Löschmannschaft im Auge. Zu letzterem gehören z. B. der Abstand zu Hochspannungs-Freileitungen oder zu Bahnanlagen. Durch die Hochspannung entsteht einerseits eine Gefahr für die Löschkräfte und andererseits dürfen die Hochspannungsleitungen nicht durch brennende Gebäude beschädigt werden.

Die Anordnung der Gebäude auf dem Grundstück bestimmt weiterhin die Zugangsmöglichkeit zu den Gebäudefronten und damit die Möglichkeit für die Feuerwehr, wirksam zu löschen und Menschen und Tiere zu retten.

Die Anordnung der baulichen Anlagen auf dem Grundstück wird von den §§ 4 bis 6 MBO geregelt. Diese bestimmen unter anderem, dass Gebäude nur errichtet werden dürfen, wenn das Grundstück in angemessener Breite an einer befahrbaren öffentlichen Verkehrsfläche liegt und insbesondere für die Feuerwehr ein Zugang oder eine Zufahrt geschaffen wird. Vor den Außenwänden der Gebäude sind Abstandsflächen freizuhalten, die vor allem der Belichtung und Belüftung dienen. Abstandsflächen, die einer Brandweiterleitung vorbeugen sollen, finden sich in § 30 MBO (Brandwände) und § 32 MBO (Dächer).

Eine alte Fassung der Musterbauordnung war hier deutlicher und sei deshalb zitiert:

»Bauliche Anlagen sind auf dem Grundstück so anzuordnen, dass sie sicher zugänglich sind und ihrem Zweck entsprechend belichtet und gelüftet werden können. Die

erforderliche Bewegungsfreiheit und Sicherheit für den Einsatz der Feuerlösch- und Rettungsgeräte muss sichergestellt sein.«

§ 5 MBO führt dazu Näheres aus – ▶ Kapitel 11.3.6.

2.2 Errichten

Um ein Gebäude zu errichten, werden Bauteile, die aus bestimmten Baustoffen bestehen, in einer bestimmten Weise zueinander angeordnet. Dies ist eine Binsenweisheit, enthält aber die drei Haupteingriffsmöglichkeiten des baulichen Brandschutzes:

- Einflussnahme auf die Baustoffe,
- Einflussnahme auf die Bauteile,
- Einflussnahme auf die Grundrissgestaltung.

2.3 Ändern und Instandhalten

Die in den §§ 3 und 14 der Musterbauordnung genannten Schutzziele müssen nicht nur zum Zeitpunkt der Inbetriebnahme eines Gebäudes erfüllt sein, sondern der einmal genehmigte Zustand muss während der gesamten Lebensdauer des Gebäudes erhalten werden: »zu ändern und instand zu halten […]«. Die größte Gefahr liegt in nicht genehmigten Änderungen der Bausubstanz oder der Nutzung.

Hier darf als Beispiel an den so genannten »Ringkaufhausbrand« 1962 erinnert werden, der 22 Personen das Leben kostete (▶ Bild 3). Ursache dafür, dass der Brand diese katastrophalen Folgen hatte, war im Wesentlichen eine Nutzungsänderung, die der Bauaufsicht nicht bekannt war. Das ehemalige Kaufhaus wurde als Lager genutzt, war – einschließlich der Rettungswege – vollgestapelt, und in den obersten Geschossen wurden Arbeitsräume eingerichtet, deren Rettungsweg nicht gesichert war. Alarm-, Feuermelde- und Löscheinrichtungen waren stillgelegt, die an sich reichlich vorhandenen ehemaligen Kaufhausausgänge mit Rollgittern versperrt. Wäre die geänderte Nutzung genehmigt worden, so wären in diesem Genehmigungsverfahren wieder die Gesichtspunkte des Vorbeugenden Brandschutzes zum Tragen gekommen. Es gehört daher zur Pflicht der für den Betrieb Verantwortlichen, bauliche und Nutzungsänderungen mit der Bauaufsichtsbehörde bzw. mit der für den Brandschutz verantwortlichen Behörde abzustimmen.

Bild 3: ***Der Brand des »Ringkaufhauses« in Nürnberg forderte mehr als zwanzig Todesopfer. Die Ursache dieser Brandkatastrophe ist eindeutig in der ungenehmigten Nutzungsänderung zu finden.***

Schon das Versetzen einer leichten Trennwand kann die Rettungswegsituation empfindlich verschlechtern, der »Schwarzbau« einer Garage oder eines Schuppens kann die Feuerwehrzufahrt unbefahrbar machen, eine Überdachung kann zur Feuerbrücke werden.

Beim Unterhalten eines Gebäudes sind sowohl bauliche Maßnahmen wie beispielsweise das Erneuern des schadhaften Putzes einer feuerhemmenden Decke, als auch betriebliche Maßnahmen notwendig, wie zum Beispiel die Reparatur oder Wartung einer Sprinklerpumpe. Aus der Sicht des Vorbeugenden Brandschutzes kommt natürlich der Instandhaltung der baulichen und technischen Sicherheitsvorkehrungen die größte aber nicht ausschließliche Bedeutung zu. Als Brandursache bilden die »Mängel an Bauten« eine eigene Gruppe, wobei die Brandentstehung meist nur mittelbar erfolgt. Wenig problematisch ist die Sicherstellung der Betriebsbereitschaft immer dann, wenn eine Sicherheitseinrichtung noch einen anderen, alltäglichen Zweck erfüllt, etwa ein Telefon, das zur Feuermeldung dient oder ein Feuerwehraufzug, der in der Aufzugsgruppe mitläuft: Jede Störung wird sofort bemerkt und behoben. Anders ist es bei Einrichtungen, die ausschließlich der

Sicherheit im Brandfall dienen, etwa die Sprinkleranlage oder die Rauchabzugseinrichtung; ihr Versagen würde man erst im Bedarfsfall feststellen. Derartige Einrichtungen bedürfen also einer regelmäßigen Wartung und Prüfung. Die Betreiber von Sonderbauten müssen nach den Vorschriften der Muster-Prüfverordnung technische Anlagen und Einrichtungen auf ihre Wirksamkeit und Betriebssicherheit durch anerkannte Sachverständige prüfen lassen. Die Prüfungen sind vor der ersten Inbetriebnahme der baulichen Anlage, nach einer wesentlichen Änderung der baulichen oder der sicherheitstechnischen Anlage sowie jeweils innerhalb einer Frist von drei Jahren durchführen zu lassen. Bei bestimmten Sicherheitseinrichtungen, wie z. B. Sprinkleranlagen, für deren Einbau der Versicherer Rabatte auf die Feuerversicherungsprämie gibt, schreibt auch der Versicherer die regelmäßige Prüfung vor oder führt sie selbst durch.

Allgemein kann festgestellt werden, dass ein Vorbeugender Brandschutz, der auf baulichen Maßnahmen beruht, kaum Unterhalts- und Prüfkosten erfordert, wohingegen alle technischen Sicherheitseinrichtungen einen hohen Unterhaltsaufwand nach sich ziehen. Dies wird bei Anlagen zur Kompensation von Abweichungen von baulichen Vorschriften oft nicht beachtet.

2.4 Bauprodukte

§ 2 MBO schafft einen Oberbegriff für Baustoffe und Bauteile.

»Bauprodukte sind

- *Produkte, Baustoffe, Bauteile und Anlagen sowie Bausätze […], die hergestellt werden, um dauerhaft in bauliche Anlagen eingebaut zu werden,*
- *aus Produkten, Baustoffen, Bauteilen sowie Bausätzen […] vorgefertigte Anlagen, die hergestellt werden, um mit dem Erdboden verbunden zu werden […].«*

Ein Bauprodukt ist dadurch gekennzeichnet, dass es durch ein Transportmittel auf die Baustelle gebracht wird, z. B. Mauersteine, vorgefertigte Bauteile aus Stahl, Türen oder ein Heizöltank.

»Bauprodukte dürfen nur verwendet werden, wenn bei ihrer Verwendung die baulichen Anlagen […] während einer dem Zweck entsprechenden angemessenen Zeitdauer die Anforderungen dieses Gesetzes […] erfüllen und gebrauchstauglich sind.« (§ 16 b MBO)

Diese Bauprodukte

- tragen entweder die CE-Kennzeichnung und die erklärten Leistungen des Herstellers entsprechen den festgelegten Anforderungen des Baurechts oder
- es handelt sich um geregelte Bauprodukte entsprechend den Bestimmungen der Muster Verwaltungsvorschrift Technische Baubestimmungen (MVV TB) – Ziffer C 2 und weichen von ihnen nicht wesentlich ab (z. B. Mineralfaserplatten als Einlagen für Feuerschutztüren nach DIN 18089-1 oder Fahrschacht-Dreh- und -Falttüren für Aufzüge in Fahrschächten mit Wänden der Feuerwiderstandsklasse F 90 nach DIN 18090).

Bauprodukte,

- für die es keine Technische Baubestimmung (nichtgeregelte Bauprodukte) gibt oder
- für die das Bauprodukt von einer Technischen Baubestimmung wesentlich abweicht

benötigen für ihre Verwendung

- eine allgemein bauaufsichtliche Zulassung,
- ein allgemein bauaufsichtliches Prüfzeugnis oder
- einen Nachweis der Verwendbarkeit von Bauprodukten im Einzelfall.

Bauprodukte, die nur eines allgemein bauaufsichtlichen Prüfzeugnisses bedürfen, sind in Ziffer C 3 der MVV TB aufgeführt (z. B. Türen und Tore als Rauchschutzabschlüsse, ausgenommen Vorhänge nach DIN 18095-1 und -3). Darüber hinaus gibt es noch Bauprodukte, die keinen Verwendbarkeitsnachweis benötigen; sie sind in Ziffer D der MVV TB aufgeführt.

2.5 Bauart

Bauart ist das Zusammenfügen von Bauprodukten zu baulichen Anlagen oder Teilen von baulichen Anlagen (§ 2 MBO). Baustoffe, das sind Bauprodukte, wie Zement oder Mauersteine, die an die Baustelle transportiert und dort zu einem Bauteil »Wand« als Teil einer baulichen Anlage zusammengefügt werden.

2.6 Brand – Feuer – Rauch

Im Folgenden werden die Begriffe Feuer und Brand allein und in Wortzusammensetzungen auftauchen, ohne dass ein Unterschied im Wortsinn erkennbar ist. Dies entspricht nicht dem Wunsch, Wiederholungen zu vermeiden, oder einer schlampigen Ausdrucksweise, sondern beide Begriffe werden überall gleichwertig gebraucht. Das DIN-Normenwerk normt zwar einerseits in den »Begriffen aus dem Brandschutzwesen« das Wort »Brand«, spricht aber in der wichtigsten Norm des baulichen Brandschutzes von **Feuer**widerstandsklassen, **Feuer**schutzabschlüssen, Flug**feuer** usw. Das Baurecht kennt die Brandgefahr, den Brandschutz und die Brandwand genauso wie die Feuerlöschgeräte, die feuerbeständige Wand und die Übertragung von Feuer und Rauch. Dies ist ganz einfach historisch begründet. Gleichwohl wäre eine Unterscheidung möglich, wenn man von der Grunddefinition ausgeht: Brand = Schadenfeuer.

Ein Kommentar zur Bayerischen Landesverordnung über die Verhütung von Bränden gibt folgende Definition:

»Brand ist ein Feuer, das außerhalb einer Feuerstätte oder Feuerstelle entstanden ist oder eine solche verlassen hat und das sich aus eigener Kraft fortentwickelt, es sei denn, dass es sich unter menschlicher Kontrolle befindet und einem bestimmten Zwecke dient.«

Eine wesentliche Differenzierung zwischen Brand und Feuer ergab sich durch die Fassung des § 17 der Musterbauordnung von 1981: Anstelle von »Brand« wurde ab diesem Zeitpunkt von »Feuer und Rauch« gesprochen. Dabei bedeutet Feuer die energetische Komponente eines Brandes, d. h. die Auswirkung der freiwerdenden Wärmeenergie auf Menschen und Sachen, und Rauch steht für eine so genannte Brandparallelerscheinung, nämlich die Entstehung von Pyrolyse- und Verbrennungsprodukten in festem, flüssigem und gasförmigem Aggregatzustand. Die Unterscheidung wurde aufgrund der gesicherten Erfahrung getroffen, dass in unserer überwiegend massiven Bausubstanz insbesondere der Brandrauch Leben und Gesundheit der Menschen, aber auch Sachgüter und die Umwelt schädigt.

Von »kaltem Rauch« spricht man bis zu einer Temperatur von 200 °C. Der Übergang von Rauch in Feuer ist fließend; Brandgase von hoher Temperatur – Flammen – besitzen auch einen entsprechenden Energieinhalt. Ab einer Temperatur von etwa 700 °C beginnen sie, dunkelrot zu leuchten und unserem Auge als Flammen zu erscheinen.

3 Baustoffe

Baustoffe verhalten sich in Abhängigkeit von ihrer chemischen Zusammensetzung und ihrem physikalischen Verhalten im Brandfall völlig unterschiedlich. Durch die Wahl des Baustoffes können die Brandentstehung und die Brandlast am Gebäude beeinflusst werden. Unter der Brandlast versteht man die Summe aller brennbaren Baustoffe und aller anderen brennbaren Stoffe, die sich in einem Gebäude befinden. Ein Maß für die Brandlast ist der flächenbezogene Heizwert der brennbaren Stoffe in kWh/m^2 (▶ Kapitel 5.1).

Eine allein baustoffabhängige Zuordnung von Gebäudeausführungen in »ausreichend sicher« und »nicht ausreichend sicher« erscheint nicht möglich. Dies trifft neben der Verwendung von Holz als in der Regel normalentflammbaren Baustoff auch für andere Baumaterialien zu. So führen etwa bei Stahlkonstruktionen die Lastausnutzung, der U/A-Faktor und die Schutzmaßnahmen zu einem völlig unterschiedlichen Verhalten im Brandfall. Auch bei Betonbauteilen variiert das Bauteilverhalten erheblich in Abhängigkeit von der Ausführung.

Mehrgeschossige Standardbauten (auch der Gebäudeklassen 4 und 5) können etwa aus Sicht der Feuerwehren durchaus ausreichend sicher für die Eigen- und Fremdrettung sowie zur Durchführung von wirksamen Löschmaßnahmen in Holzbauweise erstellt werden. Dies kann jedoch nicht für alle Ausführungen generell unterstellt werden. Wesentliche Faktoren für eine ausreichend sichere Bauweise ist der Beitrag der Baustoffe zum Brandverlauf, die Verhinderung schwierig erkennbarer und kaum löschbarer Brände in Hohlräumen sowie die Art der Dämmstoffe, insbesondere hinsichtlich der Gefahr des Glimmens/Schwelens.

Um das Brandverhalten eines Baustoffes prüfen und klassifizieren zu können, benötigt man ein einheitliches Prüfverfahren. Dieses Prüfverfahren wird in Normen geregelt. Da alle nationalen Normen in europäische Normen überführt werden müssen, gibt es für die Prüfung von Baustoffen für eine Übergangszeit von mehreren Jahrzehnten zwei Prüfverfahren.

Das nationale Prüfverfahren wird nach den Vorschriften der DIN 4102-1, »Brandverhalten von Baustoffen und Bauteilen – Teil 1: Baustoffe; Begriffe, Anforderungen und Prüfungen« und ergänzenden Prüfgrundsätzen von amtlichen – nationalen – Prüfstellen durchgeführt. Das europäische Prüfverfahren ist in der europäischen Norm DIN EN 13501-1, »Klassifizierung von Bauprodukten und Bauarten zu ihrem Brandverhalten – Teil 1: Klassifizierung mit den Ergebnissen aus den Prüfungen zum Brandverhalten von Bauprodukten« festgelegt. Im Gegensatz zur DIN 4102-1 ist in

der DIN EN 13501-1 lediglich die Klassifizierung geregelt. Für die Prüfungen wird auf andere Normen verwiesen.
Für die Prüfung von Baustoffen stehen u. a. folgende europäische Normen zur Verfügung:

- DIN EN ISO 1182 »Prüfungen zum Brandverhalten von Produkten – Nichtbrennbarkeitsprüfung«,
- DIN EN ISO 1716 »Prüfungen zum Brandverhalten von Produkten – Bestimmung der Verbrennungswärme«,
- DIN EN ISO 9239-1 »Prüfungen zum Brandverhalten von Bodenbelägen – Teil 1: Bestimmung des Brandverhaltens bei Beanspruchung mit einem Wärmestrahler«,
- DIN EN ISO 11925-2 »Prüfungen zum Brandverhalten – Entzündbarkeit von Produkten bei direkter Flammenwirkung – Teil 2: Einzelflammentest«,
- DIN EN 13238 »Prüfungen zum Brandverhalten von Bauprodukten – Konditionierungsverfahren und allgemeine Regeln für die Auswahl von Trägerplatten«,
- DIN EN 13823 »Prüfungen zum Brandverhalten von Bauprodukten – Thermische Beanspruchung durch einen einzelnen brennenden Gegenstand für Bauprodukte mit Ausnahme von Bodenbelägen«.

In beiden Prüfverfahren – national oder europäisch – bildet man drei Brandphasen nach, die Zündung durch ein Streichholz (Kleinbrennertest), einen Entstehungsbrand in der Größenordnung eines brennenden Papierkorbes (Brandschachttest oder SBI-Prüfung) und den vollentwickelten Brand (Ofentest). Nach den Ergebnissen dieser Brandprüfungen können die Baustoffe dann klassifiziert, d. h. bestimmten Baustoffklassen zugeordnet werden.

Baurechtlich wird eine Baustoffanforderung gestellt, um das Verhalten bei der Brandentstehung zu beschreiben. Einzig bei der Fassadenausführung wird eine Baustoffklasse vorgegeben, obwohl die zeitliche Begrenzung eines ausgedehnten Brandes die Zielsetzung ist. Aus diesem Grund sind bei Fassaden ergänzend zu den üblichen Baustoffklassen noch Großversuche (DIN 4102-20 und ggf. Sockelbrandversuche) für die Erteilung eines Verwendbarkeitsnachweises erforderlich.

3.1 Nichtbrennbare Baustoffe

Ohne besondere Erklärung leuchtet ein, dass ein nichtbrennbarer Baustoff, also ein Baustoff, der keine organischen Bestandteile, d. h. Kohlenwasserstoffe enthält, weder entzündet werden noch als Brandlast das Brandgeschehen fördern kann. Solche Baustoffe sind Sand, Kies, Zement, Natur- und Kunststeine, Beton, Stahl – kurzum alle, die im Teil 4 der Norm DIN 4102 als der Klasse A1 ohne besonderen Nachweis zugehörig aufgeführt werden. Aber auch Baustoffe mit organischen Bestandteilen können in die Baustoffklasse A1 eingereiht werden, wenn sie die Prüfung nach Teil 1 der Norm DIN 4102 bzw. die Prüfungen nach EN ISO 1282 und EN ISO 1716 bestehen und nach DIN EN 13501-1 ebenfalls als A1 klassifiziert sind. Sie dürfen dabei nicht entflammen und die Temperatur im Ofen darf nicht mehr als 50 K (Kelvin) bzw. 30 K über den Anfangswert steigen.

Da eine Entflammbarkeit nicht gegeben ist, brauchen keine weiteren Unterscheidungen getroffen werden. Solche Baustoffe schließen also in jedem Fall aus, dass die aus ihnen hergestellten Bauteile entzündet werden oder am Brand teilnehmen, wenn der Brand hier nicht abstrakt als Brandgeschehen, sondern konkret als Verbindung brennbarer Stoffe mit dem Sauerstoff der Luft unter Wärmeabgabe verstanden wird. Aus der Sicht des Vorbeugenden Brandschutzes sind alle derartigen Baustoffe uneingeschränkt verwendbar. Als Baustoffe, die ohne Nachweis der Baustoffklasse A1 angehören, nennt DIN 4102 Teil 4:

- Sand, Kies, Lehm, Ton und alle sonstigen in der Natur vorkommenden bautechnisch verwendbaren Steine,
- Mineralien, Erden, Lavaschlacke und Naturbims,
- aus Steinen und Mineralien durch Brenn- und/oder Blähprozesse gewonnene Baustoffe wie Zement, Kalk, Gips, Anhydrit, Schlacken Hüttenbims, Blähton, Blähschiefer sowie Blähperlite und -vermiculite, Schaumglas,
- Mörtel, Beton, Stahlbeton, Spannbeton, Porenbeton, Leichtbeton, Steine und Bauplatten aus mineralischen Bestandteilen, auch mit üblichen Anteilen von Mörtel- oder Betonzusatzmitteln,
- Mineralfasern ohne organische Zusätze,
- Ziegel, Steinzeug und keramische Platten,
- Glas,
- Metalle und Legierungen in nicht fein zerteilter Form mit Ausnahme der Alkali- und Erdalkalimetalle und ihrer Legierungen.

Den vielfältigen Anforderungen und Wünschen des modernen Baugeschehens genügen diese primären und elementaren Baustoffe jedoch meist nicht. Insbesondere für den Innenausbau werden Verbundbaustoffe verlangt und von einer rührigen Industrie auch in kaum übersehbarer Vielfalt angeboten. Dabei ergeben sich hinsichtlich des Brandverhaltens verschiedene Möglichkeiten, besonders beim Verbund nichtbrennbarer Baustoffe mit brennbaren Baustoffen.

Die Kombination eines Baustoffes der Klasse A1 mit einem anderen Baustoff derselben Klasse ergibt, wie ohne weiteres einzusehen ist, wieder einen Baustoff der Klasse A1, z. B. Stahlbeton.

Wird jedoch ein Baustoff der Klasse A1 mit einem brennbaren Baustoff kombiniert, z. B. Gipskartonplatten, so kann der Verbundbaustoff nach DIN 4102 immer noch in die Baustoffklasse A, allerdings mit der Ziffer 2, eingeordnet werden, wenn er die in Teil 1 der Norm vorgeschriebenen Prüfkriterien besteht. Auch die Baustoffklasse A2 hat die bauaufsichtliche Benennung »nichtbrennbar«. Damit erfüllen beide Klassen A1 und A2 (europäisch A2 – s1, d0) die Anforderungen des Baurechts, wenn dieses die Verwendung nichtbrennbarer Baustoffe fordert. Derartige Verbundbaustoffe können jedoch auch brennbar sein. Auskunft über die Baustoffklasse von Verbundbaustoffen gibt das allgemeine bauaufsichtliche Prüfzeugnis.

Die zulässige Verwendung nichtbrennbarer Baustoffe ist nunmehr in § 85 a MBO in Verbindung mit der Muster-Verwaltungsvorschrift Technische Baubestimmungen (MVV TB) geregelt. Dies spiegelt auch die Zuständigkeitsverteilung zwischen der EU und den Mitgliedsstaaten wider. Die EU regelt den möglichen Zugang zum Binnenmarkt. Die Länder beschreiben die Anforderungen an die Sicherheit, die Umweltverträglichkeit und die Energieeffizienz der Bauwerke.

Die MVV TB wird regelmäßig aktualisiert und vom Deutschen Institut für Bautechnik (DIBt) in Berlin bekannt gemacht.

Die wichtigste Erkenntnis bei der Verwendung nichtbrennbarer Baustoffe ist: Der Baustoff kann nicht entzündet werden und leistet selbst bei einem nahezu vollentwickelten Brand keinen oder einen nur sehr geringen Beitrag zur Brandausbreitung. Ferner darf das Material nicht glimmen oder schwelen und im Brandfall nur eine geringe Rauchentwicklung aufweisen. Über die Feuerwiderstandsdauer der daraus gefertigten Bauteile jedoch kann aufgrund dieser Eigenschaft noch keinerlei Aussage getroffen werden, da der Feuerwiderstand nicht mit einem Entstehungsbrandversuch nachgewiesen werden kann.

3.2 Brennbare Baustoffe

Baustoffe, die ganz oder überwiegend aus Kohlenwasserstoffen, also organischen Stoffen bestehen, haben die Eigenschaft, sich bei Erwärmung auf ihre Zündtemperatur unter Glut- und Flammenbildung mit dem Sauerstoff der Luft zu verbinden, d. h. zu verbrennen. Sie setzen dabei Wärmeenergie frei.

Solche Stoffe ordnet die DIN 4102 Teil 1 der Baustoffklasse B zu. Auf der Grundlage von Brandversuchen nach dieser Norm oder ohne Brandversuche, wenn der Baustoff im Teil 4 der Norm bereits klassifiziert ist, wird innerhalb der Baustoffklasse B eine weitere Unterteilung durchgeführt.

Welche Baustoffklasse welcher bauaufsichtlichen Benennung zugeordnet wird, ist in der MVV TB festgelegt.

Tabelle 2: ***Die Baustoffklassen nach DIN 4102-1 entsprechen den in der Tabelle genannten bauaufsichtlichen Benennungen.***

Bauaufsichtliche Anforderung	**Mindestens erforderliche Baustoff-klassen**	**Zusätzliche Merkmale für die Verwendung**
nichtbrennbar[1]	A2	–
schwerentflammbar	B1	Baustoffe mit Ausnahme Bodenbeläge: begrenzte Rauchentwicklung (I ≤ 400 % x Min. bei Prüfung nach DIN 4102-15:1990-05) bestanden
schwerentflammbar und nicht brennend abfallend oder abtropfend	B1	Kein brennendes Abfallen oder Abtropfen, begrenzte Rauchentwicklung (I ≤ 400 % x Min. bei Prüfung nach DIN 4102-15:1990-05) bestanden
schwerentflammbar und geringe Rauchentwicklung	B1	geringe Rauchentwicklung (I ≤ 100 % x Min. bei Prüfung nach DIN 4102-15:1990-05) bestanden
schwerentflammbar und nicht brennend abfallend oder abtropfend sowie geringe Rauchentwicklung	B1	Kein brennendes Abfallen oder Abtropfen, geringe Rauchentwicklung (I ≤ 100 % x Min. bei Prüfung nach DIN 4102-15:1990-05) bestanden
normalentflammbar nicht brennend abfallend oder abtropfend	B2	Kein brennendes Abfallen oder Abtropfen
normalentflammbar	B2	–

Tabelle 2: ***Die Baustoffklassen nach DIN 4102-1 entsprechen den in der Tabelle genannten bauaufsichtlichen Benennungen. – Fortsetzung***

Bauaufsichtliche Anforderung	Mindestens erforderliche Baustoffklassen	Zusätzliche Merkmale für die Verwendung
[1] soweit erforderlich zusätzlich Schmelzpunkt > 1 000 °C		Angabe: Schmelzpunkt von mindestens 1 000 °C nach DIN 4102-17: 2017-12

Für Bauprodukte – ausgenommen Bodenbeläge – werden bei den Prüfungen Werte über die Rauchentwicklung festgestellt. Diese Ergebnisse und die Werte sind vom Hersteller anzugeben

Tabelle 3: ***Die Baustoffklassen nach DIN 13501 entsprechen den in der Tabelle genannten bauaufsichtlichen Benennungen.***

Bauaufsichtliche Anforderungen	Mindestens erforderliche Leistungen		
	Bauprodukte, ausgenommen lineare Rohrdämmstoffe und Bodenbeläge	lineare Rohrdämmstoffe	Bodenbeläge
nichtbrennbar[1]	A2 – s1,d0*	$A2_L$ – s1,d0*	$A2_{fl}$ – s1
schwerentflammbar und nicht brennend abfallend oder abtropfend sowie geringe Rauchentwicklung	C – s1,d0*	C_L – s1,d0*	–
schwerentflammbar und nicht brennend abfallend oder abtropfend	C – s2,d0*	C_L – s2,d0*	–
schwerentflammbar und geringe Rauchentwicklung	C – s1, d2*	C_L – s1,d2*	C_{fl} – s1
schwerentflammbar	C – s2,d2*	C_L – s2,d2*	C_{fl} – s1

Tabelle 3: ***Die Baustoffklassen nach DIN 13501 entsprechen den in der Tabelle genannten bauaufsichtlichen Benennungen. – Fortsetzung***

Bauaufsichtliche Anforderungen	Mindestens erforderliche Leistungen		
	Bauprodukte, ausgenommen lineare Rohrdämmstoffe und Bodenbeläge	**lineare Rohrdämmstoffe**	**Bodenbeläge**
normalentflammbar und nicht brennend abfallend oder abtropfend	E	E_L	-
normalentflammbar	E – d2	E_L – d2	E_{fl}
[1] soweit erforderlich zusätzlich Schmelzpunkt > 1 000 °C	Angabe: Schmelzpunkt von mindestens 1 000 °C	Angabe: Schmelzpunkt von mindestens 1 000 °C	–
* soweit erforderlich Glimmverhalten			

Tabelle 4: ***Erläuterungen zu Tabelle 3***

Herleitung des Kurzzeichens	Kriterium	Anwendungsbereich
s (Smoke)	Rauchentwicklung	Anforderungen an die Rauchentwicklung s1: geringe Rauchentwicklung s2: begrenzte Rauchentwicklung
d (Droplets)	brennendes Abtropfen/Abfallen	Anforderungen an das brennende Abtropfen/Abfallen d0: kein brennendes Abtropfen/Abfallen d1, d2: brennendes Abtropfen/Abfallen
fl (Floorings)		Brandverhaltensklasse für Bodenbeläge
L (Linear Pipe Thermal Insulation Products)		Brandverhaltensklasse für linearen Produkte zur Wärmedämmung von Rohren

Dadurch ist es möglich, so unterschiedliche Baustoffe wie Eichenholz oder Polystyrol, die beide brennbar sind, hinsichtlich ihres Brandverhaltens zu unterscheiden.

Bei der Prüfung im so genannten Brandschacht werden die Restlängen der beflammten Proben gemessen, der zeitliche Verlauf und das Maximum der Rauchgastemperatur, die größte Flammenhöhe, Nachbrennen, Nachglimmen und die Brandparallelerscheinungen, wie brennendes Abtropfen oder Abfallen, sowie die Rauchdichte beobachtet.

Die europäische Prüfung erfolgt im SBI[1]-Prüfraum. Dabei wird im Wesentlichen die vertikale und seitliche Brandausbreitung bewertet. Gerade die Brandparallelerscheinungen, insbesondere der Rauch, gefährden die Personen im Gebäude, erschweren den Löschangriff und haben ein viel rascheres Ausbreitungsvermögen als die reine Brandwärme, die erst in einer späteren Brandphase von Interesse ist. Die Klassifikation der Baustoffe erfolgt leider viel zu sehr aufgrund ihres brandenergetischen Verhaltens. Die Toxizität (Giftigkeit) als Ableitung der Menge des entstehenden Brandrauches, die bisher nur bei der Klassifizierung A2 gemessen wurde, kann nun auch bei den Baustoffklassen B, C und D beurteilt werden.

3.2.1 Schwerentflammbare Baustoffe

Bei der Verwendung muss bei Einwirkung eines Entstehungsbrandes oder eines sich entwickelnden Brandes gewährleistet sein, dass die Materialien nur einen begrenzten Beitrag zum Brand leisten und dass nur eine begrenzte Brandausbreitung während und bei Wegfall der Brandeinwirkung vorliegt. Als Brandeinwirkung ist, mit Ausnahme von Außenwandbekleidungen und Bodenbelägen, der Brand eines Gegenstandes in einem Raum (z. B. Papierkorb in einer Raumecke) anzunehmen, bei Außenwandbekleidungen die aus einer Wandöffnung schlagenden Flammen. Bei Bodenbelägen ist von einer Brandsituation auszugehen, bei der Flammen aus der Türöffnung zu einem benachbarten Raum schlagen und bei der die waagerechte Flammenausbreitung und die Rauchentwicklung unbedenklich sind.

Der Baustoff muss nicht selbst die Eigenschaft erbringen, er kann auch mit einem Feuerschutzmittel behandelt sein. In der Praxis hat ein derart klassifizierter Stoff die Eigenschaft, dass er nach Entfernen der (kleinen) Wärmequelle nicht an sich weiterbrennt oder -glimmt. Bei der Orientierung über einen »Streichholztest« sollte beachtet werden, dass das Zündinitial Brandschacht zur nationalen Prüfung 20 kW

1 SBI – Single Burning Item

aufweist, während das Zündholz oder das Gasfeuerzeug deutlich unter einem 1 kW liegt.

Man darf dabei aber niemals außer Acht lassen, dass es sich letztlich um brennbare Stoffe handelt, die bei einem von anderen Stoffen ausgehenden und unterhaltenen Brand mitbrennen und ihre gesamte Brandenergie abgeben. Sie erhöhen dann die Brandlast um ihren vollen Heizwert.

Zum Begriff des brennenden Abtropfens ist es wichtig zu wissen, dass dieses Kriterium dazu dienen soll, eine Aussage darüber zu treffen, ob durch den Baustoff eine Brandübertragung von oben nach unten erfolgen kann. Dazu besagt die Norm DIN 4102-1:

»Wird innerhalb von 20 Sekunden nach Beginn der Beflammung ein unter der Probe liegendes Filterpapier zur Entzündung gebracht, so gilt der geprüfte Baustoff als brennend abfallend (abtropfend).«

Die DIN 13501-1 unterscheidet beim brennenden Abtropfen oder Abfallen drei Klassifizierungen. Die Bauprodukte der Klassen A2, B, C und D erhalten eine zusätzliche Klassifizierung d0, d1 oder d2:

- **d0:** Kein brennendes Abtropfen/Abfallen innerhalb von 600 Sekunden.
- **d1:** Kein fortdauerndes brennendes Abtropfen/Abfallen für länger als 10 Sekunden innerhalb von 600 Sekunden.
- **d2:** Die Leistung wurde nicht festgestellt oder Kriterien für d0 oder d1 nicht erfüllt.

Es können also durchaus brennende Tropfen herabfallen, die entweder in der Luft schon verlöschen oder das Papier nicht zur Entflammung bringen, ohne dass der Baustoff deshalb als brennend abtropfend gilt. In einer Verkaufsstätte oder insbesondere in einer Versammlungsstätte und allgemein in Rettungswegen jedoch ist die Verwendung eines derartigen Baustoffes im Deckenbereich sehr gefährlich, da er im Brandfall zu einer Panik führen kann. In diesen Bereichen ist im Deckenbereich auf thermoplastische Stoffe vollkommen zu verzichten, da auch heiße – jedoch nichtbrennende – Tropfen zu gleichen Ereignissen führen können.

Ein anderes Problem der Schwerentflammbarkeitsprüfung besteht im Unterschied zwischen der Einbaulage im Brandschacht und der Einbaulage in der baulichen Anlage. Bestimmte Stoffe erreichen die Klassifikation »schwerentflammbar« dadurch, dass sie sich von der Brennerflamme zurückziehen und so bei senkrechter Prüfung der verbrannte Anteil die erforderlichen Restlängen erhalten bleiben. Werden sie horizontal eingebaut oder so eingebaut, dass sie sich nicht zurückziehen können und beflammt, so verhalten sie sich völlig anders und brennen z. B. in Schmelzpfützen unvermindert weiter. Solche Stoffe benötigen nicht nur ein Prüfzeugnis, sondern eine allgemeine bauaufsichtliche Zulassung, z. B. Polystyrol-Hartschaumplatten als Dämmstoff. Dort ist die Einbaulage vorgeschrieben.

3.2.2 Normalentflammbare Baustoffe

Bei der Verwendung muss bei Einwirkung eines Entstehungsbrandes gewährleistet sein, dass die Teile der baulichen Anlage nur einen begrenzten Beitrag zum Brand leisten. Dabei muss bei der Brandeinwirkung durch eine kleine, definierte Flamme (Streichholzflamme) die Entzündbarkeit und die Flammenausbreitung innerhalb einer bestimmten Zeit begrenzt sein, ggf. darf kein brennendes Abfallen oder Abtropfen auftreten. Die Anforderungen können mit Baustoffen erfüllt werden, die dauerhaft bei Einwirkung eines Brandes nach DIN 4102-1:1981-05, Abschnitt 6.2, die dort angegebenen Kriterien erfüllen.

Als normalentflammbar ohne Nachweis gelten insbesondere Holz und Holzwerkstoffe von mehr als 2 mm Dicke und genormte Dachpappen. (Dachpappen werden darüber hinaus mit dem so genannten Flugfeuertest geprüft, um ihre Eigenschaft als »harte« oder »weiche« Bedachung festzustellen (▶ Kapitel 4.4.2).

Bei der europäischen Klassifikation erfüllen mehrere Baustoffklassen diese Anforderungen (▶ Tabelle 3).

3.2.3 Leichtentflammbare Baustoffe

Baustoffe der Klassen B 3 oder F heißen »leichtentflammbar«. Das sind alle brennbaren Baustoffe, die nicht in die Baustoffklassen »schwer- oder normalentflammbar« einzuordnen sind. Als leichtentflammbar gelten nach DIN 4102 Teil 4 insbesondere Holzwolle, Baumwolle und andere Zellulosefasern sowie Holz und Holzwerkstoffe bis zu 2 mm Dicke. Ihre Verwendung ist stark eingeschränkt:

»Baustoffe, die nicht mindestens normalentflammbar sind (leichtentflammbare Baustoffe), dürfen nicht verwendet werden; dies gilt nicht, wenn sie in Verbindung mit anderen Baustoffen nicht leichtentflammbar sind.« (§ 26 Abs. 1 MBO)

Das Verbot gewinnt mit der zunehmenden Neigung zur Verwendung ökologischer Baustoffe besondere Bedeutung: Naturstoffe wie Stroh, Heu, Holzwolle und dergleichen werden beim Bau von Einfamilienhäusern als Dämmstoff verwendet. Da sie leichtentflammbar sind, tragen sie zu einer raschen Brandausbreitung bei. Dabei ist festzuhalten, dass der Hauptanteil an Brandtoten und -verletzten durch Zimmer- und Wohnungsbrände verursacht wird.

Verbundbaustoffe müssen auch im Verbund geprüft werden. Es gibt nämlich Kombinationen von Baustoffen, die allein geprüft schwerentflammbar sind, im Verbund aber nicht einmal die Anforderungen an normalentflammbare Baustoffe erfüllen, also leichtentflammbar werden.

Neben die Klassifizierung gemäß Prüfung nach DIN 4102 tritt – wie schon oben ausgeführt – die Klassifizierung nach Euronorm DIN EN 13501-1, wobei die Begriffe A1, A2 und B um C, D, E und F erweitert werden, und Aussagen über die Rauchentwicklung mit den Buchstaben s1 bis s3 (smoke) und über brennendes Abtropfen/Abfallen mit den Buchstaben d0 bis d2 (droplets) getroffen werden.

Wie bei den nichtbrennbaren Baustoffen sagt auch die Eigenschaft »brennbarer Baustoff« zunächst nichts über die Feuerwiderstandsdauer der daraus gefertigten Bauteile aus.

Im Folgenden soll das Verhalten der üblichen Baustoffe unter der Einwirkung von Wärme und Feuer behandelt werden, wobei andere Gesichtspunkte, wie Festigkeit, Beständigkeit gegen Witterungseinflüsse, Schönheit, Wirtschaftlichkeit und dergleichen, mehr von der Themenstellung her unberücksichtigt bleiben müssen. Wegen der Vielzahl der am Bau verwendeten Materialien können nur Grundbaustoffe betrachtet werden.

3.3 Holz

Holz ist der klassische Baustoff schlechthin. Das Problem liegt in dem Umstand, dass das Holz aber – lange vor seiner Verwendung als Baustoff – auch ein klassischer Brennstoff war und ist. Aufgrund seines organischen Aufbaues (Kohlenwasserstoff) ist Holz als Baustoff brennbar und gilt ohne Nachweis als normalentflammbar (B2 nach DIN 4102); es ist in feinverteilter Form (»unter 2 mm Dicke«) leichtentflammbar, es kann andererseits durch Behandlung schwerentflammbar (B1) gemacht werden. Holz kann anteilig sogar in nichtbrennbaren Baustoffen enthalten sein (A2).

Bauteile aus Holz können de facto eine Feuerwiderstandsdauer von ganz wenigen (»F 0«) bis 120 Minuten (F 120) besitzen – das ist lediglich eine Frage ihrer Abmessung. Die Abbrandgeschwindigkeit beträgt etwa 1 mm/Minute. Wenn das Bauteil so bemessen wird, dass nach 30 Minuten – entsprechend dem Abbrand einer Schicht von 30 mm Dicke an den der Brandeinwirkung ausgesetzten Seiten – noch der für die rechnerische Tragfähigkeit erforderliche Querschnitt vorhanden ist, so ist es F 30. Da das Bauteil nach dem Brand nur noch die einfache Tragfähigkeit besitzen muss, kann die Differenz zum Sicherheitsbeiwert noch an der Überdeckung gespart werden.

Wie die Entflammbarkeit hängt der Abbrand des Holzes stark vom Verhältnis Oberfläche zu Volumen ab. Ein handgeschlagener oder gehobelter Eichenbalken brennt relativ träge im Gegensatz zu Latten, Spänen (< 2 mm) oder gar Schleifstaub aus dem gleichen Holz. Beim Abbrand bildet sich durch die Pyrolyse eine stark poröse Holzkohleschicht mit schlechtem Wärmeleitvermögen, was das Fortschreiten der Pyrolyse hemmt.

Bei der Verbrennung des Holzes entstehen CO_2, CO, Ruß, Wasser, Akrolein, Formaldehyd, Acetaldehyd, Ketone, Alkohole und Asche. Entscheidend für die Toxizität der Verbrennungsprodukte ist letztlich jedoch immer die CO-Konzentration. Gefährliche Gifte entstehen zusätzlich bei der Verbrennung durch Holzschutzmittel behandelter Hölzer.

Als Konstruktionselement verhält sich Holz im Feuer gut, es führt nur bei sehr schlanken Profilen zum plötzlichen Einsturz. Die größte Gefahr ist von den Verbindungselementen – meist aus Stahl – und von Hohlräumen zu erwarten.

Holz führt unter dem Einfluss von Wärme keine Eigenbewegungen aus, die andere Bauteile zum Einsturz bringen könnten. Sein Ausdehnungskoeffizient ist so gut wie Null. Sein Wärmeleitvermögen ist gering (Holzstiel an der Bratpfanne!), sodass es lange dauert, bis sich die Temperatur eines Holzbauteiles an der dem Feuer abgekehrten Seite merklich erhöht.

Andererseits ist es eben brennbar und erhöht damit im Brandfall die Brandlast und beschleunigt bei brennbaren Oberflächen an Wänden oder der Decke den Übergang von einem Entstehungsbrand zu einem entwickelten Vollbrand. Historisch ist bewiesen, dass erst die Abkehr von der Verwendung brennbarer Baustoffe für Dächer und Außenwände die Städtebrände und das Übergreifen eines Gebäudebrandes auf Nachbargebäude verhindern konnte. Bei der Verwendung anderer, nichtbrennbarer Baustoffe scheiden gewisse »klassische« Brände von vornherein aus: Balkenbrand, Fehlbodenbrand, Dachstuhlbrand.

Holz zur Verkleidung von Wänden und Decken ist in Räumen zulässig, wenn diese nicht die Anforderung hochfeuerhemmend oder feuerbeständig erfüllen müssen. Keinesfalls sollten jedoch die Oberflächen von Rettungswegen mit Holzoberflächen ausgeführt sein. Es ist eine gesicherte Erfahrung der Feuerwehr, dass Räume mit brennbaren Wand- und Deckenverkleidungen wesentlich schneller und intensiver ausbrennen. Einwände hat die Feuerwehr dabei nicht gegen den Baustoff Holz, sondern gegen seine Eigenschaft normalentflammbar.

Bild 4: ***Nagelplattenbinder – dünnwandige Stahlverbindungselemente und schlanke Holzquerschnitte führen im Brandfall zum frühzeitigen Versagen.***

Einen Sonderfall stellen Holzfaserdämmstoffplatten dar. Holzfasern werden in industriellen Verfahren zu Dämmstoffplatten unter Beigabe von Zusatzstoffen verpresst. Hauptbestandteil stellen mit mindestens 85 % die Holzfasern von Weichhölzern wie Fichte, Kiefer und Tanne dar, die sich durch einen hohen Harzanteil auszeichnen.

Die Anforderungen der Brandschutzklasse B2 nach DIN 4102-1 bzw. Klasse E nach DIN-EN 13501-1 werden durch Brandschutzzusätze wie Ammoniumsulfat und Borsalz erreicht. Weiterhin erfolgt die Zugabe von Bitumen, Paraffin oder Latex, um eine wasserabweisende (hydrophobe) Eigenschaft des Materials zu erreichen, die für eine Resistenz gegenüber Feuchtigkeit erforderlich ist.

Die Herstellung der Platten erfolgt durch Verpressen der Bestandteile, je nach späterem Anwendungsbereich im Nass- oder Trockenverfahren. So können in Abhängigkeit des Verfahrens einzelne Platten mit einer Dämmstärke von bis zu 240 mm hergestellt werden. Die Dämmlagen können auch in mehreren Schichten

Bild 5: ***Zeitgenössische Darstellung eines Stadtbrandes im 18. Jahrhundert***

übereinander angeordnet werden. Gängige Bezeichnungen für diese Dämmstoffe sind die Abkürzungen WF für »wood-fibre« bzw. HFD für Holzfaserdämmung.

Durch eine direkte Brandeinwirkung (z. B. Flammenschlag aus dem Fenster auf die Fassade) oder durch eine indirekte Brandeinwirkung kann es zu einer Entzündung der verbauten Holzfaserdämmung kommen. Realbrandereignisse zeigten, dass bereits eine Schraube, an der ein Hängeschrank angebracht war, ausreicht, um die Holzfaserdämmung innerhalb der Wand zu entzünden.

Daraus kann auch ein unbemerktes Glimmen der Holzfaserdämmung bzw. ein Weiterglimmen nach vermeintlichem Ablöschen resultieren. Charakteristisch für diesen Glimmbrand sind die Entstehung großer Mengen an Kohlenstoffmonoxid (CO) aufgrund der unvollständigen Verbrennung, sowie ein sehr langsamer Brandverlauf von wenigen Millimetern pro Stunde. Das entstandene CO kann sich durch Öffnungen in den Wänden, sowie durch Diffusion unbemerkt im Gebäude bzw. in dessen Nutzungseinheiten ausbreiten und so weitere Personen gefährden.

Ebenso kann es zu weiteren (erneuten) Entzündungen mehrere Stunden nach der Brandentstehung bzw. dem Ablöschen kommen. In der Praxis sowie in Brandversuchen an Prüfstellen konnte ein unbemerktes Wiederentzünden in Zeiträumen von mehr als zwölf Stunden nach dem Löschen beobachtet werden.

3.4 Stahl

Stahl gilt wegen seines anorganischen Aufbaus als nichtbrennbar ohne besonderen Nachweis (Baustoffklasse A1).

Bauteile aus Stahl haben im ungeschützten Zustand in der Regel keine normierte Feuerwiderstandsdauer (»F 0«). Die Einheits-Temperaturzeitkurve (ETK) als Prüfkriterium gibt nach fünf Minuten eine Temperaturerhöhung um 556 K vor. Dies ist beginnende Braunglut. Das Bauteil folgt der Ofentemperatur in Abhängigkeit von seiner Masse und dem Verhältnis Umfang zu Querschnitt (U/A) mit einer gewissen Verzögerung, die aber aufgrund der guten Wärmeleitfähigkeit von Stahl nur wenige Minuten beträgt. Ein tragendes Bauteil aus Stahl hat seine Tragfähigkeit demnach nach etwa zehn Minuten verloren, es kommt zum Einsturz. Eine unzulässige Erwärmung kann im Brandfall auch durch eine Löschanlage (z. B. Sprinkleranlage) verhindert werden; damit kann die fehlende Feuerwiderstandsdauer kompensiert werden.

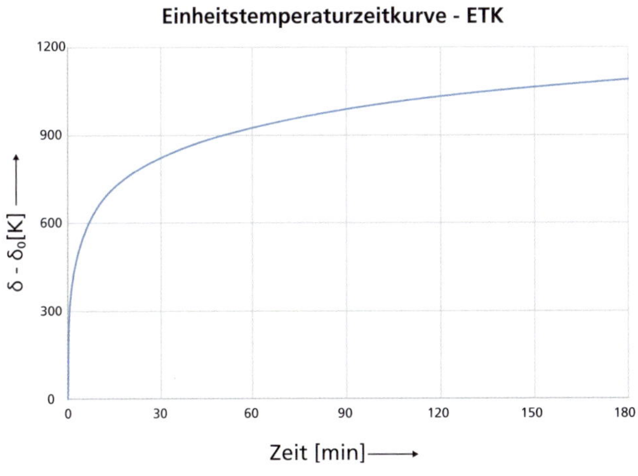

Bild 6: ***Einheits-Temperaturzeitkurve (ETK)***

Tabelle 5: ***Werte zur Einheits-Temperaturzeitkurve***

t [min]	$\vartheta - \vartheta_0$ [K]
0	0
5	556
10	658
15	719
30	822
60	925
90	986
120	1 029
180	1 090
240	1 133
360	1 194

ϑ Brandraumtemperatur in Kelvin
ϑ_0 Temperatur der Probekörper bei Versuchsbeginn in Kelvin
t Zeit in Minuten

Stahlbauteile müssen deshalb durch einen Feuerschutz-Anstrich, Ummantelung oder Einbau geschützt werden, wenn sie eine klassifizierte Feuerwiderstandsdauer haben sollen. Diese kann auch durch Verbund mit Beton erreicht werden. Ausgenommen hiervon sind nur bestimmte Stahlsorten mit einem sehr geringen U/A-Faktor, die in der Praxis jedoch kaum zum Einsatz kommen.

Ungeschützt können Stahlbauteile, die auf Zug beansprucht werden, Verwendung finden, wenn ihre zulässige Zugspannung nur zu etwa drei Prozent beansprucht wird und durch Formschluss ein Aufbiegen von Haken oder Ösen verhindert wird. Bei normalem Baustahl beträgt die zulässige Spannung dann 9 N/mm^2. Diese Methode wird insbesondere für Abhänger von feuerhemmenden Unterdecken angewendet.

Der größte Anteil des Baustahles wandert in Form von Bewehrung in den Beton, wo die Überdeckung den Stahl gegen Erwärmung schützt.

Stahl hat bei Erwärmung ein starkes Ausdehnungsbestreben (12 × 10^{-6}/K) und führt bei ungleichmäßiger Erwärmung starke Eigenbewegungen aus. Dabei entstehen Kräfte, die andere Bauteile zum Einsturz bringen können.

Bild 7: ***Ungeschützte Stahlkonstruktion nach einem Großbrand***

Beispielsweise bewirkt der – nicht der Zulassung entsprechende und damit unzulässige – Einbau einer Brandschutztür aus Stahl in eine leichte Trennwand mit der Feuerwiderstandsdauer F 90, dass das System bei der Prüfung gemäß DIN 4102 nach ganz kurzer Zeit (drei bis fünf Minuten) versagt, da die Stahltür und ihre Zarge die leichte Trennwand in Stücke brechen.

Als negativ ist das gute Wärmeleitvermögen des Stahls anzusehen. Stahl ist anfällig gegen Korrosion, wobei an den speziellen Brandfall gedacht ist, wo das durch die Verbrennung von Polyvinylchlorid (PVC) entstehende Chlorwasserstoffgas durch die Überdeckung von Baustählen hindurch diffundiert, diese angreift und die Decken zu einem späteren Zeitpunkt einen Teil ihrer Tragfähigkeit einbüßen.

Wegen der Eigenschaft der Nichtbrennbarkeit erhöhen andererseits Stahlbauteile die Brandlast am Gebäude nicht, sie müssen nicht gelöscht werden und können nach dem Brand als Stahlschrott kostengünstig wiederverwendet werden.

3.5 Aluminium

Aluminium ist als Metall nichtbrennbar (Baustoffklasse A1) und noch wärmeleitfähiger als Stahl. Wegen seiner besseren Korrosionsbeständigkeit, seines Aussehens und wegen seiner vielfältigen Verarbeitungsmöglichkeit zu Profilen wird es am Bau häufig verwendet. Sein Hauptnachteil ist der relativ niedrige Schmelzpunkt von ca. 600 °C (je nach Legierung). Es ist daher aus der Sicht des Vorbeugenden Brandschutzes nicht überall geeignet, da es bei dieser Temperatur schmilzt, abtropft, Personen gefährdet und den Brand nach unten ausbreitet. Bei einer Beflammung nach der Einheits-Temperaturzeitkurve (ETK) wird diese Temperatur nach acht Minuten erreicht (▶ Bild 6).

Rauchdichte Türen können ohne Bedenken aus Aluminium gefertigt werden, da sie nur dort eingebaut werden dürfen, wo »kalter« Rauch (bei der Prüfung nach DIN 18095 mit 200 °C) auftritt. Wo mit höheren Temperaturen zu rechnen ist, sind ohnehin Feuerschutzabschlüsse anzuordnen.

3.6 Beton

Beton wird ausschließlich aus mineralischen Baustoffen gefertigt und gilt daher seinerseits als nichtbrennbar ohne Nachweis (A1). Die zur Aufnahme der Zugkräfte eingebrachte Bewehrung aus Baustahl ändert daran nichts.

Bauteile aus Beton gelten je nach Abmessung und Dicke der Überdeckung des Baustahls mit Beton nach der MVV TB als F 30, F 60, F 90 oder F 120, wobei bei schlaff bewehrten Stahlbetonbauteilen in aller Regel die aus statischen Gründen erforderlichen Abmessungen der tragenden Bauteile bereits die Feuerwiderstandsklasse F 90 ergeben.

Die Einsturzgefahr ist bei tragenden Betonbauteilen mit schlaffer Bewehrung sehr gering, bei Spannbetonkonstruktionen mit sehr schlanken Fertigteilen naturgemäß höher. Die DIN 4102 gibt in ihrem Teil 4 die erforderlichen Abmessungen und Überdeckungen in Abhängigkeit von den verwendeten Spannstählen für bestimmte Normbauteile an, die Feuerwiderstandsdauer anderer Konstruktionen ist durch Brandversuch oder Eurocodebemessung nachzuweisen. Bei Bauteilbemessungen nach DIN 4102-4 ist die in der MVV TB aufgeführte Fassung der Norm zu beachten. Die Einwirkung der Brandwärme führt zunächst zu Abplatzungen der äußeren Deckschicht, wodurch die Bewehrung freigelegt wird (▶ Bild 8). Entscheidend für das Brandverhalten des Betons ist letztlich immer das Verhalten des Baustahles. Man könnte Stahlbeton auch als geschützte Stahlkonstruktion bezeichnen.

Bild 8: ***Betonabplatzung durch Brandeinwirkung bis zu 8 cm (es brannte Baumaterial in einer Tiefgarage). Die untere Bewehrung liegt völlig frei.***

Bauteile aus Beton erhöhen die Brandlast nicht, haben ein relativ schlechtes Wärmeleitvermögen, die Gefahr des Einsturzes ist gering bzw. erfolgt ein Einsturz in einem sehr späten Stadium des Brandverlaufes, sie erreichen ohne besonderen Aufwand eine hohe Feuerwiderstandsdauer, sie entwickeln im Brandfall keine toxischen Gase, – sie haben also aus brandschutztechnischer Sicht nur Vorteile. Selbst bei schweren Brandzehrungen ist es meist möglich Betonbauteile zu sanieren.

3.7 Mauerwerk

Alle Baustoffe für den Mauerwerksbau – ausgenommen Dämmschichten in zweischaligen Wänden und Thermoputze – sind ohne Nachweis nichtbrennbar und aus der Sicht des Brandschutzes uneingeschränkt verwendbar. Als solche erhöhen sie die Brandlast nicht, tragen nicht zur Brandentstehung oder Brandausbreitung bei und nehmen am aktiven Brandgeschehen nicht teil. Sie geben kaum Rauchgase ab und tragen somit nichts zur Toxizität der Brandgase bei. Durch das Fehlen der Rauchgase werden Personen nicht gefährdet und der Einsatz der Feuerwehr nicht behindert.

Passiv nehmen Mauersteine insofern am Brandgeschehen teil, als sie abgesehen von ihrer Nichtbrennbarkeit mangels organischer Bestandteile anderen Gesetzmäßigkeiten der Chemie und Physik folgen. Durch die Temperaturerhöhung im

Brandfall dehnen sie sich aus. Natursteine – insbesondere solche mit dichtem Gefüge wie z. B. Granit – dehnen sich wegen ihres inhomogenen Gefüges bei Erwärmung bzw. plötzlicher Abkühlung durch das Löschwasser unterschiedlich und es kommt zu Abplatzungen und Sprüngen. Kalkstein zerfällt bei etwa 1 000 °C in seine Bestandteile Kalziumoxid (gebrannter Kalk) und Kohlenstoffdioxid.

Künstliche Steine: Ungebrannte Steine wie Kalksandstein, Betonstein und Porenbetonstein haben ein homogenes Materialgefüge und erleiden bei Erwärmung nur geringe innere Spannungen; hingegen wird das Kristallwasser ausgetrieben, der Stein wird amorph und bröckelt ab. Letzteres gilt insbesondere für Bauprodukte aus Gips.

Gebrannte Steine (Ziegel) sind ebenfalls homogen zusammengesetzt und werden bei der Herstellung während einer mindestens zweistelligen Stundenzahl Ofentemperaturen um 1 000 °C ausgesetzt. Mauerziegel sind deshalb sehr widerstandsfähig gegen Brandbeanspruchung.

Das Wärmeleitvermögen von Steinen ist relativ niedrig. Mörtel für tragendes Mauerwerk – Kalk- oder Kalkzementmörtel – sind durchweg nichtbrennbar. Zement und Kalk kristallisieren und bauen Wasser in Form des Kristallwassers ein. Putzmörtel im Innenbereich sind vorwiegend Gipsmörtel; es gibt aber immer mehr Putzmörtel mit organischem Anteil, sogenannter Kunststoffputz.

Die Feuerwiderstandsdauer ergibt sich aus der Art der Steine, dem verwendeten Bindemittel und den Abmessungen der Bauteile. Auch hier ist es so, dass die statischen Erfordernisse den Brandschutz in den meisten Fällen sozusagen »nebenher« mitbringen. Zudem ergeben sich bei Massivbauteilen keine Probleme beim zulassungsgemäßen Anschluss von leichten Trennwänden, Decken, Verglasungen und Türen.

3.8 Glas

Der Baustoff Glas – worunter hier nur das übliche Silikatglas verstanden sein soll – ist nichtbrennbar (A1).

Info:

Verbundglasscheiben beinhalten brennbare Folien, sodass diese teilweise nicht die Klassifizierung »nichtbrennbar« erhalten, wobei nach MVV TB Folien bis 0,5 mm Dicke, dicht auf einer nichtbrennbaren Oberfläche aufgebracht, vernachlässigt werden können.

Die Eigenschaft des Glases, lichtdurchlässig zu sein, ist sein brandschutztechnischer Hauptnachteil, da auch die physikalisch gleichgeartete Wärmestrahlung beinahe ungehindert hindurch dringt. Glas ist darüber hinaus empfindlich gegen Wärmespannungen, d. h. es zerspringt rasch unter dem Einfluss der Brandwärme. Bauteile mit einfachem Glas, so genannte Einfachverglasungen, können deshalb keine Feuerwiderstandsdauer haben.

Durch Armierung des Glases mit einem Drahtnetz entsteht ein Glas – Drahtglas oder Drahtspiegelglas – das zwar die Wärmestrahlung hindurch lässt, aus dem aber Verglasungen hergestellt werden können, die bei Beachtung der Prüf- und Zulassungsbedingungen ihre raumabschließende Wirkung während des geprüften Zeitraums beibehalten (so genannte G-Verglasung). Diese Gläser widersprechen jedoch häufig Vorgaben des Arbeitsschutzes und werden zunehmend ausgetauscht.

Besondere Gläser wie vorgespanntes Kalk-Natron-Glas oder Borosilikatgläser erreichen dies auch ohne Drahtarmierung nur mit Hilfe ihres geringen Wärmeausdehnungskoeffizienten (z. B. »Pyran«), sind aber als Bauglas relativ teuer. Dieses Ziel kann auch durch Verbundgläser erreicht werden (z. B. »Pyrodur«).

Im Zuge von Fluchtwegen ist die Transparenz des Glases erwünscht. Man bevorzugt dort Rauchabschnittstüren mit Verglasung. Auch das Springen der Fensterscheiben ins Freie eines Brandraumes ist ein positiver Effekt, da Rauch und Wärmeenergie abgeführt werden.

F-Verglasungen sind Verglasungen mit Verbundgläsern und transparenten Gelschichten, die sich unter dem Einfluss der Wärme trüben und aufschäumen. Sie verlieren dadurch ihre Transparenz, sodass auch die Wärmestrahlung zurückgehalten wird. Die schlechte Wärmeleitfähigkeit des Schaumes verhindert ein unzulässiges Ansteigen der Temperatur an der dem Feuer abgekehrten Seite. Somit können auch verglaste Bauteile die Eigenschaft »feuerhemmend« oder »feuerbeständig« erreichen (▶ Kapitel 4.4.1). Der Preisunterschied zwischen G-Verglasungen und F-Verglasungen nimmt ab, sodass die Bedeutung von G-Verglasungen auch zunehmend geringer wird.

Glasdächer gelten nicht als harte Bedachung; sie dürfen nach MBO dennoch in beschränkter Größe in Dächer mit der Anforderung harte Bedachung eingebaut werden.

Bild 9: ***Zweiflügelige feuerhemmende Glastüre mit Seitenteilen und Oberlicht. Die Fortsetzung des Rettungswegs ist erkennbar.***

3.9 Kunststoffe

Kunststoffe sind organische Chemiewerkstoffe, deren Eigenschaften auf den Einsatzzweck hin optimal ausgeprägt werden können, die aber brandschutztechnisch gewisse Risiken bergen. Sie werden im Bauwesen für Schall- und Wärmedämmstoffe, Fensterrahmen, Sanitärinstallationen, Außenwandverkleidungen, Fußbodenbeläge, Wand- und Deckenverkleidungen, Elektroisolierungen, Folien, Kleber u. a. verwendet.

Kunststoffe verursachen meist hohe Brandschäden durch Ruß oder Korrosion, die auch nicht unmittelbar vom Brand betroffene Bereiche erfassen können. Man unterscheidet Thermoplaste, Duroplaste und Elastomere.

3.9.1 Thermoplaste

Thermoplaste werden bei Erwärmung weich oder flüssig, wie z. B. das Polyethylen (Rohre), das Polyvinylchlorid »PVC« (Verkleidungen, Fußböden, Fenster) und das Polystyrol (Dämmstoff). Diese bilden zusammen mit den elektrischen Leitungen das Hauptkontingent der am Bau verwendeten Kunststoffe. Als Kohlenwasserstoffe sind sie Angehörige der Baustoffklasse B (DIN 4102-1) bzw. D, E oder F (DIN EN 13501-1), in ihrer Normalausführung leicht- oder normalentflammbar, können aber auch durch Zusätze bei der Herstellung schwerentflammbar gemacht werden. Eine nachträgliche Behandlung mit einem Feuerschutzmittel ist nicht in allen Fällen möglich.

Bei der brandschutztechnischen Bewertung interessieren besonders die Brandparallelerscheinungen: Thermoplaste werden in der Brandwärme weich und tropfen oder fließen ab, je nach Baustoffklasse auch brennend. Kunststoffe entwickeln starke Rauchgase, die im Falle des Polystyrols undurchdringlich schwarz und dicht sind und die Menschenrettung und Brandbekämpfung erschweren, im Fall des Polyvinyl-

Bild 10: ***Aufgrund der Kunststoffverkleidung mit einem Thermoplast findet eine Brandweiterleitung von oben nach unten statt.***

chlorides einen etwa 50 %-igen Anteil an ätzendem Chlorwasserstoff (HCl) enthalten, der mit dem bei der Verbrennung entstehenden Wasserdampf zur Salzsäure wird.

Eine negative Erscheinung ist auch das frühzeitige Erweichen von Befestigungsmitteln der elektrischen Installation bei etwa 120 °C, das zum Herabhängen der Leitungen und Blankwerden spannungsführender Teile und damit zu Kurzschlüssen und Stromausfall führt. In Unterdecken verbietet die Leitungsrichtlinie solche Befestigungen (Abhänger, Dübel).

3.9.2 Duroplaste

Duroplaste sind die Phenol-, Polyester- und Epoxidharze. Ihr Zustand ändert sich bei Erwärmung nicht.

Merke:

Die Verwendung von Duroplasten am Bau ist deutlich unkritischer als die von Thermoplasten.

3.9.3 Elastomere

Elastomere sind bei normaler Temperatur kautschukartig und bleiben es auch bei der thermischen Zersetzung. Am Bau begegnen sie uns in Form der synthetischen Kautschukdichtungen. Zu dieser Gruppe gehört auch das Polyurethan, das zu Dämmstoffen verschäumt wird. Auch Polyurethanschaum neigt zum brennenden Abtropfen und bildet aggressive Brandgase in großen Mengen.

3.10 Verwendung brennbarer Baustoffe

Die Verwendung nichtbrennbarer Baustoffe (Baustoffklassen A1 und A2) ist in jedem Fall unbedenklich und erhöht die Sicherheit für die Gebäudenutzer. Es bedarf daher einer Regelung, wo brennbare Baustoffe zur Verwendung gelangen dürfen.

Für tragende Bauteile ergibt sich die Verwendung brennbarer Baustoffe aus der MVV TB, wo festgelegt ist, welche Baustoffe für Bauteile verwendet werden dürfen, die die bauaufsichtliche Forderung »feuerhemmend«, »hochfeuerhemmend« oder

»feuerbeständig« erfüllen müssen. Schließt das Baurecht – über die Zuordnung der MVV TB hinausgehend – brennbare Baustoffe überhaupt aus, so ist dies bei der entsprechenden Bestimmung ausdrücklich gesagt, z. B. »Tragende Wände von Hochhäusern müssen mindestens feuerbeständig und aus nichtbrennbaren Baustoffen sein«.

Nur bei der Anforderung feuerhemmend (F 30) besteht keine Anforderung an die Brennbarkeit der Baustoffe (unabhängig Verbot leichtentflammbarer Baustoffe). Die mit den Anforderungen hochfeuerhemmend und feuerbeständig verbundenen Schutzziele können daher nur unter eingeschränkter Verwendung brennbarer Baustoffe erfüllt werden (▶ Tabelle 7).

Es ist natürlich nicht die Absicht dieses Buches, in Katalogform jeden Einzelfall zu behandeln, aber es sollen Prinzipien herausgestellt werden, nach denen der Gesetzgeber verfährt. Dämmschichten, Verkleidungen und Oberflächen von Wänden und Decken, nichttragende Außenwände, Rohrleitungen und Kanäle, Fußbodenbeläge, Dichtstoffe und Klebemittel müssen bauphysikalischen und ästhetischen Forderungen gerecht werden, die mit anorganischen, also nichtbrennbaren Baustoffen oft nur schwer oder gar nicht zu erfüllen sind. An die Raumdecke soll eine Holzverkleidung, die Wand wird tapeziert, der Fußboden erhält einen Parkettbelag, die Wärmeisolierung soll aus Polystyrolschaum hergestellt werden, die Abflussrohre wählt man aus Niederdruck-Polyethylen, der Fußbodenbelag im Flur besteht aus Polyvinylchlorid-(PVC)-platten, die mit einem brennbaren Kleber aufgebracht werden, Türen und Fensterrahmen sind aus Holz, alle Elektroleitungen mit PVC ummantelt – kurzum in jedem Gebäude besteht ein nicht unerheblicher Teil der Bausubstanz aus brennbaren Baustoffen mit z. T. unangenehmen Brandparallelerscheinungen.

Mit zunehmender Zahl der Personen im Gebäude, der Höhe eines Gebäudes oder dem Anteil nicht selbstrettungsfähiger Personen ist das erhöhte Brandrisiko durch die Verwendung brennbarer Baustoffe immer weniger tragbar. Das zweite Kriterium ist die Zugänglichkeit für die Feuerwehr an die Bauteile aus brennbaren Baustoffen.

An Wand- und Deckenverkleidungen von Wohnungen werden keine Anforderungen gestellt, da eine Wohnung nur von wenigen Personen bewohnt wird und von anderen Wohnungen durch feuerwiderstandsfähige Wände und mindestens feuerhemmende Decken getrennt ist. »Keine Anforderungen« gilt immer unter der Einschränkung, dass Baustoffe, die nach dem Einbau noch leichtentflammbar sind, gemäß § 26 MBO bei der Errichtung und Änderung baulicher Anlagen grundsätzlich nicht verwendet werden dürfen. Wandverkleidungen von Räumen in Hochhäusern müssen mindestens schwerentflammbar sein, Wandverkleidungen aus normalentflammbaren Baustoffen (Klasse B2) sind in Hochhäusern zulässig, wenn die Unterseite der angrenzenden Decke aus nichtbrennbaren Baustoffen (Klasse A) besteht. In

Hochhäusern müssen alle Wand- und Deckenverkleidungen aus nichtbrennbaren Baustoffen bestehen. Das Prinzip ist einleuchtend: mit der Höhe des Hauses wächst die Zahl der von einem Brand betroffenen Personen, verlängert sich der Rettungsweg, d. h. auch der Angriffsweg der Feuerwehr. Folglich wird mit steigendem Risiko die Verwendung brennbarer Baustoffe, die eine Erhöhung der Brandentstehungswahrscheinlichkeit, der Brandlast, der Ausbreitungsgeschwindigkeit und der Verqualmung mit sich bringen, mehr und mehr eingeschränkt. Verkleidungen einschließlich Unterdecken und Dämmstoffe müssen in notwendigen Fluren aus nichtbrennbaren Baustoffen bestehen; ausgenommen sind Beschichtungen, Anstriche und Tapeten bis 0,5 mm Dicke, wenn sie vollflächig auf massivem mineralischen Untergrund aufgebracht sind. Flurwände und -decken aus brennbaren Baustoffen müssen eine Bekleidung aus nichtbrennbaren Baustoffen in ausreichender Dicke haben, um einer Brandentstehung und -ausbreitung vorzubeugen. Als ausreichende Dicke können z. B die im Handel verfügbaren Brandschutzplatten angesehen werden. In Schleusen und Treppenräumen sind brennbare Wandverkleidungen in jedem Fall untersagt; sofern die Treppenraumwände aus brennbaren Baustoffen bestehen dürfen, müssen sie ebenfalls eine nichtbrennbare Bekleidung haben. Auch hier ist ein Prinzip erkennbar: steigende Anforderungen in Fluchtrichtung. Im Raum keine Einschränkung, im Flur Einschränkungen, im Treppenraum ein Verbot der Verwendung brennbarer Baustoffe. Die Flucht aus dem Raum erfolgt in Richtung Sicherheit, was logisch und psychologisch richtig ist. Den Zusammenhang zwischen der Zugänglichkeit für die Feuerwehr und der Anforderung an die Baustoffe zeigen die Bestimmungen über Verkleidungen an Außenwänden von Gebäuden. Abgesehen von der Brandausbreitung von einem Gebäude auf das andere soll ein Feuer auch nicht an der Gebäudeaußenwand hochbrennen und sich über ungeschützte Fensteröffnungen in andere Stockwerke oder auf das Dach ausbreiten. Höhen bis etwa 15 m erreicht die Feuerwehr mit dem Löschwasserstrahl sicher vom Boden aus. Höhen bis zur Hochhausgrenze von Hubrettungsgeräten, sprich Leitern aus, sofern eine Zufahrt und eine Aufstellfläche vorhanden sind; darüber hinaus ist der Zugang zur Gebäudeaußenwand verwehrt.

Entsprechend sind die Forderungen des Baurechts: Bei Gebäuden der Gebäudeklassen 1 bis 3 sind Außenwandverkleidungen mit oder ohne Hinterlüftung aus mindestens normalentflammbaren Baustoffen zulässig, bis zur Hochhausgrenze aus mindestens schwerentflammbaren Baustoffen. Bei Außenwandkonstruktionen mit geschossübergreifenden Hohl- oder Lufträumen müssen gegen die Brandausbreitung besondere Vorkehrungen getroffen werden.

Bild 11: ***Durch den Brand eines Müllcontainers brannte das mit Polystyrol gedämmte Wärmedämmverbundsystem dieses fünfgeschossigen Wohnhauses vollständig ab. Der Brand wurde durch die ungeschützten Fensteröffnungen in die Wohnungen übertragen, die sämtlich ausbrannten.***

Ziel ist die Begrenzung eines Brandes bis zum Beginn erster Löschmaßnahmen (20 min) auf das eigentliche Brandgeschoss und ein Geschoss darüber. Bei Hochhäusern müssen Außenwände und Fassaden aus nichtbrennbaren Baustoffen bestehen. Ausgenommen sind nur Fensterprofile, Dämmstoffe in nichtbrennbaren geschlossenen (Verglasungs-)Profilen, Dichtstoffe zur Abdichtung der Fugen zwischen Verglasungen und Traggerippen sowie Kleinteile ohne tragende Funktion, die nicht zur Brandausbreitung beitragen.

Merke:

Ausnahmen für Wände ohne Öffnungen sind nicht sinnvoll, da Brände auch außerhalb von Gebäuden entstehen können.
Brände in Industriebauten mit gewaltigen Sachschäden haben gezeigt, dass den Dämmstoffen großflächiger Bedachungen besonderes brandschutztechnisches Augenmerk zu schenken ist. Neben den Anforderungen der Industriebaurichtlinie sollte die DIN 18234 beachtet werden.

Bild 12: ***Totalschaden durch ungehinderte Brandausbreitung über die brennbare Dämm- und Teerschicht der gesamten Dachfläche***

Auch wenn sie nicht im direkten Sinn als Baustoff bezeichnet werden können, stellen die elektrischen Kabel und Leitungen in mehrfacher Hinsicht ein brandschutztechnisches Problem dar. Wegen der hervorragenden elektrischen Eigenschaften des brennbaren und salzsäureentwickelnden Kunststoffes PVC wird dieser beinahe ausschließlich zur Isolierung der Kabel und Leitungen verwendet. Diese Leitungen durchziehen das Gebäude in Strängen und Bündeln in Deckenhohlräumen und Schächten. Für die Durchführung von Kabeln durch brandabschnittsbildende Wände und Decken hat die Industrie eine Reihe von Abschottungen anzubieten und die Leitungsanlagen-Richtlinie beschreibt standardisierte Ausführungen.

Kabel und Leitungen, die vor Brandeinwirkung geschützt werden müssen, weil sie der Sicherheit im Brandfall dienen, also Stromversorgung und Steuerleitungen von Sicherheitseinrichtungen, müssen einen Funktionserhalt im Brandfall haben. Sie sind von der Brandlast des Gebäudes zu trennen, z. B. in feuerhemmenden oder feuerbeständigen Kanälen oder Schächten zu verlegen. Es können auch alternativ Leitungsanlagen mit integriertem Funktionserhalt nach DIN 4102 Teil 12 verwendet werden.

Bestimmungen über die Verlegung von Leitungen und den erforderlichen Funktionserhalt finden sich in der Leitungsanlagen-Richtlinie.

4 Bauteile

Die verwendeten Baustoffe und der Feuerwiderstand der Bauteile bestimmen Entstehung und Ausbreitung, Abbrandgeschwindigkeit und Rauchentwicklung, die Gefahr für die Menschen und Höhe des Gebäudeschadens sowie die Beeinträchtigung der Umwelt.

Während die Baustoffeigenschaft, mit einer Ausnahme, bei der Brandentstehung nachgewiesen wird, beschreibt der Feuerwiderstand das Verhalten mit einem vollentwickelten Brandverlauf.

Es ergibt sich ein abnehmendes Risiko etwa in der Reihung von »F 0«-B, »F 0«-A, F 30-B (nicht immer), F 30-A, F 60-B, F 60-A. Es leuchtet ohne weiteres ein, dass ein Gebäude in Holztafelbauart ohne Feuerwiderstand brandschutztechnisch kritischer zu beurteilen ist als ein Gebäude in feuerbeständiger Massivbauart.

Aus den vorstehend beschriebenen Baustoffen werden die Bauteile gefertigt. Es gibt

- tragende und raumabschließende Bauteile (Trennwände, Außenwände, Decken),
- tragende, nicht raumabschließende Bauteile (Stützen, Unterzüge, Wandscheiben),
- nichttragende und raumabschließende Bauteile (Trennwände, Außenwände, obere Raumabschlüsse),
- nichttragende und nicht raumabschließende Bauteile (Brüstungen, Raumteiler) und
- Sonderbauteile (Brandwände, nichttragende Außenwände, Feuerschutzabschlüsse, Fahrschachtabschlüsse, Brandschutzverglasungen, Lüftungsleitungen, Installationsschächte und -kanäle sowie Bedachungen).

Bauteile sollen im Brandfall ihre »kalten« Eigenschaften »tragend« oder »raumabschließend« oder beides für einen bestimmten Zeitraum beibehalten. Ihr Brandverhalten wird durch ihren Feuerwiderstand gekennzeichnet. Die Feuerwiderstandsdauer ist die Mindestdauer in Minuten, während der ein Bauteil bei der Prüfung nach DIN 4102 oder DIN EN 1363 seine kalte Eigenschaft behält. Um dies nachzuweisen, sind folgende Anforderungen zu erfüllen:

- Raumabschließende Bauteile müssen den Durchgang des Feuers verhindern, d. h. ein Wattebausch auf der vom Feuer abgekehrten Seite darf sich nicht entzünden und die Bauteile dürfen unter ihrer Eigenlast nicht zusammenbrechen.

- Die Temperaturerhöhung darf auf der feuerabgekehrten Seite an keiner Stelle mehr als 180 K, im Mittel nicht mehr als 140 K betragen.
- Raumabschließende Bauteile, die feuerbeständig oder hochfeuerhemmend sein müssen und in Teilen aus brennbaren Baustoffen hergestellt werden, müssen eine durchgehende Schicht aus nichtbrennbaren Baustoffen besitzen (§ 26 MBO).

Tragende und nicht raumabschließende Bauteile werden bei der Prüfung einer mehrseitigen Temperaturbeanspruchung ausgesetzt.

Bauteile, die statisch bestimmt gelagert und ganz oder überwiegend auf Biegung beansprucht werden (Träger, Decken) dürfen während der Prüfung eine höchstzulässige Durchbiegungsgeschwindigkeit nicht überschreiten. Stützen, die F 90 nach DIN 4102-2 sein sollen, müssen unmittelbar nach dem Brandversuch einer Beanspruchung mit Löschwasser standhalten. Die Temperaturen im Brandraum sind genormt, der Temperaturanstieg muss der Einheits-Temperaturzeitkurve (ETK) entsprechen. Die Bauteile werden entsprechend der bei der Prüfung erreichten Feuerwiderstandsdauer in Minuten in Feuerwiderstandsklassen eingestuft (▶ Tabelle 6).

Während die Feuerwiderstandsdauer und die Feuerwiderstandsklasse unabhängig von der Brennbarkeit der verwendeten Baustoffe ist, beinhaltet die baurechtlich geforderte Feuerwiderstandsfähigkeit eine Kombination aus Feuerwiderstandsklasse und Brennbarkeit. Nur so kann das geforderte Verhalten eines Bauteils während des definierten Zeitraums ausreichend beschrieben werden.

Die Feuerwiderstandsfähigkeit bezieht sich bei tragenden und aussteifenden Bauteilen baulicher Anlagen auf deren Standsicherheit im Brandfall, bei raumabschließenden Bauteilen, wie Wänden und Decken, auf deren Widerstand gegen eine Brandausbreitung (raumabschließend feuerwiderstandsfähig – Raumabschluss).

Querschnittsänderungen und Durchdringungen – auch nachträglicher Art – sowie Verformungen während der Brandeinwirkung sind zu berücksichtigen, soweit sie Einfluss auf die Feuerwiderstandsfähigkeit haben können.

Feuerwiderstandsfähige Bauteile dürfen hinsichtlich ihres Brandverhaltens nur soweit zum Brand beitragen, wie es in § 26 Abs. 2 MBO bestimmt ist. Sie werden unterschieden in:

a) **feuerbeständige Bauteile**
Tragende und aussteifende Teile müssen aus nichtbrennbaren Baustoffen bestehen. Raumabschließende Bauteile müssen zusätzlich eine in Bauteilebene durchgehende Schicht aus nichtbrennbaren Baustoffen haben.

Der Begriff feuerbeständig kann wörtlich genommen werden und besteht bereits länger als die normativen Bezeichnungen hierfür. Bauteile, die feuerbeständig sind, halten bei üblichen Bauweisen und üblichen Brandlasten dem Feuer stand, da sie sich in den wesentlichen Teilen nicht am Brandverlauf beteiligen. Die Brandlast wird regelmäßig aufgebraucht sein, bevor ein feuerbeständiges Bauteil versagt.

b) hochfeuerhemmende Bauteile

Bestehen tragende und aussteifende Teile aus brennbaren Baustoffen, müssen sie allseitig eine brandschutztechnisch wirksame Bekleidung aus nichtbrennbaren Baustoffen (Brandschutzbekleidung) und – sofern vorhanden – nichtbrennbare Dämmstoffe haben. Die Brandschutzbekleidung muss:

- ein Brennen der tragenden und aussteifenden Teile,
- die Einleitung von Feuer und Rauch in Wand- und Deckenbauteile über Fugen, Installationen oder Einbauten sowie eine Brandausbreitung innerhalb dieser Bauteile,
- die Übertragung von Feuer über Anschlussfugen von raumabschließenden Bauteilen in angrenzende Nutzungseinheiten oder Räume und
- die Übertragung von Rauch über Anschlussfugen weitestgehend verhindern.

Wenn raumabschließende hochfeuerhemmende Bauteile in ihren tragenden und aussteifenden Teilen aus nichtbrennbaren Baustoffen bestehen und eine in Bauteilebene durchgehende Schicht aus nichtbrennbaren Baustoffen angeordnet ist, ist eine brandschutztechnisch wirksame Bekleidung nicht erforderlich; sie können auch insgesamt aus nichtbrennbaren Baustoffen bestehen.

Der Begriff ist relativ neu und soll die Lücke zwischen feuerbeständig und feuerhemmend schließen. Ursächlich hierfür war, dass dem Holzbau ein Anwendungsgebiet eröffnet werden sollte, da Holzbauteile weder hinsichtlich ihres Brandverhaltens noch ihrer Klassifikation feuerbeständig sein werden können.

c) feuerhemmende Bauteile

Tragende und aussteifende Bauteile können aus brennbaren Baustoffen ausgeführt werden. Dies gilt auch für raumabschließende Bauteile.

Feuerhemmende Bauteile bieten für einen begrenzten Zeitraum den Raumabschluss oder das Tragverhalten, der bei einem kleineren Gebäude für die Durchführung der Eigen- und Fremdrettung reichen sollte.

Häufig wird auch die Bezeichnung »F 0« gebraucht. Diese ist zwar in der Norm nicht enthalten und auch missverständlich, da natürlich jedes Bauteil einen bestimmten Feuerwiderstand aufweist. Der Begriff bildet dennoch eine griffige Kurzbezeichnung für ein Bauteil ohne klassifizierten Feuerwiderstand.

Tabelle 6: ***Feuerwiderstandsklassen***

Feuerwiderstandsklasse	Feuerwiderstand in Minuten
F 30	≥ 30
F 60	≥ 60
F 90	≥ 90
F 120	≥ 120

Hier soll noch einmal ausdrücklich auf den fehlenden Zusammenhang zwischen Baustoffklasse und Feuerwiderstandsklasse hingewiesen werden, was für das Verständnis des Systems von grundlegender Bedeutung ist: Die Art der verwendeten Baustoffe und ihre Baustoffklasse lässt keinen Rückschluss auf die Feuerwiderstandsdauer und damit -klasse zu. Betrachten wir als Beispiel einen Stahlträger. Stahl ist ohne Nachweis nichtbrennbar, also der Baustoffklasse A1 zuzuordnen. Im Hinblick auf die Brandentstehung und auf die Brandlast ist der Baustoff Stahl also optimal.

Wenden wir uns nun seinem Verhalten als Bauteil im Feuer zu, dann zeigt uns ein Blick auf die Normbrandbeanspruchung nach der ETK, nach der bereits nach zehn Minuten im Brandraum (Ofen) eine Temperatur von 658 K über der Raumtemperatur herrscht, die der Träger wegen der guten Wärmeleitfähigkeit des Stahles rasch annimmt. Die Glutfarbentabelle für Stahl bezeichnet diese Temperatur mit »Dunkelkirschrot« und der Stahl hat dabei seine rechnerisch zulässige Tragfähigkeit verloren. Dieses Bauteil erreicht also nicht einmal die niedrigste Feuerwiderstandsklasse F 30, obwohl es aus einem Baustoff der höchsten Baustoffklasse A1 gefertigt ist. Nehmen wir anstelle des Stahlträgers einen verleimten Brettschichtbalken, so ist sein Werkstoff Holz in die Baustoffklasse B2 (normalentflammbar) einzureihen. Er kann entzündet werden und erhöht die Brandlast im Gebäude, verhält sich also unter diesem Gesichtspunkt schlecht, und darf als Baustoff gerade noch verwendet werden. Als Bauteil kann der Balken jedoch in Abhängigkeit von seinen Abmessungen eine beliebig hohe Feuerwiderstandsdauer erreichen. Holz hat im Ofen einen so genannten linearen Abbrand (etwa 1 mm/min), d. h. es verliert so viel an Tragkraft, wie es durch Abbrand an Querschnitt verliert. Ist der Balken nur genügend groß bemessen, sodass er nach 90 Minuten Brandbelastung nach der ETK noch den rechnerisch notwendigen Querschnitt behält, so erreicht er die Feuerwiderstandsklasse F 90-B, ist aber nicht »feuerbeständig«. Dies hat nicht nur formelle Gründe. Holzbauteile beteiligen sich am Brandgeschehen und die ETK als Nachweisbelastung zur Simulierung eines entwickelten Brandes wurde in Räumen ermittelt, die nicht am Brandgeschehen teilnahmen.

Normativ wird bei einer identischen ETK-Belastung bei einem brennbaren Bauteil weniger Energie zugeführt als bei einem nichtbrennbaren Bauteil, da das Bauteil bereits zu einer Energiefreisetzung führt.

Viel gravierender ist aber der Unterschied zwischen F 90-B und feuerbeständig im realen Brandgeschehen. Ursprünglich und auch bis heute stellen feuerbeständig erstellte Gebäude mit Raumgruppen und üblicher Brandlast sicher, dass diese im Brandfall nicht versagen und damit Menschen gefährden. Die Praxiserfahrungen zeigen deutlich, dass F 90-Bauteile, die sich gleichzeitig aufgrund ihrer Nichtbrennbarkeit nicht am Brandgeschehen beteiligen, dauerhaft feuer**beständig** im Wort-

Bild 13: ***Die brettschichtverleimten Holzträger des Stadiondaches können allein durch ihre Abmessung eine Feuerwiderstandsdauer von 90 Minuten erreichen. F 90B ist jedoch bauaufsichtlich nicht feuerbeständig und hat auch keine entsprechende Feuerwiderstandsfähigkeit.***

sinne sind. Dies liegt daran, dass mit dem Brandverlauf auch die Brandlast abnimmt. Diese Erkenntnis ermöglicht den Nachweis der Feuerbeständigkeit von Bauteilen aus nichtbrennbaren Baustoffen mit einer Feuerwiderstandsprüfung von 90 min. Das heißt aber nicht und wird immer wieder so kommuniziert, dass feuerbeständige Bauteile nach 90 min einstürzen dürfen. Dies wäre zum Beispiel für Hochhäuser, Krankenhäuser und andere Gebäude mit nicht selbstrettungsfähigen Personen fatal. Dies ist ein Detail, das für die Akzeptanz des Baustoffes Holz von großer Bedeutung ist, da Holzbauten nicht feuerbeständig sein können.

Merke:

Die Feuerwiderstandsdauer bzw. die Feuerwiderstandsklasse von Bauteilen ergibt sich aus vielen verschiedenen Einflussgrößen:
Brandbeanspruchung – Wird das Bauteil nur von einer Seite oder sogar von mehreren Seiten angegriffen?
Baustoff oder Baustoffverbund – Wie ist der Baustoff zusammengesetzt?
Bauteilgröße – Wie groß im Querschnitt oder in der Länge?
bauliche Ausbildung – Wie ist das Bauteil angeschlossen? Halterungen? Fugen?

1. statisches System (statisch bestimmte oder unbestimmte Lagerung, Einspannungen usw.),
2. Ausnutzungsgrad der Festigkeit der verwendeten Baustoffe infolge äußerer Lasten
3. Anordnung von Bekleidungen – Wird das Bauteil ummantelt? Ist es verputzt?

Zusatz:
Da einzelne Bauteile in der Regel zu einer Gesamtkonstruktion zusammengefügt werden, wird vorausgesetzt, dass die Bauteile, die an die klassifizierten Einzelbauteile angeschlossen sind, mindestens derselben Feuerwiderstandsklasse angehören. Ein Träger gehört z. B. nur dann einer bestimmten Feuerwiderstandsklasse an, wenn auch die Auflager – z. B. Konsolen oder Stützen und alle statisch bedeutsamen Aussteifungen und Verbände der entsprechenden Feuerwiderstandsklasse angehören.

Hinsichtlich der Einreihung eines Bauteiles in die Feuerwiderstandsklassen gibt es drei Möglichkeiten:

- Mit Brandversuchen:

  Das Bauteil muss von einer anerkannten Prüfanstalt nach den Bestimmungen den genannten Normen geprüft werden. Darüber wird ein Prüfzeugnis ausgestellt, in dem u. a. eine Beurteilung der Prüfergebnisse und eine Klassifizierung des Bauteiles enthalten sein muss. Das Prüfzeug-

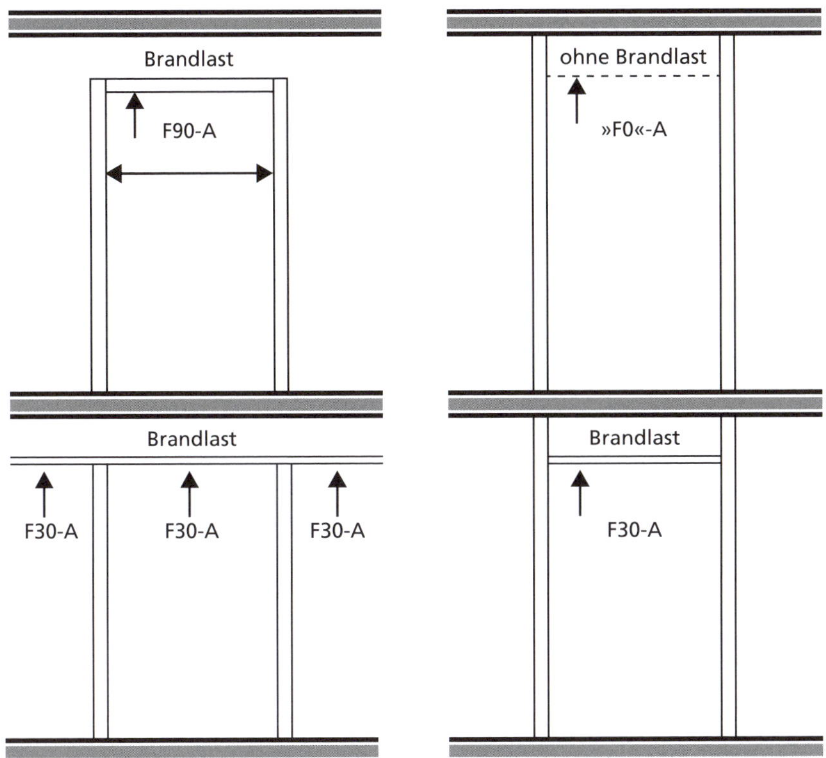

Bild 14: ***Links: Feuerwiderstand von Unterdecken in Fluren. Die Flurtrennwand reicht nicht bis zur Rohdecke, im Deckenhohlraum befindet sich Brandlast: Trennwand und Unterdecke müssen den jeweiligen Zulassungsbedingungen genügen und zusammen geprüft sein.***
Rechts: Die Flurtrennwand reicht bis zur Rohdecke: Wenn sich zwischen Rohdecke und Unterdecke Brandlast befindet, muss die Unterdecke von oben und von unten geprüft feuerhemmend sein. F 30A wegen des Grundsatzes, in Rettungswegen keine Brandlast einzubringen.

nis gilt immer nur für das geprüfte Bauteil und es ist nicht zulässig, das Ergebnis der Versuche auf andere Bauteile zu übertragen, z. B. das Prüfzeugnis über den Brandversuch an einer Stütze auf einen Träger.

- Ohne Brandversuche:
  Die in DIN 4102-4 genannten Bauteile sind ohne Nachweis in die dort angegebene Feuerwiderstandsklasse einzureihen.

- Mit rechnerischem Nachweis:
  Es erfolgt eine Bemessung nach Eurocode.

Erst nach dem Brand des Glaspalastes in München im Jahr 1931, über dessen Totalverlust man sich sehr wunderte, da er aus den nichtbrennbaren Baustoffen Stahl und Glas hergestellt war, erkannte und erarbeitete man den Begriff des Feuerwiderstandes. Die erste Ausgabe der DIN 4102 von 1934 beinhaltete als Merkregel für Vollziegel-Mauerwerk:

»Die Viertelstein-Wand, bei der die Ziegel auf der Längsseite hochkant stehend vermauert werden, ist feuerhemmend, die halbsteinige Wand, bei der die Ziegel flach liegend mit ihrer Längsrichtung in Wandrichtung vermauert werden, ist feuerbeständig und die einsteinige Wand, bei der die Ziegel mit ihrer Längsrichtung quer zur Wandrichtung vermauert werden, gilt als Brandwand.«

4.1 Nationale Klassifizierung

Die Klassifizierung der Bauteile erfolgt in der DIN 4102 mit Kennbuchstaben und Angabe der Feuerwiderstandsdauer, gegebenenfalls mit Anhang der Bezeichnung der zu verwendenden Baustoffe:

F für tragende und/oder raumabschließende Bauteile, auch Verglasungen und Systemböden,
T für Feuerschutzabschlüsse (Türen, Tore, Klappen),
K für Absperrvorrichtungen in Lüftungsleitungen (Klappen),
L für Lüftungsleitungen,
S für Abschottungen von Kabeln und Leitungen,
I für Installationskanäle,
R für Rohrabschottungen,
E für Funktionserhalt von elektrischen Leitungen,
G für Verglasungen,
W für nichttragende und nicht raumabschließende Bauteile (Brüstungen, Geländer).

Beispiele:

F 60 steht für eine hochfeuerhemmende Trennwand; sie kann auch mit tragenden Teilen aus brennbaren Baustoffen und einer allseitig brandschutztechnisch wirksamen Bekleidung aus nichtbrennbaren Baustoffen sein; F 90-B steht für ein Bauteil aus brennbaren Baustoffen mit einer Feuerwiderstandsdauer von 90 Minuten, das aber nicht als »feuerbeständig« gilt, z. B. ein Brettschichtträger.

Die MVV TB stellt den Zusammenhang zwischen der Bezeichnung nach DIN 4102 und der bauaufsichtlichen Benennung her (▶ Tabelle 7).

Tabelle 7: ***Zuordnung der Feuerwiderstandsklassen der nationalen Normung zu den bauaufsichtlichen Verwendungsvorschriften (aus MVV TB, Anhang 4)***

Bauaufsichtliche Anforderungen	Klassen nach DIN 4102-2	Kurzbezeichnung*
feuerhemmend	Feuerwiderstandsklasse F 30	F 30B
feuerhemmend und aus nichtbrennbaren Baustoffen	Feuerwiderstandsklasse F 30 und aus nichtbrennbaren Baustoffen	F 30A
hochfeuerhemmend	Feuerwiderstandsklasse F 60 und in den wesentlichen Teilen aus nichtbrennbaren Baustoffen	F 60AB
	Feuerwiderstandsklasse F 60 und aus nichtbrennbaren Baustoffen	F 60A
feuerbeständig	Feuerwiderstandsklasse F 90 und in den wesentlichen Teilen aus nichtbrennbaren Baustoffen	F 90AB
feuerbeständig und aus nichtbrennbaren Baustoffen	Feuerwiderstandsklasse F 90 und aus nichtbrennbaren Baustoffen	F 90A

* Bei nichttragenden Außenwänden auch W-Klassifikation mit der jeweiligen Feuerwiderstandsdauer zulässig

4.2 Europäische Klassifizierung

Die MVV TB – Anhang 4 – erläutert die grundlegenden Kriterien für die Beschreibung des Feuerwiderstands eines Produktes:

- Tragfähigkeit,
- Raumabschluss,
- Wärmedämmung,

ausgedrückt in Minuten.

Die Symbole

R für Tragfähigkeit (Resistance),
E für Raumabschluss (Etanchéité),
I für Wärmedämmung (Isolation)

ergänzt durch die erfasste Leistungszeit in Minuten, werden für die Beschreibung gemäß der Einheits-Temperaturzeitkurve verwendet.

Die Klassen sind wie folgt zu bezeichnen:

Für tragende Bauteile:

REI-Zeit: Mindestzeit, während der alle Kriterien (Tragfähigkeit, Raumabschluss und Wärmedämmung) erfüllt sind.
RE-Zeit: Mindestzeit, während der die beiden Kriterien Tragfähigkeit und Raumabschluss erfüllt sind.
R-Zeit: Mindestzeit, während der das Kriterium Tragfähigkeit erfüllt ist.

Für nichttragende Bauteile:

EI-Zeit: Mindestzeit, während der die beiden Kriterien Raumabschluss und Wärmedämmung erfüllt sind.
E-Zeit: Mindestzeit, während der das Kriterium Raumabschluss erfüllt ist.

Die Leistungszeit wird mit einer der folgenden Zahlen angegeben: 30, 60, 90, 120 Minuten.

Die Klassifizierung kann wie folgt erweitert werden:[2]

W wenn die Wärmedämmung auf der Grundlage der durchgehenden Strahlung geregelt wird,

2 Es besteht Verwechslungsgefahr mit den Kennbuchstaben der DIN 4102!

M wenn besondere mechanische Einwirkungen berücksichtigt werden (Mechanical Action),
C für Türen, die selbstschließend ausgerüstet sind (Self-Closing),
S für Bauteile mit besonderer Begrenzung der Rauchdurchlässigkeit (Smoke Leakage),
P Funktionserhalt,
G Rußbrandbeständigkeit,
K Brandschutzbekleidungen.

Die Europäische Klassifizierung der Feuerwiderstandsfähigkeit von Bauteilen berücksichtigt die erforderliche Feuerwiderstandsdauer der Bauteile, jedoch nicht die Anforderung an die Brennbarkeit der Baustoffe.

Das erforderliche Brandverhalten der Bauteile wird im Anhang 4 der MVV TB in den Tabellen über bauaufsichtliche Anforderungen und Leistungen von tragenden sowie tragenden und raumabschließenden Bauteilen beschrieben.

Beispiel:

Eine tragende und nicht raumabschließende Stütze mit einem Feuerwiderstand von 90 Minuten, bei der es nur auf die Tragfähigkeit ankommt, ist europäisch mit R 90 zu klassifizieren. Eine selbstschließende Brandschutztür mit einem Feuerwiderstand von 30 Minuten heißt EI 30-S_aC_5 bzw. EI 30-$S_{200}C_5$.

Tabelle 8: ***Zuordnung der Feuerwiderstandsklassen der europäischen Normung zu den bauaufsichtlichen Verwendungsvorschriften (aus MVV TB, Anhang 4)***

Bauaufsichtliche Anforderungen	Klassen nach MVV TB Anhang 4	Beispiel
feuerhemmend	Kurzzeichen[1] 30	R 30 bei tragenden Bauteilen ohne Raumabschluss
hochfeuerhemmend	Kurzzeichen[1] 60	REI 60 bei tragenden Bauteilen mit Raumabschluss
feuerbeständig	Kurzzeichen[1] 90	EI 90 bei nichttragenden Innenwänden
Feuerwiderstandsfähigkeit 120 Minuten	Kurzzeichen[1] 120	EI 120 bei Kabelabschottung
Brandwand	REI 90M (tragend) oder EI 90M (nicht tragend)	
rauchdicht und selbstschließend	$S_{200}C$	

1) Kurzzeichen Kriterium
R (Resistance) Tragfähigkeit
E (Etancheite) Raumabschluss
I (Isolation) Wärmedämmung (unter Brandeinwirkung)
W (Radiation) Begrenzung des Strahlungsdurchtritts
M (Mechanical) Mechanische Einwirkung auf Wände (Stoßbeanspruchung)
S_m Begrenzung des Rauchdurchtritts bei Umgebungstemperatur und 200 °C
C (Closing) Selbstschließend
P Aufrechterhaltung der Energieversorgung und/oder der Signalübermittlung
G Rußbrandbeständigkeit
K_1, K_2 Brandschutzvermögen bei Brandschutzbekleidungen
I_1, I_2 Wärmedämmungskriterien bei Feuerschutzabschlüssen
i (in) Pfeil o (out) Richtung der klassifizierten Feuerwiderstandsdauer
a (above) Pfeil b (below) Richtung der klassifizierten Feuerwiderstandsdauer bei Unterdecken
v_e, h_o klassifiziert für vertikalen/horizontalen Einbau
U/U, C/U, U/C Einbauvorgaben bei der Klassifizierung von Rohren (offen oder geschlossen)

4.3 Feuerwiderstand von Wänden, Decken und Stützen

Wenn Bauteile bei der Prüfung nach DIN 4102 nicht versagen sollen, dann muss dafür gesorgt werden, dass an den wesentlichen Teilen während der Prüfdauer keine unzulässige Temperaturerhöhung bzw. Durchbiegung oder Abbrand entsteht. Dies kann auf verschiedene Art und Weise erreicht werden:

- Durch Abmessung bei Massiv- und Holzbauteilen. Die während der Beflammung entstehende Brandzehrung, d. h. der Materialverlust durch Abbrand wird durch Überdimensionierung der aus statischen oder anderen Gründen erforderlichen Abmessung erreicht.
- Durch Anstrich bei Stahlbauteilen. Die Brandschutzbeschichtung schäumt bei Wärmeeinwirkung auf und bildet eine poröse, stark wärmedämmende Schicht. Diese bewirkt, dass das Bauteil der Ofentemperatur langsamer folgt. Die Methode setzt voraus: Das Verhältnis Umfang durch Querschnitt (U/A) des Bauteils darf einen in der Zulassung des Anstrichs genannten Wert nicht überschreiten.
- Durch chemische Reaktion bei Verglasungen. Hier handelt es sich auch um den bereits beschriebenen Vorgang: Die Gelschicht zwischen den Glasscheiben trübt sich und schäumt auf. Dadurch wird der Strahlungsdurchgang verhindert und die Wärmeleitfähigkeit herabgesetzt.
- Durch Wärmedämmung bei Brandschutztüren aus Stahl und bei leichten Trennwänden. Durch Einlage von Wärmedämmstoffen, z. B. Mineralwolle, wird der Wärmedurchgang zur feuerabgekehrten Seite verzögert.
- Durch Ummantelung bei Stahlbauteilen und Stahlbeton. Das Bauteil wird mit wärmedämmenden Feuerschutzplatten kastenförmig oder profilfolgend ummantelt oder mit einer keramischen Masse gespritzt (früher Spritzasbest). Bei Stahlbeton ummantelt und überdeckt der Beton die Bewehrungsstähle.
- Durch Bekleidung von tragenden Teilen aus brennbaren Baustoffen mit nichtbrennbaren Baustoffen in brandschutztechnisch wirksamen Abmessungen (hochfeuerhemmend) oder durch Verputzen von Holzbauteilen. Auf einen Putzträger, z. B. zementgebundene Holzwolle-Leichtbauplatten oder Streckmetall, wird ein mineralischer Putz aufgebracht, der wiederum eine Wärmedämmung darstellt.
- Durch Kühlung bei Stahlbauteilen. Durch Berieselung wird die Wärme abgeführt, z. B. beim Schutzvorhang einer Großbühne oder bei Kühlung

durch »verkehrte« Sprinkler, d. h. die nicht die Brandlast, sondern das Bauteil kühlen.

- Durch Verbundkonstruktion bei Stahlbauteilen. Zwischen die Flansche eines Doppel-T-Trägers oder in ein Hohlprofil wird Beton mit oder ohne Zusatzbewehrung eingebracht. Der Betonbalken schluckt Wärme und steift während der Ofenprüfung das Stahlbauteil aus.

Durch Berieseln von Vorhängen aus textilem Material, sei es brennbar oder nichtbrennbar, kann zwar ein Durchbrennen verhindert werden, aber es entsteht kein Feuerwiderstand im Sinne der DIN 4102, da keine ausreichende mechanische Festigkeit gegeben ist.

Ergänzend sei bemerkt, dass die Beflammung nach der Einheits-Temperaturzeitkurve bei einigen Bauteilen gewisse »Ungerechtigkeiten« mit sich bringt. Bei G-Verglasungen muss der durch die Abstrahlung entstehende Wärmeverlust durch Nachführen der Brenner ausgeglichen werden, die Belastung des Bauteils durch die Prüfung ist also größer. Bei Bauteilen aus brennbaren Baustoffen erhöht sich die Ofentemperatur durch den Abbrand des Bauteils, die Brenner können gedrosselt werden, die Belastung des Bauteils durch die Prüfung ist also geringer.

4.3.1 Tragende Wände, Stützen

§ 26 MBO führt aus, dass sich die Feuerwiderstandsfähigkeit bei tragenden und aussteifenden Bauteilen auf deren Standsicherheit im Brandfall bezieht. Ein Versagen der Tragfähigkeit von Bauteilen oder des gesamten Gebäudes soll ausgeschlossen werden. Die Frage des Raumabschlusses stellt sich noch nicht. Tragende Wände dürfen in diesem Zusammenhang ungeschützte Öffnungen besitzen, z. B. Fenster in tragenden Außenwänden sowie Öffnungen für Türen, Lüftungs- und Elektroleitungen ohne brandschutztechnische Abschlüsse. Auch europäisch wird nur die Eigenschaft »R« betrachtet.

Tragende Wände und Stützen dürfen während der Prüfung im Ofen unter ihrer rechnerischen statischen Belastung nicht versagen. Stützen werden nach der Ofenprüfung einer Löschwasserbeanspruchung unterzogen.

Geprüfte und klassifizierte Bauteile finden sich in DIN 4102-4. Da stets die Beanspruchung des Bauteils mitentscheidet, kann die Bemessung nur durch einen Statiker erfolgen. Der Nachweis der Feuerwiderstandsfähigkeit ist Bestandteil des statischen Nachweises.

Eine hohe Feuerwiderstandsdauer von Bauteilen ist von besonderer Bedeutung für den Löscherfolg der Feuerwehr. Der Zeitraum von 30 Minuten »feuerhemmend« liegt meist über der erforderlichen Zeit zur Selbstrettung von Personen oder auch zur Rettung durch die Feuerwehr. Löscharbeiten können sich hingegen über Stunden hinziehen. Ein höherer Feuerwiderstand von 90 und mehr Minuten ist dann wesentlich für die Sicherheit der Einsatzkräfte, wie es das Grundlagendokument Brandschutz[3] fordert.

In Abhängigkeit von der Höhe des Gebäudes (Gebäudeklasse) und seiner Nutzung fordert § 27 MBO oder eine Sonderbauverordnung die entsprechende Feuerwiderstandsdauer. Abweichungen vom Feuerwiderstand können insbesondere mit der Einrichtung einer selbsttätigen Löschanlage (Sprinkleranlage) begründet werden.

4.3.2 Außenwände

Die Forderung nach nichtbrennbaren Baustoffen oder nach einem Feuerwiderstand der (nichttragenden) Außenwände soll die Brandausbreitung von oder auf andere Gebäude sowie ein Hochbrennen an der Gebäudeaußenwand und eine Brandübertragung zwischen den Geschossen verzögern. Das Bauteil muss also nichtbrennbar sein oder die raumabschließende Eigenschaft »EI« besitzen. Die Außenwände dürfen bei einer Brandbelastung nach der ETK von innen und einer Beflammung von außen nach einer abgeminderten ETK sowie einer Festigkeitsprüfung nicht zusammenbrechen.

Da in Außenwänden von Gebäuden im Geltungsbereich der Bauordnung selbst – im Wesentlichen Wohn- und Bürogebäude sowie landwirtschaftlich genutzte Gebäude – Fenster angeordnet werden müssen, sind die Anforderungen des § 28 MBO relativ gering. An Gebäude der Gebäudeklassen 1 bis 3 werden überhaupt keine Anforderungen gestellt; für die übrigen Gebäude gilt: »[…] aus nichtbrennbaren Baustoffen […], sie sind aus brennbaren Baustoffen zulässig, wenn sie als raumabschließende Bauteile feuerhemmend sind.«

Abweichend davon sind hinterlüftete Außenwandbekleidungen aus brennbaren Baustoffen zulässig, wenn sie einer Technischen Baubestimmung nach § 85 a entsprechen (z. B. M-HolzBauRL).

3 Anhang I der Richtlinie 89/106/EWG zur Angleichung der Rechts- und Verwaltungsvorschriften der Mitgliedsstaaten über Bauprodukte

Bild 15: ***Doppelfassade: Bei Außenwandkonstruktionen mit geschossübergreifenden Hohl oder Lufträumen wie Doppelfassaden und hinterlüfteten Außenwandbekleidungen sind gegen Brandausbreitung besondere Vorkehrungen zu treffen.***

Nicht immer werden ein Hochbrennen und eine Brandausbreitung zwischen Geschossen verhindert. Selbst wenn Brüstungen und Schürzen mit Feuerwiderstand vorhanden sind, die den Überschlagsweg des Feuers an der Außenseite von Gebäuden vergrößern, können diese nicht höher als etwa 1 m sein, was nicht genügt, wenn im Vollbrand Flammen aus einem Fenster schlagen.

Bauordnungsrechtlich ist ein »neuralgischer Punkt« für die Flammenlänge nicht vorgegeben. Das Schutzziel des § 28 Abs. 1 MBO ist allgemein formuliert. Es schlägt sich dann für die unterschiedlichen Gebäudeklassen in einem unterschiedlichen Anforderungsniveau wieder (bei Sonderbauten und Mittel- und Großgaragen können sich weitergehende Anforderungen aus den entsprechenden Spezialvorschriften, bei Sonderbauten auch einzelfallbezogen auf dem Weg des § 51 MBO ergeben).

So sind bei Standardgebäuden der Gebäudeklassen 1 bis 3 Außenwandbekleidungen aus normalentflammbaren Baustoffen, auch in Kombination mit einem Hinterlüftungsspalt, ohne besondere Vorkehrungen zulässig. Bei Gebäuden der Gebäudeklassen 4 und 5 müssen Außenwandbekleidungen mindestens schwerentflammbar sein, bei hinterlüfteten Außenwandbekleidungen sind besondere Vorkehrungen zu treffen (siehe MVV TB, Anhang 6, horizontale Brandsperren alle zwei Geschosse, vertikale Brandsperren im Brandwandbereich, Dämmstoffe u. ä.).

Bei Gebäuden der Gebäudeklassen 4 und 5 müssen bei Wärmedämmverbundsystemen mit Polystyrol (EPS) Dämmstoffe und System schwerentflammbar sein (bei EPS ab > 10 cm Brandriegel im Sockelbereich, über EG und dann alle zwei Geschosse sowie beim Übergang zu brennbaren Bestandteilen des Daches, siehe MVV TB, Anhang 11).

Letztere Maßnahmen sind darauf ausgerichtet, einer vertikalen Brandausbreitung auf/in der Fassade über einen Bereich von mehr als zwei Geschossen (einschließlich des Brandgeschosses) innerhalb der ersten 20 Minuten entgegenzuwirken. Gegen eine horizontale Brandausbreitung sind entsprechende Maßnahmen an den Grenzen von Brandabschnitten vorgesehen.

Wenn nun normalentflammbare (Holz-)Fassadenbekleidungen dort zulässig gemacht werden sollen, wo bislang nur schwerentflammbare zulässig sind, sollte das Anforderungsniveau dafür im Ergebnis nicht geringer angesetzt werden. Wo sich notgedrungen ein »Weniger« durch die Baustoffklasse ergibt, könnte dementsprechend ein »Mehr« an konstruktiven Maßnahmen erforderlich werden.

Besonderes Augenmerk ist den aus klimatischen Gründen zunehmenden geschossübergreifenden Doppelfassaden und Hinterlüftungen zu schenken. § 28 MBO

Bild 16: ***Nichttragende Außenwand: Auf den Anschluss der Decke an die Fassade in der Feuerwiderstandsklasse der Decke ist besonders zu achten. Öffnungen in Decken sind mit dem Feuerwiderstand der Decke zu verschließen oder die Außenwand schließt dicht an. (Quelle: Ingenieurbüro Kersken & Kircher)***

fordert für Doppelfassaden und hinterlüftete Außenwandbekleidungen Vorkehrungen gegen die Brandausbreitung. Präzisiert wird diese Forderung im Anhang 6 der Musterliste der Technischen Baubestimmungen hinsichtlich

- der zulässigen Tiefe des Hinterlüftungsspalts,
- deren Notwendigkeit horizontaler Brandsperren,
- der Ausführung der Brandsperren,
- der Ausführung der Unterkonstruktion und der Laibungen sowie
- der vertikalen Brandsperren im Bereich von Brandwänden.

Bei nichttragenden Außenwänden ist darauf zu achten, dass der Feuerwiderstand der Decken im Anschluss zu den Decken nicht verloren geht.

4.3.3 Trennwände

Trennwände sind raumabschließende Bauteile (EI) innerhalb der Geschosse, falls auch tragend, dann »REI«. Sie sind erforderlich, um Nutzungseinheiten (z. B. Wohnungen) und anders genutzte Räume (z. B. Werkstatt und Wohnraum oder Aufenthaltsraum und Kellerabteil) brandschutztechnisch zu trennen. Der Feuerwiderstand der Trennwände muss dem der tragenden Teile des Geschosses entsprechen, jedoch mindestens feuerhemmend sein, der Abschluss von Räumen mit Explosions- oder erhöhter Brandgefahr muss feuerbeständig sein. Die erhöhte Brandgefahr ist im Einzelfall festzustellen oder einem Kommentar zur jeweiligen Landesbauordnung zu entnehmen.

Wenn ein solcher Raum von einem Flur getrennt werden muss, gilt für die Flurtrennwand nicht die Forderung des § 36 MBO »feuerhemmend«, sondern die schärfere Anforderung des § 29 MBO »feuerbeständig«. Diese Anforderung – feuerbeständig – ist jedoch nur dann erfüllt, wenn auch das Tragwerk der Trennwand (Aussteifung, Decke) feuerbeständig ist. Öffnungen zu Räumen mit erhöhter Brandgefahr müssen feuerhemmende, dicht- und selbstschließende Abschlüsse (EI 30-S_aC) haben. Leichte Trennwände müssen in DIN 4102-4 klassifiziert sein oder einen entsprechenden Verwendbarkeitsnachweis besitzen. Die Forderung nach einer Feuerwiderstandsdauer gilt nicht für Wohngebäude der Gebäudeklassen 1 und 2. Das bedeutet, dass zwischen zwei Wohnungen keine Trennwand mit Feuerwiderstand hergestellt werden muss.

4.3.4 Brandwände

DIN 4102-3 befasst sich mit dem Brandverhalten von Brandwänden und nichttragenden Außenwänden. Brandwände sind Wände zur Trennung oder Abgrenzung von Brandabschnitten. Sie sind dazu bestimmt, die Ausbreitung von Feuer auf andere Gebäude oder Gebäudeabschnitte auch dann zu verhindern, wenn die Feuerwehr nicht oder nur verzögert tätig werden kann. Die Normanforderung lautet F 90-A bzw. REI 90-M. Zusätzlich müssen sie einer mechanischen Belastung durch mehrfachen Pendelstoß mit 3 000 Nm standhalten und dürfen dabei ihre raumabschließende Wirkung nicht verlieren. Sollen bei einem Versicherungsnehmer Betriebsteile mit unterschiedlichem Brandrisiko unterschiedlich bewertet werden, so kann der Versicherer eine Trennung der Risiken mit so genannten Komplextrennwänden fordern. Diese müssen die Feuerwiderstandsklasse 180 haben und bei einer Stoßbeanspruchung mit 4 000 Nm standsicher und raumabschließend bleiben. Sie haben bauaufsichtlich jedoch keine Bedeutung.

Brandwände sind in der Regel massive Wände aus Beton oder Mauerwerk, doch bestehen auch bauaufsichtliche Zulassungen für Trockenbauwände.

4.4 Sonderbauteile

4.4.1 Verglasungen

DIN 4102-13 behandelt Brandschutzverglasungen. Brandschutzverglasungen sind Bauteile mit einem oder mehreren lichtdurchlässigen Elementen, die in einem Rahmen sowie mit Halterungen und vom Hersteller vorgeschriebenen Dichtungen und Befestigungsmitteln eingebaut sind und die Anforderungen nach dieser Norm erfüllen. Als F-Verglasungen (EI) gelten lichtdurchlässige Bauteile in senkrechter, geneigter oder waagerechter Anordnung, die dazu bestimmt sind, entsprechend ihrer Feuerwiderstandsdauer nicht nur die Ausbreitung von Feuer und Rauch, sondern auch den Durchtritt der Wärmestrahlung zu verhindern. Bei G-Verglasungen (E) wird der Durchtritt der Wärmestrahlung lediglich behindert. Bei der Prüfung von G-Verglasungen werden an die Temperaturerhöhung auf der vom Feuer abgekehrten Seite keine Anforderungen gestellt. Sinngemäß dürfen G-Verglasungen nur dort eingebaut werden, wo sich zumindest auf einer Seite der Verglasung kein Rettungsweg oder keine Brandlast befindet. ESG- und VSG-Gläser, die für G-Verglasungen geeignet sind, sind auch als Sicherheitsglas in rauchdichten Türen geeignet. Drahtglas und Drahtspiegelglas hat nicht die in Türen erforderliche Bruch- und Verkehrssicherheit.

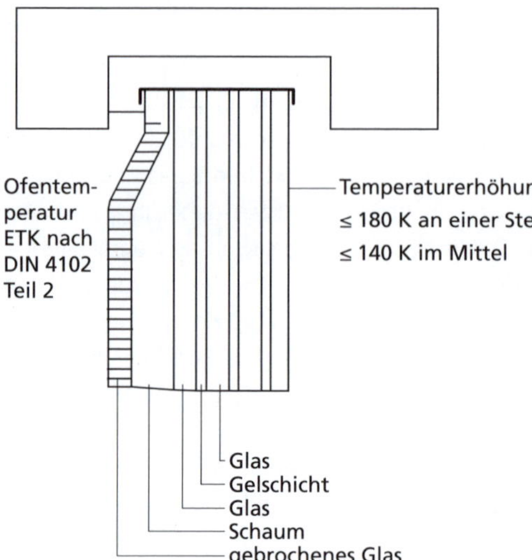

Bild 17: ***Verhalten einer F-Verglasung bei einem Brand. Die Anzahl der Glas-/Gelschichten bestimmt die Feuerwiderstandsdauer***

4.4.2 Bedachungen

Die Bedachung als Teil der baulichen Anlage besteht aus der regenwasserableitenden Schicht (Dachhaut), einschließlich verwendeter Teile für den Wärmeschutz und den Schutz gegen eindringende Feuchte, notwendiger Teile zur Übertragung der Lasten auf die die Bedachung tragenden Teile (Dämmstoffe, Dampfsperren, Unterspannbahnen, Dachlattung). Zur Bedachung gehören auch lichtdurchlässige Flächen und Abschlüsse von Öffnungen und deren Anschlüsse an die Bedachung.

DIN 4102-7 und DIN EN 13501-5 behandeln das Brandverhalten von Bedachungen. Gegen Flugfeuer und strahlende Wärme widerstandsfähige Bedachungen, so genannte harte Bedachungen, sollen die Ausbreitung des Feuers auf dem Dach und eine Brandübertragung vom Dach in das Innere des Gebäudes verhindern. Dabei ergeben sich keine Feuerwiderstandsklassen, sondern nur der Nachweis der Widerstandsfähigkeit gegen Flugfeuer und strahlende Wärme. Das Probedach wird bei der Prüfung nach DIN 4102-7 von oben mit einem Drahtkorb mit 600 g brennender Holzwolle geprüft. Dabei darf maximal eine Fläche von 0,25 m^2 zerstört werden. Auf der Unterseite des Probedaches dürfen keine Flammen auftreten, das Ablaufen, Abtropfen und Abfallen brennender Teile darf nur begrenzte Werte erreichen. Mit

Bild 18: ***Flugfeuertest nach DIN 4102 am 1:1 Modell des Daches***

diesem Brandversuch muss die Widerstandsfähigkeit einer Bedachung nachgewiesen werden, wenn sie nicht nach DIN 4102-4 ohne Nachweis als widerstandsfähig gilt. Die Bezeichnung von harten Bedachungen nach DIN EN 13501-5 ist »B_{ROOF}(t1)«, weiche Bedachung haben als Klassifizierung die Bezeichnung »F_{ROOF}(t1)«.

§ 32 MBO fordert im Grundsatz eine harte Bedachung und regelt in Abhängigkeit von der Entfernung zur Grundstücksgrenze und zu anderen Gebäuden die Zulässigkeit einer »weichen« Dachhaut.

Eine nichtbrennbare oder schwerentflammbare Dachhaut bedeutet nicht automatisch, dass es sich um eine harte Bedachung handelt, dies kann nur durch die oben beschriebene Prüfung festgestellt werden. Ein Glasdach z. B. ist nichtbrennbar, der brennende Korbinhalt lässt jedoch die Glasscheibe zerplatzen und die Prüfung ist nicht bestanden. Glasdächer gelten nicht als harte Bedachung. Allerdings beinhaltet § 32 MBO die Möglichkeit, in harte Bedachungen lichtdurchlässige Flächen begrenzter Größe einbauen zu können. Ein Glas, das für G- oder F-Verglasungen geeignet ist, besteht die Prüfung an harte Bedachungen.

4.4.3 Feuerschutzabschlüsse

Feuerschutzabschlüsse sind Sonderbauteile mit erheblicher brandschutztechnischer Bedeutung. Sie werden in der DIN 4102 zusammen mit Abschlüssen in Fahrschachtwänden im Teil 5 der Norm behandelt. Feuerschutzabschlüsse müssen ihre Verwendbarkeit nachweisen. Hier ergibt sich eine Weiterung gegenüber den bisher beschriebenen Bauteilen insofern, als zum Nachweis der Brauchbarkeit nicht allein die Prüfung der Feuerwiderstandsdauer nach DIN 4102 und das entsprechende Prüfzeugnis genügen, sondern diese Bauteile weitere Eignungsnachweise, z. B. über Dauergebrauchstauglichkeit und die Eigenschaft »selbstschließend« nach DIN 4102 Teil 18, erbringen müssen.

Feuerschutzabschlüsse sind selbstschließende Türen und selbstschließende andere Abschlüsse (z. B. Klappen, Rollläden, Tore), die dazu bestimmt sind, den Durchtritt eines Feuers durch Öffnungen in Wänden oder Decken zu verhindern. Sie dürfen während der Prüfdauer nicht zusammenbrechen oder sich ganz oder teilweise öffnen. Ihre raumabschließende Wirkung muss soweit erhalten bleiben, dass sich ein Wattebausch auf der feuerabgekehrten Seite nicht entzündet und nicht glimmt, und auf dieser Seite keine Flammen auftreten. An keiner der vorgeschriebenen Messstellen darf eine Temperaturerhöhung um mehr als 180 K auftreten. Am unteren Spalt einer Brandschutztür herrscht bei der Ofenprüfung stets eine starke Nachströmung von kalter Zuluft. Dort wird der Wattebausch nicht entzündet und die Tür besteht die Prüfung mit diesem Spalt. Aus diesem Grund ist eine Brandschutztür nicht automatisch rauchdicht, da bei der Prüfung nach DIN 18095 mit kaltem Rauch (200 °C) durch den zulässigen Spalt ein Vielfaches der zulässigen Leckrate erreicht wird. Die Abschlüsse müssen einem Festigkeitsversuch so widerstehen, dass die vorstehenden Anforderungen erfüllt bleiben. Es werden folgende Feuerwiderstandsklassen nach DIN 4102-5 unterschieden: T 30, T 60, T 90 und T 120. Bauaufsichtlich sind nur T 30, T 60 und T 90 erforderlich. Nach der Systematik der europäischen Normung nach DIN EN 13501-2 haben Brandschutztüren die Bezeichnung $EI_2$30-C, $EI_2$60-C und $EI_2$90-C. Die Bezeichnung C wird durch eine Ziffer ergänzt, die die Anzahl der Prüfzyklen beim Dauerfunktionstest angeben (C_2 10 000 bzw. C_5 200 000 Schließvorgänge). Die Bezeichnung wird noch durch die Zeichen für die Dichtigkeit ergänzt. Sa steht für dichtschließend, S_{200} für rauchdicht.

Feuerschutzabschlüsse nach DIN EN 16034 bedürfen einer CE-Kennzeichnung. Sie benötigen zusätzlich eine Leistungserklärung des Herstellers, in der die wesentlichen Leistungen des Bauprodukts beschrieben werden. Es obliegt dann dem Planer zu prüfen, ob die beschriebenen Leistungen mit den baurechtlichen Anforderungen übereinstimmen.

4.4.4 Lüftungsleitungen

DIN 4102-6 behandelt Sonderbauteile, die von nicht zu unterschätzender Bedeutung für die Ausbreitung von Feuer und Rauch sind, die Lüftungsleitungen und Absperrvorrichtungen gegen Brandübertragung in Lüftungsleitungen. Die Lüftungsleitungen müssen allein oder im Verbund mit anderen Bauteilen verhindern, dass sie während der Feuerwiderstandsdauer Feuer und Rauch in andere Geschosse oder Brandabschnitte übertragen. Gemäß der in der Norm vorgeschriebenen Prüfung können Lüftungsleitungen sowie Absperrvorrichtungen gegen Brandübertragung in Lüftungsleitungen (Brandschutzklappen) die Feuerwiderstandsklassen L 30, L 60, L 90 und L 120 bzw. K 30, K 60 und K 90 erreichen. Dabei müssen Standsicherheit und Raumabschluss erhalten bleiben. Neben der Norm sind die »Bau- und Prüfgrundsätze für Rohre und Formstücke für Lüftungsleitungen im Hinblick auf Anforderungen des Brandschutzes« bzw. »[...] für Absperrvorrichtungen gegen Feuer und Rauch in Lüftungsleitungen« maßgebend. Die Prüfung einer Absperrvorrichtung ähnelt stark der Prüfung für Feuerschutzabschlüsse.

Brandschutzklappen sind entweder nichtgeregelte Bauprodukte, die zum Nachweis der Verwendbarkeit eine allgemeine bauaufsichtliche Zulassung benötigen oder sie verfügen über eine CE-Kennzeichnung. Der Hersteller muss dann in einer Leistungserklärung die Leistungen der Bauprodukte angeben, die der Entwurfsverfasser mit den Anforderungen des Baurechts vergleichen muss.

Zur Feuerwiderstandsklasse werden die Brandschutzklappen noch hinsichtlich ihrer Verwendung unterschieden (siehe MVV TB, Anhang 14, Ziffer 6). Feuerhemmende Brandschutzklappen für den Einbau in Unterdecken erhalten die Bezeichnung K 30 U und für den Einbau in Lüftungsanlagen nach DIN 18017 die Bezeichnung K 30-18017.

Abschlüsse in reinen Überstromöffnungen sind keine Brandschutzklappen, sie befinden sich auch nicht im Verlauf einer Lüftungsanlage. Öffnungen in raumabschließenden Bauteilen müssen die Anforderungen an die Feuerwiderstandsklasse des Bauteils erfüllen und bei Rauch schließen.

Die MBO fordert in § 41 im Grundsatz, dass Lüftungsleitungen aus nichtbrennbaren Baustoffen hergestellt sein müssen. Brennbare Baustoffe sind zulässig, wenn eine Brandentstehung oder -ausbreitung nicht zu befürchten ist.

Dies ist bei Leitungen von aggressiven oder von fetthaltigen Gasen zu beurteilen. Zu Prüfverfahren für Bauarten zur Errichtung von Lüftungsleitungen, die von Technischen Baubestimmungen wesentlich abweichen, siehe MVV TB C 4.4.

Nach den Bestimmungen der Muster-Lüftungsanlagenrichtlinie ist nur bei gesondert gelagerten Einzelfällen für Sonderbauten zu prüfen, ob zusätzliche oder andere brandschutztechnische Maßnahmen notwendig werden (z. B. Rauchauslöseeinrichtungen für Brandschutzklappen zur Verhinderung der Rauchübertragung). Gesondert gelagerte Einzelfälle sind in der Regel

1. Gebäude oder Räume mit großen Menschenansammlungen,
2. Gebäude oder Räume für kranke oder behinderte Menschen,
3. Räume mit erhöhter Brand- oder Explosionsgefahr.

4.4.5 Kabelabschottungen

DIN 4102-9 regelt brandschutztechnische Begriffe, Anforderungen und Prüfungen für bauliche Maßnahmen gegen Brandübertragung bei Durchführung von elektrischen Leitungen durch raumabschließende Wände und Decken mit Feuerwiderstand. Die Brauchbarkeit von Kabelabschottungen wird jedoch nicht allein durch ein Prüfzeugnis nach dieser Norm festgestellt. Letzteres dient nur zur Beantragung einer allgemeinen bauaufsichtlichen Zulassung beim Deutschen Institut für Bautechnik. Kabelabschottungen können die Feuerwiderstandsklassen S 30 bis S 120 (EI 30 bis EI 120 nach DIN EN 13501-2) erreichen, selbstverständlich nur in den entsprechenden Bauteilen. Der Zulassungsbescheid enthält Angaben über

- die Feuerwiderstandsklasse,
- den Einbau in Wände aus Mauerwerk, Beton oder leichte Trennwände und deren erforderliche Dicke,
- den Einbau in Decken aus Beton und deren erforderliche Dicke,
- den Aufbau und die erforderliche Dicke der Abschottung,
- die Abmessungsgrenzwerte,
- die Reihenfolge der Arbeitsgänge,
- die Eigen- und Fremdüberwachung,
- die Kennzeichnung und Werkbescheinigung.

Die MBO regelt in § 40, wo Kabelabschottungen (nicht) erforderlich sind. Detaillierte Vorgaben enthält die Muster-Leitungsanlagenrichtlinie.

4.4.6 Rohrabschottungen, Installationsschächte

Der vollständige Titel von DIN 4102-11 lautet »Brandverhalten von Baustoffen und Bauteilen; Rohrummantelungen, Rohrabschottungen, Installationsschächte und -kanäle sowie Abschlüsse ihrer Revisionsöffnungen«.

Als Maßnahmen gegen Brandübertragungen bei Rohrleitungen gelten Rohrabschottungen oder Rohrummantelungen. Installationsschächte sind vom übrigen Baukörper getrennte oder auf die Geschossdecken aufgesetzte Bauteile für nichtbrennbare Installationen, für beliebige Installationen (mit Brandlast) oder Elektroinstallationsschächte. Installationskanäle sind nicht begehbare, vorwiegend waagerechte Bauteile zur Umhüllung von Elektroinstallationen. Abschlüsse von Revisionsöffnungen sind Bestandteil der Installationsschächte und -kanäle.

Die entsprechenden Feuerwiderstandsklassen lauten R 30, R 60, R 90 und R 120 für Maßnahmen gegen Brandübertragung bei Rohrleitungen und I 30, I 60, I 90 und I 120[4] für Installationsschächte und -kanäle sowie von Abschlüssen ihrer Revisionsöffnungen.

4.4.7 Funktionserhalt von elektrischen Kabelanlagen

DIN 4102-12 gilt für die brandschutztechnischen Begriffe, Anforderungen und Maßnahmen zur Erzielung des Funktionserhalts von elektrischen Kabelanlagen mit Nennspannungen bis 1 kV im Brandfall. Als Kabelanlagen gelten Starkstromkabel, isolierte Starkstromleitungen, Installationskabel und -leitungen für Fernmelde- und Informationsverarbeitungsanlagen und Schienenverteiler einschließlich der zugehörigen Kanäle, Beschichtungen und Bekleidungen, Verbindungselemente, Tragevorrichtungen und Halterungen. Letzteres ist sehr wichtig, denn der Funktionserhalt des Kabels ist nicht gegeben, wenn z. B. die Kabelpritsche bei der Prüfung mit der Einheits-Temperaturzeitkurve versagt und das Kabel reißt. Die Funktionserhaltsklassen heißen E 30, E 60 und E 90. Auch hier macht es nur Sinn, Kabel oder Leitungen mit Funktionserhalt an Bauteilen mit mindestens demselben Feuerwiderstand zu befestigen. Die europäische Klassifikation lautet P 30, P 60 und P 90[5].

4 MVV TB, Anhang 4
5 MVV TB, Anhang 4

5 Brandrisiken

Das Brandrisiko ergibt sich zusammen aus der Wahrscheinlichkeit einer Brandentstehung und dem damit resultierenden möglichen Schadensausmaß. Einflussfaktoren sind etwa die Raumgröße, Art und Menge der Brandlast, Zahl der gefährdeten Personen, Mobilität der Personen und die damit verbundenen möglichen Personenschäden, die Sach- und Umweltschäden, der Kulturgutverlust oder Betriebsunterbrechungen.

Die gesellschaftliche Nichtakzeptanz von gravierenden Brandfällen mit mehreren Todesopfern, die Aussage, dass es »100 %-Sicherheit« nicht geben könne bis hin zu Betrachtungen, wonach ein Gebäude sicher sei, da es in den letzten Jahrzehnten ohne Schaden blieb, verdeutlichen die Schwierigkeit des Begriffes Risiko. Auch bei einem vertretbaren Risiko besteht die Gefahr eines Großschadens, allerdings mit einer sehr geringen Eintrittswahrscheinlichkeit. Natürlich kann es keine 100 %-Sicherheit geben: Diese Argumentation dient jedoch oftmals dazu, konkrete Eintrittswahrscheinlichkeiten auf null zu setzen und somit komplett auszublenden, obwohl wirkungsvolle Schutzmaßnahmen mit wenig Aufwand möglich gewesen wären.

Risiko = Eintrittswahrscheinlichkeit × Schadenausmaß

Eine der häufigsten Ursachen für Katastrophen im Brandschutz!

Die Betrachtung, ein Gebäude sei sicher, da bisher ohne Brandschäden, ist aus der Sicht der Risikodefinition fehlerhaft. In der deutschen Rechtsprechung wird das entsprechend gewürdigt:

»In der hier gegebenen Konstellation ist zu berücksichtigen, dass mit der Entstehung eines Brandes praktisch jederzeit gerechnet werden muss. Der Umstand, dass in vielen Gebäuden jahrzehntelang kein Brand ausgebrochen ist, beweist nicht, dass insofern keine Gefahr besteht, sondern stellt für die Betroffenen lediglich einen Glücksfall dar, mit dessen Ende jederzeit gerechnet werden muss.«

Oftmals kann die mathematische Eintrittswahrscheinlichkeit nur schwer abgeschätzt werden. Es erscheint daher umso wichtiger, dass in Abhängigkeit des möglichen Schadenausmaßes Maßnahmen getroffen werden, diesem vorzubeugen. Letztendlich geht es hier darum, statt einer konkreten Gefahr nur mehr eine abstrakte Gefahr hinnehmen zu müssen; ein erheblicher Unterschied bei der strafrechtlichen Bewertung nach einem Schadenereignis.

5.1 Brandlast

Bei der Bewertung des Brandrisikos kann zwischen Räumen mit oder ohne Brandlast unterschieden werden. Räume, die als Aufenthaltsräume gelten, enthalten in jedem Fall eine Brandlast.

Räume, die nicht Aufenthaltsräume sind, können Brandlast aufweisen, z. B. Keller, Speicher, Abstellräume, oder weitgehend ohne Brandlast sein, wie Treppenräume, Flure oder Nassräume (▶ Bild 19, ▶ Bild 20, ▶ Bild 21). Sind sie Rettungswege, so dürfen sie in der Regel keine Brandlast enthalten.

Bild 19: ***Waschraum (Nassraum) mit geringer Brandlast***

Die Brandlast ist die Summe des flächenbezogenen Heizwertes aller brennbaren Stoffe in einem Raum, unabhängig davon, ob diese Bestandteil des Gebäudes oder der Einrichtung sind. Sie wird in kWh/m^2 (Kilowattstunden pro Quadratmeter) gemessen. Man versucht, die Brandlast nach DIN 18230 rechnerisch zu ermitteln, um unter Berücksichtigung von Korrekturfaktoren die erforderliche Feuerwiderstandsdauer der Bauteile zu bestimmen. Das Verfahren liegt nahe, hat aber den Nachteil, dass Art und Menge der brennbaren Stoffe in einem Raum – insbesondere im Bereich der Industriebauten, für die das Verfahren gedacht ist – über die Zeit stark schwanken, sodass jede Feststellung immer eine Momentaufnahme sein wird. Für die

Bild 20: ***Büroraum mit normaler Brandlast***

Risikobewertung eines Gebäudes genügt deshalb nach Meinung der Verfasser auch eine grobe Stufung: keine Brandlast, geringe Brandlast, normale Brandlast, hohe Brandlast. Als Mittel über viele Objekte mit der gleichen Nutzung über die Zeit ergeben diese groben Stufen eine ausreichend genaue Aussage.

Da der Anteil der Brandlast, der sich aus der Nutzung eines Raumes ergibt, nur in Ausnahmefällen (z. B. in einem Versammlungsraum) beeinflusst werden kann und soll, muss es das besondere Anliegen des Vorbeugenden Brandschutzes sein, die Verwendung brennbarer Baustoffe, d. h. den Anteil der Brandlast, der Bestandteil des Gebäudes ist, zu kontrollieren und einzuschränken. Verkleidungen, Dämmschichten und Oberflächen unterliegen deshalb – zumindest in Rettungswegen – einschränkenden Bestimmungen.

Man könnte natürlich genauso an die Raumausstattung, die Einbauten, Dekorationen, Vorhänge und Textilien, Möbel, Polstermaterial und Fußbodenbeläge Anforderungen stellen, verzichtet darauf aber im Allgemeinen, um die private Sphäre des Menschen zumindest hier unangetastet zu lassen. Technisch wäre es durchaus

Bild 21: ***Regallager mit hoher Brandlast***

möglich, die genannten Dinge aus nichtbrennbaren oder zumindest schwerentflammbaren Stoffen herzustellen.

Die Größe der Brandlast in einem Raum bestimmt bei brandlastgesteuerten Bränden die Brandintensität, die Branddauer, die Brandraumtemperatur und die Schadenhöhe. Das Ausbreitungsvermögen eines Brandes wird unmittelbar durch die Brandlast bestimmt: Wenn im Vorraum einer Toilette ein Korb mit Papierhandtüchern in Brand gerät, kann sich dieser Brand mangels weiterer Brandlast in diesem Raum nicht ausbreiten. Der Papierkorb steht meist auf einem Steinboden, die Wände sind gefliest, Möbel und Vorhänge fehlen. Brennt hingegen ein Papierkorb in einem Büro, so kann sich eine Brandausweitung bis zum vollentwickelten Zimmerbrand ergeben. Handelt es sich um einen Büro-Großraum, so kann durch die Menge der brennbaren Stoffe im Raum ein Großbrand mit Feuerüberschlag auf das darüber liegende Geschoss und mit Einsturz tragender Bauteile entstehen. Konsequenz aus dieser Überlegung: es bestehen keine Bedenken, Toiletten und Waschräume unmittelbar an den Treppenraum anzuschließen, wohingegen die unmittelbare Verbindung eines Großraumes mit einer notwendigen Treppe als brandschutztechnisch bedenklich ist.

Handelt es sich um keinen brandlastgesteuerten, sondern um einen ventilationsgesteuerten Brand, so kann aufgrund des Sauerstoffmangels nicht die gesamte Brandlast am Brandgeschehen teilnehmen. Aber auch in diesen Fällen sind Räume mit hoher Brandlast kritischer als Räume mit geringer Brandlast einzustufen. Kritisch sind dabei insbesondere Brandlasten im oberen Bereich der Räume (Decken, obere Wandhälfte), hier erfolgt verstärkt die thermische Zersetzung, wodurch Brandgase entstehen. Diese Brandgase zünden durch, sobald der Raum ausreichend Sauerstoff erhält, indem etwa eine Tür geöffnet wird oder ein Fenster zerspringt.

Wie auch an anderer Stelle ausgeführt ist, entsteht ein weiterer, nicht unerheblicher Teil des Brandschadens über das Ausbrennen des Brandraumes hinaus durch die Verbreitung des Rauches im Gebäude. Toxische Rauchgase, Pyrolyseprodukte, verunreinigtes Löschwasser oder Löschmittel bergen zudem auch Risiken für die Umwelt.

Das brandschutztechnische Risiko des gesamten Gebäudes ergibt sich aus der Art seiner Nutzung, seiner Bauart und seiner Größe. Es wird mitbestimmt durch den betrieblichen Brandschutz und die Leistungsfähigkeit der örtlichen Feuerwehr mit den Faktoren Funktionsstärke, Hilfsfrist, Erreichungsgrad und Ausstattung (▶ Kapitel 6). Um eine Einstufung des Risikos vornehmen zu können, beginnt man am besten bei der Nutzung des Gebäudes. Die Nutzung bestimmt die zu erwartende Brandlast, die Zahl und die Art der anwesenden Personen und die Größe des Gebäudes. Im Folgenden sollen die häufigsten Nutzungen daraufhin untersucht werden, welche Brandrisiken mit ihnen verbunden sind.

5.2 Aufenthaltsräume

Aus der Sicht des Baurechts gibt es in einem Gebäude zunächst zwei grundsätzlich verschiedene Arten von Räumen: Aufenthaltsräume und Räume, die keine Aufenthaltsräume sind. Aus der Sicht des Bauordnungsrechts als Sicherheitsrecht und des Vorbeugenden baulichen Brandschutzes ist das grundlegende Kriterium die Frage, ob sich in einem Raum bestimmungsgemäß und über einen längeren Zeitraum hinweg Personen aufhalten. Der Begriff des Aufenthaltsraumes ist einer der wichtigsten und wird in der MBO so definiert:

»Aufenthaltsräume sind Räume, die zum nicht nur vorübergehenden Aufenthalt von Menschen bestimmt oder geeignet sind.«

Zu den Aufenthaltsräumen gehören insbesondere Wohn-, Schlaf- und Arbeitsräume, Schulräume, Gasträume und Versammlungsräume.

An Aufenthaltsräume werden im Allgemeinen höhere Anforderungen gestellt als an Räume, die keine Aufenthaltsräume sind (siehe § 47 MBO). Nicht zu den Aufenthaltsräumen gehören insbesondere Flure und Treppenräume, Waschräume und Toiletten, Vorrats- und Abstellräume, Garagen, Heizräume, Technik- und Maschinenräume.

Die Aufzählung ist nur beispielhaft, verdeutlicht jedoch den Begriff hinreichend. In Zweifelsfällen ist nicht die in der Bauvorlage gewählte Bezeichnung maßgebend, sondern die tatsächlichen Verhältnisse, z. B. kann ein mit »Lager« bezeichneter Raum sowohl kein Aufenthaltsraum sein, auch wenn darin die mit dem Lagern und Entnehmen verbundenen Arbeiten erfolgen, da die Beschäftigten sich in dem Lager nur vorübergehend aufhalten; das Lager kann aber auch als Aufenthaltsraum gelten, wenn darin ständige Arbeitsplätze für Lagerbeschäftigte vorgesehen oder eingerichtet sind.

Aufenthaltsräume müssen eine lichte Höhe von mindestens 2,4 m haben. Dies gilt nicht für Aufenthaltsräume in Wohngebäuden der Gebäudeklassen 1 und 2 sowie für Aufenthaltsräume im Dachraum. Wenn für letztere Höhenmaße nicht vorgeschrieben sind, kann man nicht eindeutig definieren, ob Aufenthaltsräume möglich sind. In Landesbauordnungen finden sich ggf. detaillierte Anforderungen an Aufenthaltsräume. So sind etwa im Dachgeschoss Aufenthaltsräume möglich, wenn sie über der Hälfte ihrer Nutzfläche eine Höhe von mindestens 2,20 m haben, wobei Raumteile mit einer lichten Höhe unter 1,50 m außer Betracht bleiben.

Die Anforderungen des Brandschutzes an bauliche Anlagen in Abhängigkeit von der Gebäudehöhe sind an das Kriterium »Möglichkeit einer Aufenthaltsraumnutzung« gebunden.

Der Begriff des Aufenthaltsraumes dient zur Definition der Gebäudeklassen und zur Definition des Hochhauses: Hochhäuser sind Gebäude, bei denen die Fußbodenoberkante mindestens eines möglichen Aufenthaltsraumes mehr als 22 m über der festgelegten Geländeoberfläche liegt. Ein 40 m hohes Silogebäude ist demnach kein Hochhaus, da es keine Aufenthaltsräume über der Hochhausgrenze enthält, allerdings ebenfalls eine bauliche Anlage besonderer Art oder Nutzung, ein Sonderbau.

Der Begriff des Aufenthaltsraumes spielt eine ganz besondere Rolle bei den Rettungswegen. Aufenthaltsräume müssen grundsätzlich ins Freie führende (früher »senkrecht stehende«) Fenster haben. Diese Forderung besteht nicht nur wegen der Belichtung und Lüftung, sondern insbesondere auch aus Gründen des Brandschutzes. Im Brandfall dienen diese Fenster in der Regel zur Menschenrettung durch die Feuerwehr. Aufenthaltsräume, die nach Nutzung und Größe in den Geltungsbereich

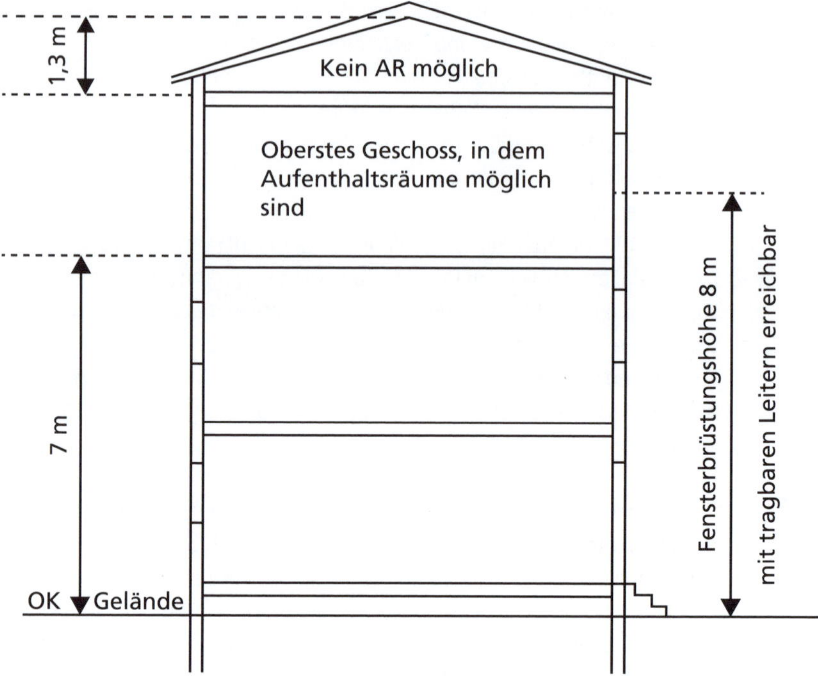

Bild 22: ***Aufenthaltsräume müssen eine lichte Höhe von mindestens 2,4 m haben. Dies gilt nicht für Aufenthaltsräume in Wohngebäuden der Gebäudeklassen 1 und 2 sowie für Aufenthaltsräumen im Dachraum. Die oberste Baubehörde hat in Bayern dies näher konkretisiert: »In Dachgeschossen von Wohngebäuden der Gebäudeklassen 1 und 2 ist ab einer Raumhöhe von 2 m über die Hälfte der Nutzflache (ohne Anrechnung der Raumteile mit einer lichten Höhe von bis zu 1,50 m) davon auszugehen, dass in dem Dachgeschoss Aufenthaltsräume möglich sind.***

der Versammlungsstätten- oder Verkaufsstättenverordnung fallen, sind hinsichtlich ihrer maximalen Höhen- oder Tiefenlage zwingend festgelegt. Es handelt sich bei diesen Räumen meist um solche, deren Nutzung die Anordnung von Fenstern verbietet (Theater, Kino, Verkaufsstätte).

Aufenthaltsräume im Dachraum sind zulässig, wenn die notwendige Treppe unmittelbar in den Dachraum hochgeführt wird und die Fenster zum Retten von Personen geeignet sind. Dies erfordert in der Regel stehende Fenster (Giebelfenster oder Gauben).

Es gibt eine Reihe von Einzelbestimmungen, wie Aufenthaltsräume von fremden Räumen zu trennen sind. Diese folgen etwa folgendem Schema: In Kellergeschossen, gegen fremde Aufenthaltsräume sowie gegen Räume mit erhöhter Brandgefahr feuerbeständig, gegen notwendige Flure und gegen den nichtausgebauten Dachraum feuerhemmend. Zur Erfüllung der Forderung nach Schutz des Lebens oder der Gesundheit kommt der Anordnung und Ausführung der Aufenthaltsräume und ihrer Rettungswege die größte Bedeutung zu.

5.3 Nutzungseinheiten

Unmittelbar mit dem Begriff des Aufenthaltsraumes hängt der Begriff der Nutzungseinheit zusammen. In § 33 nennt die MBO »Nutzungseinheiten, wie Wohnungen, Praxen, selbstständige Betriebsstätten [...]«. Die Aufzählung ist beispielhaft. Eine Nutzungseinheit ist eine Verbindung von Räumen, die allen Nutzern an jeder Stelle zugänglich ist und von anderen Nutzungseinheiten durch Bauteile mit Feuerwiderstand abgetrennt ist. Nutzungseinheiten dürfen sich grundsätzlich über zwei Geschosse erstrecken, wenn die Grundfläche der Nutzungseinheit nicht größer als 400 m^2 ist. Diese Beschränkung gilt nicht für die Gebäudeklassen 1 und 2.

5.4 Wohngebäude

Die überwiegende Zahl der Räume in einem Wohnhaus sind Aufenthaltsräume. Die Brandlast in Wohnungen ist hoch. Die Gefahr der Brandentstehung ist ebenfalls hoch. Die Belegungsdichte ist relativ niedrig, etwa eine Person auf 25 bis 30 m^2. Hinsichtlich des Personenkreises können überhaupt keine Aussagen getroffen werden; Säuglinge und Mobilitätseingeschränkte erhöhen das Risiko. Allerdings sind alle Hausbewohner ortskundig, also mit den Rettungswegen vertraut. Ein negativer Umstand ergibt sich daraus, dass in Wohnungen Schlafräume sind – der schlafende Mensch erkennt Gefahren nur sehr spät oder überhaupt nicht. Die meisten Todesfälle bei Bränden ereignen sich in Wohngebäuden. Die Wohnung bildet die klassische Nutzungseinheit, deshalb kann sich innerhalb von Wohnungen ein Brand ungehindert ausbreiten, da keinerlei Anforderungen an Trennwände, Flure oder Türen gestellt werden. Wohngebäude müssen allerdings zwangsläufig in Zellenbauweise errichtet werden, jede Wohnung muss von der Nachbarwohnung oder von anderen Räumen durch Bauteile mit Feuerwiderstand getrennt sein. Daraus ergeben sich viele feuerwiderstandsfähige Abschnitte, die die Brandausbreitung hemmen. Hinsichtlich der Größe und Höhe von Wohngebäuden ist keine allgemeine Aussage möglich; Wohnungen befinden sich im eingeschossigen Bungalow wie im

Wohnhochhaus. Eine rechtzeitige Feuermeldung kann erwartet werden, da sich in fast allen Wohnungen Rauchwarnmelder befinden, die die Personen in der betreffenden Wohnung frühzeitig über ein Brandereignis warnen.

Besondere Gefahren in Wohngebäuden können von deren Kellern, Dachräumen, angebundenen Tiefgaragen sowie von gewerblichen Betrieben – meist im Erdgeschoss – ausgehen.

5.5 Büro- und Verwaltungsgebäude

Büroräume sind als Arbeitsräume Aufenthaltsräume im Sinne des Baurechts. Die Brandlast ist etwas geringer als in Wohnungen, da die Raumausstattung (Polstermöbel, Vorhänge, Teppiche) karger ist. Auch ist die Gefahr der Brandentstehung geringer. Die Belegungsdichte ist größer als in Wohnungen, sie dürfen etwa bei einer Person auf 10 m^2 liegen. Der Personenkreis ist wesentlich homogener, die Personen sind in der überwiegenden Zahl ortskundig und die meisten Nutzer sind selbstrettungsfähig. Nachts stehen Bürogebäude überwiegend leer. Das Brandrisiko ist somit relativ gering.

In Bürogebäuden kann der Begriff der Nutzungseinheit größer ausgelegt werden. Während er im Grundsatz nur die einer Wohnung vergleichbare Größe besitzen darf, also etwa 120 bis 150 m^2, kann er hier ohne notwendigen Flur oder Übersichtlichkeit 400 m^2 umfassen. Bürogebäude können in herkömmlicher Zellenbauweise errichtet werden, d. h. mit Raum- und Flurtrennwänden mit Feuerwiderstand, sie können auch als so genannte Kombibüros ausgeführt oder ganz ohne Geschossaufteilung sein. Sind sie größer als 400 m^2 spricht man dann vom Büro-Großraum, sogar von »Bürolandschaft«. Derartige Großräume können hinsichtlich der Brandausbreitung ein erhöhtes Risiko darstellen, da die Brandlast des Großraumes insgesamt sehr hoch ist. Meist umfasst ein Großraum sogar den gesamten zulässigen Brandabschnitt. Gebäude mit Büroräumen, die eine Grundfläche von mehr als 400 m^2 haben, sind deshalb Sonderbauten. Die Personengefahr ist in diesen Nutzungseinheiten gering, alle Anwesenden sind arbeitsfähig, niemand schläft.

Bürogebäude können eine beliebige Anzahl von Geschossen haben, häufig sind sie Hochhäuser. Besitzen sie keine Brandmeldeanlage mit automatischen Meldern, kann meist nur tagsüber eine rechtzeitige Feuermeldung erwartet werden.

5.6 Beherbergungsstätten

Sie dienen überwiegend dem Wohnen. Beherbergungsbetriebe mit mehr als 12 Betten sind Sonderbauten. Die Mehrzahl der Räume sind Schlafräume, also Aufenthaltsräume im Sinne des Bauordnungsrechts. Sie stehen in Verbindung mit Versammlungsräumen, Gasträumen, Läden, Sporträumen sowie den zugehörigen Arbeitsräumen, Küchen und Lagerräumen.

Die Brandlast entspricht der von Wohnungen. Die Gefahr der Brandentstehung ist geringer als in Wohnungen. Die Belegungsdichte dürfte der von Bürogebäuden entsprechen, in den Gast- und Versammlungsräumen ist sie natürlich wesentlich höher. Der Personenkreis ist inhomogen, die Personen sind in der überwiegenden Zahl ortsunkundig, sie halten sich in den Räumen vorwiegend zum Schlafen auf, sie sind häufig fremdsprachig und manchmal nicht ganz nüchtern. Die Nutzung erfordert eine noch kleinräumigere Zellenbauweise als in Wohngebäuden, da die Nutzungsbereiche meist nur aus einem Raum bestehen – ein positiver Umstand in Bezug auf die mögliche Brandausbreitung. Die Gebäudehöhe ist beliebig. Eine rechtzeitige Feuermeldung ist zwar technisch möglich, kann aber nicht immer erwartet werden. Besondere Gefahren können sich aus der Mischnutzung, aus der Haustechnik und aus dem Umstand ergeben, dass man bemüht ist, die Rettungswege »wohnlich« zu gestalten (z. B. die Hotelhalle, die häufig den einzigen Ausgang aus den Treppenräumen der notwendigen Treppen ins Freie bildet). Auch werden die Obergeschosse von den Gästen in der Regel mit Aufzügen erreicht, die aber im Brandfall nicht benutzt werden dürfen, und die sicheren Rettungswege, die Treppenräume, bleiben unbekannt.

5.7 Heime

Heime dienen der Unterbringung eines bestimmten Personenkreises zum Zwecke des Wohnens oder der Pflege. Sie gelten nach § 2 MBO als Sonderbauten. Hinsichtlich der Ortskundigkeit nehmen sie eine Zwischenstellung zwischen Wohngebäude und Hotel ein, wobei aber oftmals ein hoher Anteil der Personen nicht selbstrettungsfähig ist. Von Vorteil ist der Umstand, dass oftmals der Betrieb geregelt und Aufsichtspersonal ständig oder zeitweilig anwesend ist. Besondere Gefahren können von besonderen Personenkreisen ausgehen. Beispielsweise ist in einem Altenwohnheim die Gefahr der Brandentstehung größer, da alte Menschen oft vergesslich werden; Kerzen, Adventskränze, eingeschaltete Wärme- und Kochgeräte werden vergessen, auch Rauchen im Bett ist bei alten Menschen eine häufige Brandursache. Kommt es zum Brand, so wird er u. U. nicht rasch genug wahrgenommen, auch können alte Menschen nicht so rasch fliehen oder gerettet werden.

Bei Kinder- und Säuglingsheimen ist zwar die Gefahr der Brandentstehung geringer, doch auch hier sind die Insassen nicht in der Lage, selbst zu fliehen.

Heime und Pflegeeinrichtungen sind wegen des konzentrierten Wohnens und Schlafens von oft nicht selbstrettungsfähigen Personen als hohes Brandrisiko einzustufen.

5.8 Krankenhäuser

Krankenhäuser sind Sonderbauten, aufgrund einer fehlenden Sonderbauregelung handelt es sich um einen so genannten nicht geregelten Sonderbau.

Die meisten Räume sind Aufenthaltsräume in Form von Bettenzimmern und Behandlungsräumen; besonders kritisch sind dabei die Operationsräume und Intensivstationen. Hinzu kommen die Aufenthaltsräume der Beschäftigten, technische Räume, Labore, Werkstätten, Küchen, Speise- und Versammlungsräume sowie Lagerräume. Es finden sich also innerhalb des Oberbegriffes eine Reihe völlig unterschiedlicher Nutzungen und damit Risiken. Die Brandlast in den Bettenzimmern ist mit der von Hotelzimmern vergleichbar. Die Gefahr der Brandentstehung ist in Bettenzimmern gering. Hinsichtlich des Personenkreises ergibt sich das Problem, dass ein Teil der Personen nicht selbstrettungsfähig und somit auf fremde Hilfe angewiesen ist. Sind Patienten gehfähig, so sind sie ortsunkundig. Krankenhäuser werden immer in Zellenbauweise errichtet. Eine aus der Sicht des Vorbeugenden Brandschutzes abzulehnende Tendenz beim Krankenhaus geht zu immer größeren Einheiten, auch bis weit über die Hochhausgrenze hinaus. Eine rechtzeitige Feuermeldung kann allein schon aufgrund des ständig anwesenden Pflegepersonals vorausgesetzt werden, zudem wird für ein Krankenhaus stets eine Brandmeldeanlage mit automatischen Meldern erforderlich sein.

Besondere Gefahren gehen von der außergewöhnlich umfangreichen Haustechnik aus. Einige Brände mit Todesopfern in Krankenhäusern haben gezeigt, dass durch Lüftungsleitungen, Kabelkanäle und -schächte, die zu den Geschossen nicht bauordnungsgemäß abgetrennt waren oder Brandabschnitte verbunden haben, eine so rasche und weiträumige Verrauchung eingetreten ist, dass die Rettung der Kranken zum Teil nicht mehr möglich war (Schachtrisiko). Es kommt vorbeugend also insbesondere auf die Ausbildung von Brandabschnitten an, die eine rasche Verlegung der Patienten im Brandfall möglichst auf derselben Ebene ermöglichen und eine weitere Evakuierung erübrigen, die in der zur Verfügung stehenden Zeit nicht mit Erfolg durchgeführt werden kann.

5.9 Schulen

Schulen sind ungeregelte Sonderbauten.
Schulräume sind Arbeitsräume, also Aufenthaltsräume. Die Brandlast ist geringer als in Bürogebäuden. Die Gefahr der Brandentstehung ist nicht groß – abgesehen von der Brandstiftung aus Leichtsinn oder Mutwillen. Die Belegungsdichte ist hoch, etwa eine Person auf 2 m². Der Personenkreis ist definiert, zum überwiegenden Teil handelt es sich um Kinder oder Jugendliche, von denen nicht immer eine richtige Reaktion erwartet werden kann. Dies wird durch intensive Beaufsichtigung kompensiert. Schulbauten sind überwiegend in Zellenbauten mit vereinzelten Großräumen erstellt.

Im Trend liegen Schulbauten mit offenen Raumstrukturen zur Umsetzung flexibler Unterrichtskonzepte. Hier entfällt die klassische Anbindung jedes Unterrichtsraumes an einen notwendigen Flur. Es werden hierbei die Begriffe Cluster und Kompartments verwendet. Vertretbar erscheinen solche Konzepte nur, wenn die Übersichtlichkeit innerhalb der Nutzungsbereiche gegeben ist und diesen zwei bauliche Rettungswege zur Verfügung stehen. Eine feuerwiderstandsfähige Unterteilung in max. 400 m² große Bereiche erscheint sinnvoll, um der Ausbreitung eines Brandes im gesamten Brandabschnitt vorzubeugen. Nur bis zu dieser Raumgröße können wirkungsvolle Brandbekämpfungsmaßnahmen innerhalb eines Brandabschnittes erwartet werden. Schlüssige Planungsansätze ergeben sich aus der Fachempfehlung der Arbeitsgemeinschaft der Leiterinnen und Leiter der Berufsfeuerwehren in Deutschland (AGBF): »Moderne Schulbau- und Unterrichtskonzepte – Empfehlungen zur Sicherstellung der Rettungswege aus Lernbereichen« (Stand 2015).

Die Gebäudehöhe reicht etwa bis zum 5. OG. Die Feuerwehr kann mehrere Schulklassen im Brandfall in der Regel nicht über Leitern retten, da dies viel zu lange dauern würde. Beide Rettungswege müssen über bauliche Rettungswege führen. Die Anbringung von Garderobenschränken und anderen Brandlasten in Fluren ist ein häufig zu beobachtender Mangel. Eine rechtzeitige Feuermeldung kann während der Betriebszeit erwartet werden. Besondere Gefahren können von Chemieräumen und Werkräumen ausgehen.

5.10 Versammlungsstätten

Versammlungsstätten sind für die gleichzeitige Anwesenheit vieler Menschen bestimmt, d. h. Versammlungsräume sind Aufenthaltsräume. Sie sind Sonderbauten und fallen mit mehr als 200 Personen in den Geltungsbereich der Versammlungsstättenverordnung (▶ Bild 23). Die Bauart kann massiv sein, die Versammlungsstätte kann auch ein zeltähnlicher Bau sein. Die Brandlast ist nicht definierbar. Die Gefahr der Brandentstehung im Versammlungsraum selbst ist meist nicht hoch, kann aber bei bestimmten Gelegenheiten rasch ansteigen (z. B. Faschingsveranstaltung mit entsprechender Raumausschmückung oder Messeveranstaltung). Die Brandgefahr geht meist von den mit dem Versammlungsraum in unmittelbarer Verbindung stehenden Bühnen oder Szenenflächen aus. Die Belegungsdichte ist sehr hoch, bis zu zwei Personen auf 1 m^2. Der Personenkreis ist meist völlig inhomogen, wie bei Wohngebäuden, und die Personen sind ortsfremd.

Bild 23: ***Beispiel einer großen Versammlungsstätte. Wichtigste Forderungen des Vorbeugenden Brandschutzes sind ausreichende Rettungswege und eine Brandfrüherkennung.***

Eine weitere Gefahr besteht in der betriebsmäßigen Verdunkelung der Versammlungsräume (Theater, Kinos, Diskos). Versammlungsräume sind meist Großräume. Zu ihrem Betrieb sind andere Räume (Garderoben, Werkstätten, Vorführräume, Küchen, Lager) erforderlich, von denen Brandgefahren ausgehen. Diese Feststellungen gelten für alle Versammlungsräume, auch wenn sie nicht in den Geltungsbereich der Versammlungsstättenverordnung fallen.

Hinsichtlich der Gefahren ist eine kleine historische Abschweifung angebracht: Das 19. Jahrhundert war das »Jahrhundert der Theaterbrände«. Beim Brand der großen Hof- und Residenztheater kam es häufig zu Menschenverlusten in der Größenordnung von einigen hundert Personen. Dies führte mit zur Gründung der Berufsfeuerwehren und zu einem konsequenten Vorbeugenden Brandschutz in Theatern. Bezeichnend dafür ist der Umstand, dass auf jeder Großbühne die so genannte Nullgasse für den Posten der Feuerwehr freigehalten werden muss und jede Vorstellung die Anwesenheit einer Brandsicherheitswache voraussetzt. Wenn auch heute die damals typischen Gefahren nicht mehr bestehen, wie sie durch Ofenheizung, Kerzen- und Gasbeleuchtung, leichtentflammbare Ausstattung und völlig unzureichende Rettungswege gegeben waren, so ist man bei der Beurteilung von Theatern und davon ausgehend auch von anderen Versammlungsstätten noch heute im Vergleich der Bestimmungen relativ streng. Die spektakulären Theaterbrände der letzten Jahrzehnte verliefen deshalb aber auch ohne Personenschäden.

5.11 Garagen

Garagen dienen dem Abstellen von Kraftfahrzeugen und fallen ausnahmslos in den Geltungsbereich der Garagenverordnungen der Länder. Garagen enthalten, von seltenen Ausnahmen abgesehen – Büro für Sicherheitsdienst – keine Aufenthaltsräume. Die Brandlast ist zwar relativ hoch, doch war die Gefahr der Ausbreitung eines Fahrzeugbrandes auf andere Fahrzeuge in der Vergangenheit relativ gering, da die brennbaren Stoffe in der Regel von den Blechkarossen weitgehend umschlossen werden. Dies hat sich aber in den letzten Jahren erheblich geändert. Die Brandlast der Fahrzeuge nahm rasant zu und wird mit den Elektrofahrzeugen weiter steigen. Die Fahrzeugausmaße nehmen zu und somit der Abstand zwischen den Fahrzeugen ab und Kunststoffe ersetzen Bauteile des Fahrzeugs, die früher aus Metall gefertigt waren.

In der Anfangszeit der Motorisierung hielt man Garagen für Räume mit besonderer Brandgefahr. Davon ist man längst abgekommen, da dies durch die Erfahrung nicht bestätigt wurde. Die Bestimmungen für Garagen wurden daher bei jeder Novellierung entschärft. Die Gefahr für Personen, die sich vorübergehend in Garagen aufhalten, liegt in der Verqualmung der doch recht weiträumigen Anlagen. Auch wenn Garagen keine Aufenthaltsräume sind, werden für Mittel- und Großgaragen zwei Ausgänge gefordert. Je nach Art der Garage können die Benutzer ortskundig oder ortsunkundig sein – z. B. in Parkhäusern. Die Gefahr der Brandentstehung ist in der Groß- und Mittelgarage gering, da Kraftfahrzeuge heute technisch sehr ausgereift sind. Häufiger ereignen sich Brände in Klein- und Einzelgaragen, wo Kraftfahrzeughalter Reparaturen und andere Arbeiten an ihren Fahrzeugen durchführen, und wo oft andere brennbare Stoffe in großer Menge gelagert werden.

Die Gefahr der Bildung von zündfähigen Gemischen hält der Gesetzgeber für nicht gegeben; Anforderungen an die Lüftung beziehen sich ausschließlich auf die Gefahr der CO-Vergiftung. Gleichwohl sind Fälle bekannt, wo es durch ausgelaufenen Treibstoff in Vertiefungen zu Verpuffungen kam.

Besondere Gefahren erwartete man bei der Unterstellung von Kraftfahrzeugen, die mit Flüssiggas betrieben werden, doch wurde auch diese Gefahr überschätzt. Die angestrebte Verwendung von Wasserstoff als Treibstoff ist noch zu selten, als dass sie sich schon in Bestimmungen niedergeschlagen hätte.

Wenngleich die Erfahrungen aufgrund der geringen Zulassungszahlen noch begrenzt sind, deutet derzeit nichts darauf hin, dass Elektrofahrzeuge ein höheres Risiko einer Brandentstehung haben, dies gilt auch für den Ladevorgang in der Garage (vorausgesetzt wird eine ordnungsgemäße Installation und Dimensionierung der Ladeeinrichtung).

Festzustellen ist jedoch: Als die Karosserien der Kraftfahrzeuge weitgehend aus Blech und nicht wie heute zu großen Teilen aus Kunststoffen bestanden und die Fahrzeuge noch geringere Ausmaße hatten, wurden bei einem Fahrzeugbrand zwar die benachbarten Fahrzeuge beschädigt; sie brannten in der Regel aber nicht mit. Heute ist regelmäßig festzustellen, dass vielfach auch die benachbarten Fahrzeuge ebenfalls vollkommen ausbrennen. Dies hat Auswirkungen auf den erforderlichen Feuerwiderstand der Tragkonstruktion. War in den 1990er-Jahren bei offenen Großgaragen eine Ausführung nichtbrennbar aber ohne klassifizierten Feuerwiderstand noch sachgerecht, so sind nunmehr zumindest robuste Tragkonstruktionen notwendig. Dies ist in der Muster-Garagen- und Stellplatzverordnung 2022 auch berücksichtigt.

5.12 Verkaufsstätten

Verkaufsräume des Einzelhandels sind Aufenthaltsräume – für Kunden und Personal. Verkaufsstätten fallen ab einer Bruttofläche von 2 000 m^2 in den Geltungsbereich der Verkaufsstättenverordnung.

Die Brandlast ist für Aufenthaltsräume mit so großer Personenzahl vergleichsweise sehr hoch. Die Gefahr der Brandentstehung dagegen ist als nicht hoch anzusehen. Die Belegungsdichte kann Spitzenwerte annehmen (Weihnachtsverkauf), ohne dass eine Höchstbesucherzahl festgelegt oder überwacht werden kann. Die erforderlichen Ausgangsbreiten sind deshalb – im Gegensatz zur VStättV – auf die Fläche bezogen. Der Personenkreis ist völlig inhomogen – wie in Wohngebäuden. Ein gewisser Ausgleich wird durch die ständige Anwesenheit von Personal erzielt. Eine Geschossunterteilung gibt es meist nicht, die Geschosse stehen miteinander durch Deckendurchbrüche oder Fahrtreppen in Verbindung. Verkaufsräume dürfen vom ersten Kellergeschoss bis unter die Hochhausgrenze angeordnet werden.

Eine rechtzeitige Feuermeldung kann während der Betriebszeit vorausgesetzt werden. Besondere Gefahren können von Werkstätten, Lagerräumen und von der Haustechnik ausgehen. Im Verhältnis zu dieser Ballung von Risiken sind die Schutzbestimmungen relativ mild. Hier fehlen noch die »historischen« Erfahrungen. Unter dem Eindruck mehrerer Brände mit Millionenschäden in Einkaufszentren müssen Verkaufsstätten mit wenigen Ausnahmen mit automatischen Löschanlagen ausgestattet werden.

5.13 Mischnutzungen

Die bisher genannten Gebäudearten und Nutzungen decken die meisten Gebäude ab. Sie treten meist nicht in dieser reinen Form auf, sondern werden in einem Gebäude häufig auch gemischt, wie ein Beispiel zeigen soll: Ein Hochhaus beinhaltet in einem Sockelgeschoss ein Einkaufszentrum mit Verkaufsräumen vom 1. Untergeschoss bis zum 3. Obergeschoss. Darunter befinden sich im 2. Untergeschoss Garagen und die Anlieferung mit den notwendigen Lagerräumen. Ein 3. Untergeschoss enthält Technikräume. Über dem Sockelgeschoss erhebt sich ein Hochhaus, das vom 4. bis 7. OG Büroräume und vom 8. bis 14. OG Wohnungen enthält. Im 15. OG befindet sich noch ein Restaurant, das mit einem weiteren Technikgeschoss überbaut ist. Typische Mischnutzungen finden wir auch in Verkehrsbauten wie Bahnhöfen oder Flughäfen. Ein spektakulärer Großbrand an einem deutschen

Verkehrsflughafen und einige Brände mit zahlreichen Toten in anderen Verkehrsanlagen (Straßentunnel, Bergbahn) haben bei diesen baulichen Anlagen das mögliche Gefahrenpotential erkennen lassen.

Mischnutzungen kommen auch in kleineren Gebäuden vor; bei landwirtschaftlichen Betriebsgebäuden findet man häufig Wohnräume, Arbeitsräume, Stallungen und Lagerräume im selben Gebäude.

Die Risikobetrachtung muss dann sehr viel differenzierter angestellt werden. Besonders den Nahtstellen ist erhöhte Aufmerksamkeit zu schenken. Hier sind besondere Maßnahmen gegen die Brandausbreitung erforderlich (Brandwände, Schleusen, vergrößerte Feuerüberschlagswege) und die Rettungswege für die verschiedenen Nutzungen sollten voneinander unabhängig sein.

Fällt ein derartiges Objekt in den Geltungsbereich mehrerer Verordnungen, so ist die jeweils strengste Forderung zu stellen.

5.14 Gewerbliche Betriebe – Industriebauten

In diesen Gebäuden ist die Nutzung so mannigfaltig, dass eine allgemeine Risikobeurteilung nicht möglich ist.

Neben der reinen Brandlast bestimmen noch andere Faktoren das Risiko im Brandfall. Auch hier ist keine Regel erkennbar. Ständiger Aufenthalt von Personen, vorübergehender Aufenthalt von Personen, Lagerung, Transport und Verarbeitung von brennbaren und nichtbrennbaren Stoffen, harmlose und höchst brandgefährliche Tätigkeiten gehen oft unentwirrbar ineinander über. Die Belegungsdichte schwankt von einigen Lagerarbeitern in der mehrtausend Quadratmeter großen Halle bis hin zu Arbeitsräumen, in denen an Fließbändern Person neben Person sitzt, wie z. B. in der Textilindustrie. Die Möglichkeiten der Brandentstehung schwanken von gering bis zur ständigen unmittelbaren Zündgefahr. Der Personenkreis ist inhomogen, von Auszubildenden bis zum über 60-jährigen Mitarbeiter. Es kann allerdings vorausgesetzt werden, dass – von wenigen Mobilitätseingeschränkten abgesehen – sich fast alle im Vollbesitz ihrer geistigen und körperlichen Kräfte befinden und ortskundig sind. Die Art der inneren Abtrennung gegen die Ausbreitung von Feuer und Rauch ist höchst unterschiedlich, von kleinen Einzelräumen bis zu überdimensionalen Werkhallen, die Gebäudehöhen reichen vom erdgeschossigen Bau bis zum Hochhaus. Eine rechtzeitige Feuermeldung kann nicht immer vorausgesetzt werden.

Ein besonders hohes Brandrisiko steckt in der großräumigen Lagerung von Industrieprodukten in Hochregallagern (von einem Hochregallager spricht man, wenn die Oberkante des Lagerguts 7,5 m überschreitet). Hochregallager sind Sonderbauten.

Im Kleinformat können aber auch automatisierte Lager ohne gesicherte Zugänglichkeit für Löschmaßnahmen und mit einer sehr hohen Brandlast dazu führen, dass bei einem Brandereignis mit dem Verlust des Brandabschnittes zu rechnen ist.

Eine besondere Brandausbreitungsgefahr bilden riesige Dachflächen, wenn sie mit brennbaren Baustoffen wärmegedämmt oder eingedeckt sind. Auch die technologisch bedingte »schleichende« Nutzungsänderung sollte nicht außer Acht gelassen werden; ein Kamerawerk z. B. wurde zu einer Zeit genehmigt, in der eine Kamera ausschließlich aus nichtbrennbaren Stoffen bestand. Heute ist es immer noch ein Kamerawerk, aber die Kamera besteht ausschließlich aus Kunststoff. Oder eine Lagerhalle für Rohre und Röhren – an die Stelle von Stahl und Keramik sind Polyethylen und Polyvinylchlorid getreten – die Halle bleibt die alte.

Die Großbrände in der Industrie sind erfahrungsgemäß selten mit Personenschäden verbunden – sofern es sich nicht um Brände aufgrund von Explosionen handelt.

5.15 Hochhäuser

Eine ganz entscheidende Grenze in der Höhenentwicklung eines Gebäudes zieht der Gesetzgeber bei 22 m Fußbodenhöhe eines möglichen Aufenthaltsraumes über der Geländeoberfläche im Mittel. Diese so genannte Hochhausgrenze bedeutet das Ende der Rettungs- und Angriffsmöglichkeit der Feuerwehr von außen durch Fensteröffnungen mit Drehleitern (Hubrettungsfahrzeugen). Jetzt werden erhöhte Anforderungen an die Rettungswege und die Ausführung der Treppenräume gestellt. Derzeit sind Verkaufsstätten über der Hochhausgrenze unzulässig. Jede willkürlich festgelegte Grenze beinhaltet eine Härte, und es erscheint manchem nicht sinnvoll, warum ein Gebäude, dessen Aufenthaltsräume ihren Fußboden 22,05 m über Gelände haben, plötzlich mit einem zweiten Treppenraum zu versehen ist. Ob in einem solchen Fall Abweichungen erteilt werden, muss sich aus dem Einzelfall ergeben. Es handelt sich dennoch um ein Hochhaus und jede neu definierte Grenze würde zur gleichen Grenzwertdiskussion führen.

Mit zunehmender Gebäudehöhe wird der Einsatz der Feuerwehr immer mehr erschwert, allein schon aus Zeitgründen. Zum Ersteigen einer Gebäudehöhe von 22 m benötigt ein Feuerwehrangehöriger mit Ausrüstung, möglicherweise unter Atemschutz, schon mindestens sechs Minuten. Zählt man die Anfahrt- und Ausrückezeit hinzu, so wird in der Regel die als vertretbar angesehene Frist bis zum Beginn einer Menschenrettung oder eines Löschangriffs schon verstrichen sein.

Die Musterbauordnung kennt keine weitere Höhengrenze, sie verweist Hochhäuser in den Bereich der baulichen Anlagen besonderer Art oder Nutzung. Es kann jedoch nicht genügen, ein 130 m hohes Gebäude mit den gleichen Sicherheitsvorkehrungen zu erstellen, wie ein 30 m hohes Gebäude. Diesem Umstand trägt die Muster-Hochhausrichtlinie (MHHR) Rechnung, die weitere Anforderungen mit zunehmender Gebäudehöhe stellt. Sie verschärft die Anforderungen bei 60 m Höhe des Fußbodens eines möglichen Aufenthaltsraumes über der Geländeoberfläche im Mittel.

5.16 Größe und Lage der Räume

Neben der Art der Nutzung bestimmt insbesondere die Gebäudegröße das zu erwartende Risiko. Dabei kann man verschiedene Fälle unterscheiden: Große Längenabmessungen bei geringer Gebäudetiefe erhöhen das Risiko nur geringfügig. Die Eindringtiefe für die Feuerwehr ist gering, an jeder Stelle des Grundrisses ist eine Außenwand in der Nähe, durch deren Öffnungen Rauch und Wärme abgeführt sowie Rettungs- und Löschmaßnahmen eingeleitet werden können. Ebenso ist der Rettungsweg für Flüchtende ins Freie oder an Fenster kurz.

Nicht so bei großer Gebäudetiefe. Es entstehen zwangsläufig weit von den Außenwänden entfernte, innenliegende Zonen, die weder natürlich belichtet noch belüftet sind. Fluchtwege bis ins Freie sind entsprechend lang, Lösch- und Rettungsmaßnahmen der Feuerwehr sind ungleich zeitraubender, der Brandherd muss erst in der weiträumigen Verrauchung gesucht werden. Dies gilt sowohl für Zellenbauweise wie auch für Großräume.

Das Hauptkriterium für die Risikobeurteilung ist jedoch die Höhenlage der Räume über oder unter Gelände. Untergeschosse haben zwar Außenwände, doch ohne Öffnungen. Rettung und Löschangriff müssen immer durch Rauch und Wärme hindurch erfolgen, sind also erschwert. Beim Kellerbrand wird wegen der schlechten Ventilation, die Sauerstoffmangel und unvollständige Verbrennung (also CO-Bildung) bewirkt, meist das gesamte Gebäude verraucht, da Rauch und Wärme nach oben steigen. Das Risiko erhöht sich bei mehreren Untergeschossen entsprechend stark. Daher erschweren oder verbieten die Brandschutzbestimmungen zumindest im Grundsatz die Anordnung von Aufenthaltsräumen in Kellergeschossen.

Auch die zunehmende Entfernung der Räume von der natürlichen oder festgelegten Geländeoberfläche nach oben, d. h. die Zahl der Geschosse, steigert das brandschutztechnische Risiko.

»Geschosse sind oberirdische Geschosse, wenn ihre Deckenoberkanten im Mittel mehr als 1,4 m über die Geländeoberfläche hinausragen; im Übrigen sind sie Kellergeschosse. Hohlräume zwischen der obersten Decke und der Bedachung, in denen Aufenthaltsräume nicht möglich sind, sind keine Geschosse.« (§ 2 Abs. 6 MBO)

Fliehende Personen haben mit zunehmender Gebäudehöhe einen längeren Rettungsweg, der Angriffsweg für die Feuerwehr wird erschwert und das Gebäude erstreckt sich sozusagen längs der Hauptausbreitungsrichtung des Feuers nach oben. Um diesem zunehmenden Risiko verstärkte Schutzmaßnahmen gegenüberzustellen, zieht das Baurecht bei Gebäuden verschiedene Höhengrenzen (▶ Bild 24): Solange das Gebäude nur erdgeschossig ist, ergeben sich im Allgemeinen keine besonderen Forderungen, es sei denn, es dient einer besonderen Nutzung (z. B. Versammlungsstätte). Bei Gebäuden der Gebäudeklassen 2 und 3 werden Forderungen an die Bauart gestellt: »Tragende und aussteifende Wände sind mindestens feuerhemmend herzustellen; in erdgeschossigen Gebäuden wird oft im Rahmen einer Abweichung auf die feuerhemmende Ausbildung tragender und aussteifender Bauteile verzichtet (z. B. ungeschützte Stahlkonstruktion).« Wenn der Fußboden eines Geschosses mit Aufenthaltsräumen mehr als 7 m über der Geländeoberfläche liegt, ändert sich die Gebäudeklasse.

Diese Grenze ergibt sich durch die begrenzte Einsatzlänge der tragbaren Feuerwehrleitern, wie sie jede – auch die kleinste – Feuerwehr mitführt. Sie liegt mit 8 m etwa in Höhe der Fenster des 2. Obergeschosses. Darüber ist eine Zufahrt und Aufstellfläche für Hubrettungsgeräte notwendig.

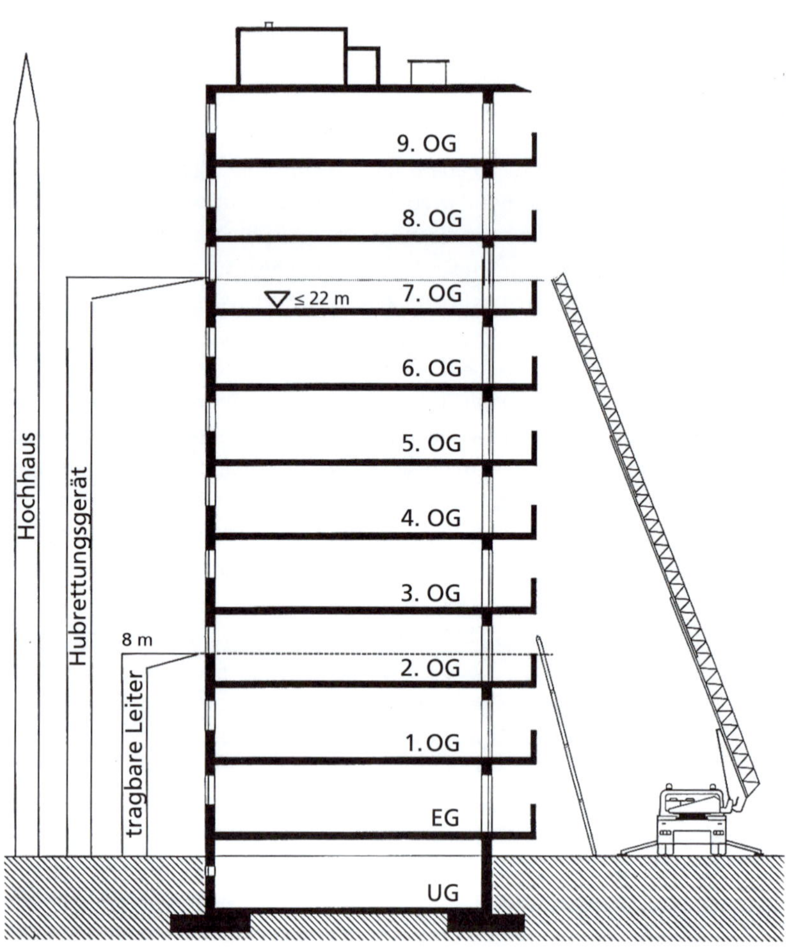

Bild 24: ***Zuordnung der Feuerwehrleitern zum Bauordnungsrecht. Bis zu einer Brüstungshöhe von 8 m über der Geländeoberfläche (ca. 7 m Fußbodenhöhe) genügen tragbare Leitern, darüber sind Hubrettungsgeräte erforderlich. Ab 22 m Fußbodenhöhe müssen alle Rettungswege baulicher Art sein.***

6 Abwehrender Brandschutz

Bei der Beurteilung des Brandrisikos ist natürlich die örtliche Feuerwehr ein mitbestimmender Faktor (▶ Bild 25 und ▶ Bild 26) Personalstärke, Qualifikation, Verfügbarkeit und Ausrüstung der Feuerwehr können zwar nicht die grundsätzlichen Forderungen des Vorbeugenden baulichen Brandschutzes beeinflussen – etwa nach dem Prinzip: das Nachbarhaus der Hauptfeuerwache darf aus Holz und ohne Treppenraum sein –, doch können sie in Zweifels- und Ermessensfällen für oder gegen die Zulassung einer Abweichung sprechen. Dies wird besonders deutlich bei der Betrachtung der zur Verfügung stehenden Rettungsgeräte der Feuerwehr. Das Baurecht zieht die Grenze für den möglichen Einsatz tragbarer Leitern bei 8 m Brüstungshöhe der zum Retten notwendigen Fenster. Von dieser Höhe bis zur Hochhausgrenze (22 m Höhe des Fußbodens eines Aufenthaltsraumes) setzt die Bauordnung das Vorhandensein von Hubrettungsgeräten – im Allgemeinen Drehleitern – der Feuerwehr voraus und fordert eine Zufahrt und Aufstellfläche.

Bild 25: ***Große Zugwache einer Berufsfeuerwehr***

»Gebäude, deren zweiter Rettungsweg über Rettungsgeräte der Feuerwehr führt und bei denen die Oberkante der Brüstung von zum Anleitern bestimmten Fenstern oder Stellen mehr als 8 m über der Geländeoberfläche liegt, dürfen nur errichtet werden, wenn die Feuerwehr über die erforderlichen Rettungsgeräte wie Hubrettungsfahrzeuge verfügt.« (§ 33 MBO)

Bild 26: ***Kleines Gerätehaus einer Freiwilligen Feuerwehr***

Fehlen solche Geräte, z. B. im Bereich kleiner Freiwilliger Feuerwehren, so ergibt sich daraus die Konsequenz, Gebäude mit mehr als zwei Obergeschossen, in denen sich Aufenthaltsräume befinden, bereits mit zwei Treppenräumen zu versehen, es sei denn, der zweite Rettungsweg wäre auf andere Weise gesichert (wie z. B. Hanglage, Rettungsbalkone, Notleitern).

Besonders einschneidend wird dieses Problem, wenn bauliche Anlagen besonderer Art oder Nutzung (§ 51 MBO Sonderbauten) im Schutzbereich kleiner Freiwilliger Feuerwehren errichtet werden sollen, die von der bestehenden dörflichen Bausubstanz her auf die Brandbekämpfung in derartigen Objekten in keiner Weise eingestellt sind. Dies ist gar nicht selten der Fall: Umweltschutzbestimmungen

Bild 27: ***Notwendigkeit eines zweiten baulichen Rettungsweges für Gebäude unter der Hochhausgrenze, wenn ein Hubrettungsfahrzeug nicht zeitgerecht zur Verfügung steht oder aufgestellt werden kann***

zwingen Industriebauten mit schädlichen Emissionen weg von starker Bevölkerungsdichte und damit in den oben genannten Bereich, Flughäfen benötigen riesige Flächen und verursachen Lärm, Supermärkte werden wegen der nötigen Parkflächen, die im städtischen Bereich weder vorhanden noch erschwinglich sind, einfach »auf die grüne Wiese« gesetzt, in der Nachbarschaft der Großstädte entstehen im dörflichen Bereich Schlafstädte mit Wohnhochhauszeilen, Tourismuszentren schmücken die einsame Natur mit Mammuthotels und dergleichen mehr. Das Fehlen einer dem Risiko angemessenen starken Ortsfeuerwehr muss sich in diesen Fällen in verschärften Forderungen des baulichen oder betrieblichen Brandschutzes niederschlagen – im Bereich der Industrie sind Betriebs- oder Werkfeuerwehren einzurichten, was für den Betreiber sicherlich eine aufwendige Art des Brandschutzes darstellt.

Eine Präzisierung der Forderung der MBO hinsichtlich des Schutzziels »wirksame Löscharbeiten« hat die Fachkommission »Bauaufsicht« in einem Positionspapier vorgenommen (▶ Anhang A1).

7 Brandentstehung

Brände entstehen vorwiegend aus der betrieblichen Nutzung eines Gebäudes. Zuerst brennen in der Regel Einrichtungen, Lagergüter und Betriebsmittel. Das Verhindern solcher Brände ist eine Aufgabe des betrieblichen Brandschutzes und soll hier nicht erörtert werden.

Der Entstehung von Bränden baulich vorzubeugen, ist nur in sehr beschränktem Maße möglich. Das kann nur im Hinblick auf den Teil des Brandgeschehens erfolgen, der seine Ursache in einem Mangel am Gebäude findet und den Teil eines Brandes, bei dem dieser von der Einrichtung ausgehend auf Bauteile übergreift. Demzufolge ergeben sich drei Bereiche der Vorbeugung gegen Brandentstehung:

- die Verwendung nichtbrennbarer bzw. schwerentflammbarer Baustoffe,
- die sichere Ausbildung aller baulichen und technischen Einrichtungen, die der Erzeugung von Feuer und Wärme dienen, die der Abführung von Rauchgasen dienen und die der Verteilung von Energie dienen sowie
- Maßnahmen gegen Blitzschlag.

Alle drei Bereiche sind letztendlich vom selben Prinzip bestimmt: Wärme darf – unabhängig von der Art der Entstehung, ob betrieblich erzeugt oder ungewollt als Brandursache – unmittelbar nur auf nichtbrennbare Baustoffe der Klasse A einwirken, wenn ein Schadenfeuer verhindert werden soll. Handelt es sich nur um geringe Wärmemengen und Zündenergien, z. B. der von weggeworfenen Zündholz- und Rauchzeugresten, so genügt die Verwendung schwerentflammbarer Baustoffe der Klasse B1 bzw. mindestens C-s2,d2.

Hinsichtlich der Feuerungsanlagen stellt die Musterbauordnung in § 42 allgemeine Anforderungen an die Brandsicherheit von Feuerstätten, Brennstofflagern, Verbindungsstücken, Rauchschornsteinen und Gasfeuerstätten. Anhand der allgemeinen Anforderungen (»müssen brandsicher sein« oder »dass Gefahren nicht entstehen«) kann man natürlich keine Anlage errichten. Dazu bedarf es der materiellen Bestimmungen der Feuerungsverordnung sowie ergänzender Normen.

Über die Aufstellung von Feuerstätten gibt es einige Grundregeln: Feuerstätten müssen von Bauteilen und Einrichtungen mit brennbaren Baustoffen so weit entfernt sein, gegenüber letzteren so geschützt sein, oder eine soweit begrenzte Oberflächentemperatur haben, dass die Zündtemperatur organischer Stoffe mit Sicherheit nicht erreicht wird. Feuerstätten für feste Brennstoffe mit einer Nennwärmeleistung von mehr als 50 kW müssen in Heizräumen aufgestellt werden. In Hochhäusern und großen Versammlungsstätten dürfen Einzelfeuerstätten überhaupt nicht aufgestellt werden.

Eine weitere bauliche Vorkehrung gegen die Entstehung von Bränden ist der Schutz eines Gebäudes gegen Blitzschlag. § 46 Musterbauordnung lautet: »Bauliche Anlagen, bei denen nach Lage, Bauart oder Nutzung Blitzschlag leicht eintreten oder zu schweren Folgen führen kann, sind mit dauernd wirksamen Blitzschutzanlagen zu versehen.« Blitzschlag kann leicht eintreten, wenn es sich um sehr hohe Gebäude handelt (z. B. Hochhäuser, Kirchtürme), das Gebäude die übliche Bebauung wesentlich überragt oder in exponierter Lage steht. Auf die Einschlagswahrscheinlichkeit kommt es hierbei nicht an. Aus öffentlich-rechtlicher Sicht sind schwere Folgen in Gebäuden zu erwarten, in denen sich viele Personen oder Personen mit eingeschränkter Selbstrettungsfähigkeit aufhalten, also große Versammlungsstätten, Verkaufsstätten, Schulen, Kindertagesstätten, Heime, Kasernen, Hotels, Krankenhäuser sowie Alten- und Pflegeheime; schwere Folgen sind auch zu erwarten in baulichen Anlagen, die bei schlechtem Wetter zum Unterstellen gedacht sind, wie z. B. Wartehäuschen oder Schutzhütten. Hinzu kommen natürlich alle baulichen Anlagen, die besonders brandgefährlich sind, also Holzbearbeitungsbetriebe, Mühlen, Lack- und Farbenfabriken, Biogasanlagen, Wertstoffhöfe, Lager für brennbare Flüssigkeiten und Gase sowie große landwirtschaftliche Betriebsgebäude, besonders wenn sie einzeln stehen (Feldscheunen, Aussiedlerhöfe) oder weiche Bedachungen haben. Besondere Gefahren können auch von Gebäuden ausgehen, in denen mit radioaktiven Stoffen umgegangen wird, von Laboren für biologische Stoffe (S 3- und S 4-Labore) und vergleichbaren Einrichtungen. Letztlich sind alle Gebäude gegen Blitzschlag zu sichern, die besondere Werte darstellen oder beinhalten, also Bauten unter Denkmalschutz, Museen und Büchereien. Die technische Ausführung von Blitzschutzanlagen hat nach DIN EN 62305-1, 3 und 4; VDE 0185-305-1, 3 und 4 zu erfolgen.

Neben der Brandgefahr, der durch den äußeren Blitzschutz des Gebäudes vorgebeugt wird, birgt der Blitzschlag ein weiteres Risiko, das sich im Brandfall negativ auswirken kann. Die bei Blitzeinschlägen fließenden Blitzströme und die dadurch entstehenden Überspannungen können elektronische Bauteile zerstören. Da heute kaum eine technische Einrichtung noch ohne Elektronik auskommt, sind auch die sicherheitstechnischen Einrichtungen für den Brandfall, wie Meldeanlagen, Druckerhöhungsanlagen, Feuerwehraufzüge, Evakuierungssteuerungen usw. durch Blitzschläge ins Objekt selbst und Blitze bis zu einer Entfernung von ca. Kilometer gefährdet. Diesen Gefahren ist durch Maßnahmen des äußeren und inneren Blitzschutzes zu begegnen.

Darüber hinaus dürfen durch Blitzeinschläge keine explosionsfähigen Atmosphären entstehen. Deshalb ist z. B. für den Fermenter von Biogasanlagen ein äußerer Blitzschutz erforderlich, da durch den Blitzschlag in den Fermenter die Hülle beschädigt wird und sich brennbare Gasen entzünden können (▶ Bild 28). Des Weiteren kann der Blitzstrom die Bodenplatte und die Abdichtung durchschlagen, so dass flüssiges Substrat im Erdreich versickert und ggf. eine Umweltgefährdung hervorruft. Ebenso dürfen Dichtungen von Leitungen für brennbare Stäube, Flüssigkeiten und Gase durch Blitzschlag nicht beschädigt werden.

Bild 28: ***Ein Blitzeinschlag würde zur Ausströmung von brennbarem Gas aus der Biogasanlage und zu einer explosionsfähigen Atmosphäre führen.***

Eine besondere Art der Brandentstehung ist die Verbrennungsexplosion. Brennbare Flüssigkeiten, Gase und Stäube bedürfen zur Entzündung nur ganz geringer Zündenergien. Ein elektrischer Schaltfunke oder eine glimmende Zigarette reichen zur Brandentstehung schon aus. Wegen des intensiven und raschen Ablaufes der Verbrennung in Form einer Verpuffung oder Explosion sind dabei stets Menschenleben gefährdet, auch wenn das Gebäude mit noch so guten Rettungswegen ausgestattet ist. In diesen explosionsgefährdeten baulichen Anlagen oder Räumen müssen daher Zündquellen, die aus fest mit dem Gebäude verbundenen Anlagen, z. B. der elektrischen Beleuchtung, entstehen können, sicher ausgeschlossen werden.

Das Vermeiden anderer Zündquellen, wie z. B. Rauchen oder offenes Feuer, gehört in den Bereich des betrieblichen Brandschutzes.

8 Ausbreitung von Feuer und Rauch

Die Ausbreitung eines Brandes kann, den physikalischen Gesetzen entsprechend, auf die verschiedenste Weise erfolgen. Der Begriff »Ausbreitung« ist nicht genau umrissen.

Von der Zündquelle und dem unmittelbar zuerst von der Entzündung ergriffenen Gegenstand oder Bauteil ausgehend, ist jedes Fortschreiten eines Brandes bereits eine Ausbreitung. Diese im Inneren ein und desselben Raumes stattfindende Ausbreitung soll und kann durch bauliche Vorkehrungen in der Regel nicht verhindert werden. Der Ausbreitung innerhalb eines Raumes kommt jedoch dann große Bedeutung zu, wenn der Raum sehr groß ist, beispielsweise ein Bürogroßraum, ein Verkaufsraum, ein Zuschauerraum, eine Fabrik- oder Lagerhalle.

Die zweite Phase der Ausbreitung ist das Übergreifen eines Brandes durch ein raumabschließendes Bauteil wie Wand, Decke oder Außenwand – insbesondere durch Öffnungen – auf einen benachbarten Raum oder ein anderes Geschoss, jedoch noch innerhalb desselben Brandabschnittes.

Die dritte Phase der Ausbreitung wäre folglich ein Übergreifen eines Brandes von einem Brandabschnitt auf den anderen und viertens und letztlich der Fall, dass der Brand auf Nachbargebäude übertragen wird.

Allen oben genannten Möglichkeiten der Brandausbreitung kann durch Art und Anordnung der Bauteile und auf andere Weise vorgebeugt werden, wie im Folgenden ausgeführt werden soll.

Die Entzündung eines brennbaren Stoffes beruht auf seiner Erwärmung bis zu der dem Stoff eigenen – spezifischen – Zündtemperatur. Diese schwankt im Bereich der Baustoffe um 300 °C. Die Ausbreitung eines Brandes beruht daher auf der Übertragung der von der Zündquelle oder schon brennenden Stoffen erzeugten Wärme auf das noch nicht vom Brand erfasste Brandgut. Die Wärmeübertragung erfolgt auf dreierlei Art, wobei in der Regel alle drei Möglichkeiten anteilig und wechselseitig wirksam werden.

8.1 Wärmeleitung

Unter Wärmeleitung versteht man die Fortleitung (Strömung) der Wärme in festen Körpern. Die Moleküle stehen in einem festen Verband und erhöhen – bildlich gesprochen – ihre Schwingungsamplitude und »stoßen am Nachbarmolekül an«, wodurch die Energie übertragen wird. In Abhängigkeit vom chemischen Aufbau und physikalischen Zustand gibt es Stoffe, die die Wärme gut leiten und andere, die der Wärmeströmung einen mehr oder minder großen Widerstand entgegensetzen. Die Fähigkeit der Wärmeleitung ist gut vergleichbar mit der elektrischen Leitfähigkeit.

Am besten leiten die Metalle die Wärme, dann folgen die nichtmetallischen Elemente und die Verbindungen, dann die Wärmedämmstoffe. Die schlechtesten Wärmeleiter sind die Gase. Ein Vergleich der Wärmeleitzahlen: Stahl 40, Beton um 1, Wärmedämmstoffe um 0,1, ruhende Luft 0,02 [W/mK].

Da wir es beim üblichen Brandgeschehen mit der Verbrennung organischer Stoffe zu tun haben, die schlechte Wärmeleiter sind, und auch die überwiegende Menge der Baustoffe schlechte Wärmeleiter sind, spielt die Wärmeleitung bei der Betrachtung der Brandausbreitung eine untergeordnete Rolle. Sie ist allerdings das wesentliche Kriterium bei der Ofenprüfung nach DIN 4102-2. Die Norm trägt der Wärmeleitung dahingehend Rechnung, dass die Temperatur eines Prüfobjektes (Wand, Tür etc.) an der dem Feuer abgekehrten Seite während der Prüfung an keiner Stelle mehr als 180 K, im Mittel nicht mehr als 140 K über der Ausgangstemperatur liegen darf. Da alle festen organischen Stoffe eine Zündtemperatur von etwa 300 bis 350 °C haben, wird also ein brennbarer Stoff, auch wenn er die dem Feuer abgekehrte Seite eines raumabschließenden Bauteils mit Feuerwiderstand unmittelbar berührt, während der Feuerwiderstandsdauer nicht entzündet. Eine Ausnahme bildet der Stahl und in ganz geringem Maße das Kupfer elektrischer Leitungen.

Bei Stahlträgern und Rohrleitungen, die durch Wände oder Decken geführt werden, wäre es denkbar, dass durch reine Wärmeleitung eine Brandübertragung erfolgen könnte. In der Regel spielt jedoch der zwischen Rohrleitung und Deckenmaterial verbleibende Luftspalt eine wesentlich größere Rolle bei der Brandübertragung an solchen Stellen. Dies ist nur scheinbar ein Widerspruch, da zwar die Luft in diesem Spalt die Wärme schlechter leitet als das Metall, jedoch sofort eine Wärmeübertragung durch Konvektion einsetzt.

8.2 Wärmemitführung (Konvektion) und Rauchausbreitung

In zunächst ruhender Luft erhöht ein warmer Körper die Temperatur der ihn unmittelbar umgebenden Luft. Diese erwärmte Luft dehnt sich aus, bekommt eine geringere Dichte als die übrige Raumluft und steigt auf. Das aufsteigende Volumen wird durch nachströmende kältere Luft ersetzt. Es entsteht eine Strömung. In der strömenden Luft »fährt« die darin enthaltene Wärmeenergie »mit« und wird an andere Stellen des Raumes transportiert. Dort wird die Wärme wiederum an kältere Gegenstände abgegeben, die sich dadurch erwärmen. Der Vorgang ist von jedem Heizkörper her bekannt.

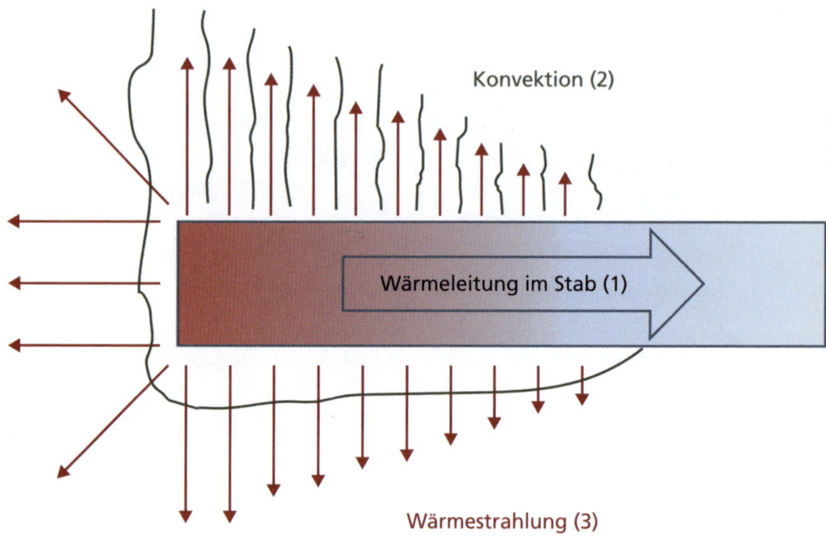

Bild 29: ***Darstellung der drei Arten des Wärmeüberganges am Beispiel eines am Ende glühenden Stabes***

Ungleich intensiver läuft er bei einem Brand ab, wo die Brandgase, der Rauch, durch die Verbrennung bis Flammentemperatur annehmen und durch die rasche Expansion auch einen wesentlich stärkeren Auftrieb und Überdruck erhalten. Die von einem brennenden Gegenstand ausgehenden Brandgase sind daher ohne Weiteres in der Lage, organische Gegenstände im Raum zunächst pyrolytisch aufzubereiten und dann zu zünden, wenn ihre Temperatur über 300 °C liegt. Durch die Verbrennung entsteht zum einen eine chemische Volumenvergrößerung (1 kg fester Brennstoff entwickelt bis zu 3.000 m^3 Rauchgas), zum andern eine Volumenvergrößerung durch die Temperaturerhöhung. Dadurch entsteht in einem Brandraum Überdruck. Der Brandrauch folgt den Gasgesetzen und dringt durch alle Öffnungen in den raumabschließenden Bauteilen in Abhängigkeit von Druckdifferenz und Querschnitt der Öffnungen.

Es kann daraus die logische Folgerung für den vorbeugenden Schutz gegen die Ausbreitung von Feuer und Rauch durch Konvektion[6] abgeleitet werden:

- Die Brandgase mit ihrem Wärmeinhalt müssen so rasch wie möglich und auf kürzestem Wege durch Öffnungen ins Freie abgeführt werden, bevor sie ihre Energie wieder an andere brennbare Stoffe oder an Bauteile abgeben können. Vor allem soll verhindert werden, dass alle brennbaren Stoffe im Brandraum gleichzeitig ihre Zündtemperatur erreichen (Rauchgasdurchzündung oder Flash-over).
- Öffnungen zu anderen Räumen bewirken wegen des Überdrucks im Brandraum ein Austreten der Brandgase und damit ein Übergreifen des Brandes durch diese Öffnungen; die Öffnungen müssen deshalb entsprechend verschlossen werden.

Dabei ist eine Wechselwirkung zwischen Öffnungen ins Freie und Öffnungen zu anderen Räumen festzustellen: Je größer die Öffnung ins Freie ist und je früher sie freigegeben wird, desto geringer ist die Gefahr der Brandausbreitung durch Wärmemitführung auf andere Räume, die mit dem Brandraum durch Öffnungen verbunden sind.

Verbindungsöffnungen zwischen Räumen stellen insbesondere im oberen Raumdrittel und in der Decke ein hohes Brandübertragungsrisiko dar. In einer Tür- oder Fensteröffnung stellt sich eine Strömung ein. Die heißen Brandgase strömen aus dem Brandraum oben ab, während im unteren Türbereich kalte Frischluft in den Brandraum nachströmt. Das Nachströmen von Frischluft bewirkt zwar eine intensivere Verbrennung und damit örtlich Temperaturspitzen, doch wird die Raumtemperatur insgesamt gesenkt und die Brandbekämpfung erleichtert. Vor allem wird eine Durchzündung verhindert oder erfolgt zumindest wesentlich später.

Auch wenn es durch die Konvektion nicht immer direkt zur unmittelbaren Brandausbreitung kommt, so bewirkt sie doch jedenfalls eine Ausbreitung des Brandschadens. Die thermische Strömung führt Ruß und andere Schadstoffe (HCl, SO_2) mit sich und schwärzt Wände und Decken, lässt Kunststoffgegenstände (Thermoplaste) weich werden, zerstört Elektroinstallation, Beleuchtungskörper, Farbanstriche und gelagerte Güter, auch wenn es in den Räumen nicht offen brennt. Allein Brandgeruch lässt Lebensmittel oder Textilien schon unbrauchbar werden. Die Ausbreitung des Brandrauches durch die Konvektion stellt daher die größte Ausbreitungsgefahr eines Brandes dar. Dies gilt nicht nur für den zu erwartenden

6 Lat. convehi = mitfahren, mitgeführt werden

Schaden am Gebäude und an seiner Einrichtung, sondern die Ausbreitung des heißen Brandrauches bildet auch die größte Gefahr für die Personen im Gebäude. Personen, die durch einen Brand zu Schaden kommen, erleiden in den allermeisten Fällen zunächst eine Rauchgasvergiftung oder werden durch den Brandrauch zu Panikhandlungen getrieben. Das Gefährliche am Brandrauch ist die Geschwindigkeit, mit der er sich in einem Gebäude ausbreiten kann. Während das Feuer doch Stunden braucht, bis es sich durch die raumabschließenden Bauteile mit Feuerwiderstand hindurch frisst, können sich die Rauchgase, wenn sie ungeschützte Öffnungen finden, in Minuten – bis zu 10 m/s – durch ein ganzes Gebäude verbreiten, den Menschen die Rettungswege versperren, der Feuerwehr die Rettung und den Löschangriff verzögern und erschweren und den Brandschaden im Gebäude weit über den eigentlichen Brandraum hinaustragen.

Durch den Auftrieb der Brandgase und den Wind wird der Schaden auch in der Umgebung, d. h. in der Umwelt verbreitet. Dies könnte zu dem falschen Schluss führen, dass es besser wäre, das Abströmen des Brandrauchs zu verhindern, was aber bedeutet, dass die Brandbekämpfung beträchtlich erschwert und verzögert wird, und dadurch insgesamt mehr Rauch entsteht, der letztlich doch irgendwann ins Freie abströmen muss, da er nicht anderweitig »entsorgt« werden kann.

8.3 Wärmestrahlung

Die Wärmestrahlung ist die Übertragung der Wärmeenergie durch elektromagnetische Wellen. Sie erfolgt im Bereich unterhalb des sichtbaren Lichtes (infrarot). Haben warme Körper und Brandgase eine Temperatur über 550 °C, so wird ein Anteil der Wärmestrahlung für unser Auge in Form von Glut und Flammen sichtbar.

Die Strahlung ist proportional der 4. Potenz der absoluten Temperatur, d. h. der Strahlungsanteil steigt mit zunehmender Temperatur steil an. Insbesondere Flammen geben einen großen Teil ihrer Energie in Form von Strahlung ab.

Die Strahlung ist an kein Medium gebunden, durch Gase und Schwebstoffteilchen (Rauch und Ruß) wird sie geschwächt und absorbiert – wobei natürlich dieser Wärmeanteil wieder auf das Rauchgas übergeht. Die Strahlung verhält sich genau wie das Licht, d. h. sie breitet sich geradlinig aus, im Schatten liegende Bereiche werden nicht getroffen. Von festen Stoffen wird die Strahlung absorbiert, die Strahlungsenergie geht unmittelbar wieder in Wärme über. Daraus folgt für den Vorbeugenden Brandschutz, dass jeder feste Körper, der nicht durchsichtig ist, gegen die Brandausbreitung durch Strahlung schützen kann (Beispiel Ofenschirm).

Lichtdurchlässige Baustoffe, wie gewöhnliche Gläser, können daher keine Feuerwiderstandsdauer haben, da die Wärmestrahlung – wie das Licht – durch sie hindurchgeht. Auch wenn das Glas seinen Zusammenhang und damit seine raumabschließende Wirkung behält, wie die G-Verglasungen nach DIN 4102-13, so wird dennoch auf der dem Feuer abgekehrten Seite Brandgut durch Wärmestrahlung entzündet und die Brandausbreitung erfolgt durch das verglaste Bauteil hindurch. Glas ohne Feuerwiderstand darf also in raumabschließenden Bauteilen nicht verwendet werden, wenn beiderseits der Trennung Räume mit Brandlast liegen. Man nennt daher auch Fenster in der Gebäudeaußenwand »ungeschützte Öffnungen«.

Je nach den Verhältnissen in einem Brandraum läuft ein Brand verschieden intensiv ab. Davon wiederum hängt ab, welcher Anteil an Leitung, Konvektion oder Strahlung überwiegt. Brennt es in einem Raum wegen mangelnder Ventilation sehr langsam (Schwelbrand), so erfolgt die Erwärmung der Einrichtung und Bauteile nur durch Konvektion und Leitung. Die Strahlung spielt kaum eine Rolle, da die Temperaturen insgesamt niedrig sind. Brennt ein Feuer offen, so haben die Flammen eine sehr hohe Temperatur und der Anteil der Strahlung ist der Hauptfaktor der Wärmeübertragung auf noch nicht brennende Gegenstände oder Bauteile. Bei Auftreten von Flammen und Rauch, wie meist der Fall, wird ein Strahlungsanteil vom Rauch absorbiert, wodurch dessen Temperatur und die Konvektion erhöht werden.

Außer den geschilderten Arten der Wärmeübertragung breiten sich Brände in der Praxis noch auf andere Weise aus:

- Wenn Rauch, Brandgase und die Thermik über einer Brandstelle, oder auch der Wind, glühende Teile mitreißen, so spricht man von Funkenflug oder Flugfeuer.
- Lösen sich brennende Bauteile aus der Befestigung und fallen herab oder tropfen thermoplastische Kunststoffe, Teer, Zinn oder Aluminium brennend oder glühend ab, so erfolgt eine – an sich untypische – Brandausbreitung von oben nach unten (▶ Bild 30).
- Brennbare Flüssigkeiten können im Verlauf des Brandgeschehens auseinanderlaufen oder -spritzen oder durch Wasserdampfbildung aus dem Gefäß geschleudert werden (»Fettexplosion«), was zu gefährlich raschen Brandausbreitungen führt.
- Brennbare Gase, Dämpfe und Stäube können Stichflammen bilden, verpuffen oder explodieren, was die intensivste Form der Brandausbreitung darstellt. Solche brennbaren Gase können bei unvollständiger Verbrennung und bei Schwelbränden entstehen, z. B. das Kohlenstoffmonoxid.

Aufgabe des Vorbeugenden Brandschutzes ist es, der Brandausbreitung in jeder Form vorzubeugen. Ein in Brand geratener Gegenstand soll keine weiteren Gegenstände entzünden, ein Brand soll den Raum der Entstehung nicht verlassen, er muss spätestens am Brandabschnitt zum Stehen kommen. Jedes raumabschließende Bauteil setzt der Ausbreitung einen gewissen, zeitlich begrenzten Widerstand entgegen und bildet einen Rauchabschnitt, Brandbekämpfungsabschnitt oder Brandabschnitt. Dass ein Brand nicht durch ungeschützte Bauteile und Öffnungen in Außenwänden und Dächern von einem Gebäude auf ein anderes übertragen wird,

Bild 30: ***Brandausbreitung von oben nach unten durch brennendes Abtropfen der Balkonverkleidung***

kann durch das Einhalten genügend großer Abstände vor solchen Bauteilen und Öffnungen bewirkt werden.

8.4 Brandparallelerscheinung Rauch

Vor der eigentlichen Verbrennung eines Brennstoffes, d. h. eines Kohlenwasserstoffes, wird dieser durch die Zündquelle oder den Fortgang der Verbrennung des benachbarten Brandgutes chemisch aufbereitet. Dieser Vorgang heißt Pyrolyse. Dabei verbrennt zunächst der Wasserstoff mit dem Sauerstoff der Luft zu Wasserdampf, dann der Kohlenstoff zu Kohlendioxid (bei unvollständiger Verbrennung zu Kohlenstoffmonoxid).

Diese Brandparallelerscheinung zum Feuer, der Rauch, ist ein Gemisch aus Pyrolyseprodukten (unverbrannte Schwelgase), Verbrennungsprodukten, Stickstoff und unverbrauchtem Sauerstoff. Rauch ist also giftig, unter Umständen zündfähig, was sich in Stichflammen oder Verpuffungen äußern kann, und verdrängt oder verdünnt den zum Atmen erforderlichen Sauerstoff. Giftig ist insbesondere das Kohlenstoffmonoxid (CO), das bei jedem Schadenfeuer im einstelligen Prozentbereich entsteht. Je nach den Randbedingungen der Verbrennung und der Brennstoffzusammensetzung entsteht heller oder schwarzer, dünner oder dichter, mehr oder weniger toxischer Brandrauch, der CO, CO_2, Ruß, Wasserdampf, HCL und eine Vielzahl organischer Verbindungen enthält. Brandrauch ist im Grundsatz gasförmig und führt flüssige Anteile (Dämpfe, Aerosole) und feste Partikel (Ruß, Asche) mit.

Der Übergang zwischen Rauch und Feuer ist fließend. Rauch mit einer Temperatur bis etwa 200 °C (Prüftemperatur der Rauchschutztür nach DIN 18095) kann man als »kalten Rauch« bezeichnen, Rauch mit höherer Temperatur, etwa ab 700 °C erkennen wir optisch als Flammen.

Die Ausbreitung des Brandrauches stellt für den Menschen die weitaus größte Gefahr dar. Bei unserer Bausubstanz sind Brandverletzte und -tote fast durchweg Opfer des Brandrauches. Auch offensichtlich verbrannte Personen sind vorher meist durch den Rauch bewusstlos geworden oder waren schon tot, bevor sie dem eigentlichen Feuer ausgesetzt waren. Relativ geringe Rauchgasmengen genügen, um Menschen schwer zu schädigen.

Große Rauchgasmengen entstehen bei der Verbrennung von Stoffen mit hohem Kohlenstoffanteil wie Teer oder Gummi oder auch brennbaren Dämmstoffen. Besonders gefährliche Rauchgase entstehen auch, wenn den Kunststoffen Chemikalien zugemischt werden, die eine träge Verbrennung bewirken sollen, um den Kunststoff schwerentflammbar zu machen.

8.5 Rauch- und Wärmeabführung

Die beste Methode, eine Ausbreitung von Feuer und Rauch zu verhindern – wie es die MBO in § 14 fordert –, ist die Abführung des Brandrauches ins Freie. »Rauchabführung« heißt aber noch nicht »Rauchfreihaltung«.

Rauchabführung und Frischluftzufuhr – Entrauchung, Ventilation – sind daher vordringliche Maßnahmen des Vorbeugenden Brandschutzes. Ein ventilierter und somit brandlastgesteuerter Brand ist ungefährlicher als ein unterventilierter Brand (mit Sauerstoffmangel) mit starker Rauchentwicklung. Die Flucht von Personen wird erleichtert. Rettung und Brandbekämpfung können bei offenem Feuer rascher und gezielter erfolgen, als wenn die Feuerwehr unter Atemschutz Personen und den Brandherd im verqualmten Gebäude erst suchen muss. Jeder Kubikmeter Rauch, der ins Freie abströmt, kann seinen gefährlichen Stoff- und Energieinhalt nicht mehr im Gebäude ausbreiten, insbesondere nicht in den Rettungswegen. Es bestehen zwei grundsätzliche Möglichkeiten der Entrauchung:

- ein natürlicher Rauchabzug über Öffnungen an oberster Stelle in den Gebäudeaußenwänden oder im Dach, bewirkt durch Thermik und Überdruck, oder
- eine maschinelle Rauchabführung durch Rauchgasventilatoren, gegebenenfalls über Entrauchungskanäle und Schächte.

Wesentlich ist in beiden Fällen, dass ausreichend Zuluft nachströmen kann, da sich sonst keine Abströmung bilden kann.

Zu Maßnahmen der Rauchfreihaltung finden sich Angaben in der Muster-Hochhausrichtlinie (Sicherheitstreppenraum, Überdrucklüftung). Eine Präzisierung der Forderung der MBO hinsichtlich des Schutzziels »Anforderungen an die Rauchableitung« hat die Fachkommission »Bauaufsicht« in einem Positionspapier vorgenommen (▶ Anhang A1).

8.5.1 Öffnungen zur Rauchableitung

Die einfachste und in den meisten Räumen über Erdgleiche ohnehin vorhandene Rauchabzugseinrichtung sind die Fenster. Werden diese nicht von Hand geöffnet, so springen die Scheiben durch die Brandwärme und der Rauch kann ins Freie abströmen. Moderne Isolierverglasungen halten allerdings der Brandbelastung lange stand. Leider bestehen für den Rauchabzug nur wenige konkrete materielle Vorschriften. Für Rettungswege finden wir in § 35 MBO zunächst die Forderung, dass Treppenräume in jedem oberirdischen Geschoss unmittelbar ins Freie führende Fenster mit einem freien Querschnitt von mindestens 0,50 m^2 haben, die geöffnet werden können. Innenliegende Treppenräume und notwendige Treppenräume in Gebäuden mit einer Höhe von mehr als 13 m müssen an der obersten Stelle eine Öffnung zur Rauchableitung mit einem freien Querschnitt von mindestens 1 m^2 erhalten, die vom Erdgeschoss sowie vom obersten Treppenabsatz aus geöffnet werden kann. Notwendige Treppenräume müssen so angeordnet und ausgebildet sein, dass die Nutzung der notwendigen Treppen im Brandfall ausreichend lang möglich ist. Dies ist eigentlich eine noch weitergehende, wenn auch nicht konkretisierte Anforderung, denn sie zielt nicht auf die Entrauchung, sondern auf eine Rauchfreihaltung. Die Idealforderung wird an den Sicherheitstreppenraum gestellt: ein sicher erreichbarer Treppenraum, in den Feuer und Rauch nicht eindringen können. Die Abführung von Brandrauch aus Rettungswegen ist ohnehin ein Kurieren am Symptom. Ein innenliegender Treppenraum mit einer Rauchabzugsöffnung an oberster Stelle ist bei einem Brand in einem unteren Geschoss oder im Keller ein »rauchgefüllter Kamin«.

Die Auslösung der Öffnungen für die Rauchableitung, d. h. das Öffnen des freien Querschnitts kann auf verschiedene Weise erfolgen: Manuell durch Personen oder automatisch durch Rauchschalter. Zur Auslösung sollen gelbe bzw. orange, keine roten Druckknopfmelder-Gehäuse verwendet werden, da letztere sonst mit Hand-Feuermeldern verwechselt werden. Die Auslösestellen sind deutlich mit »Rauchabzug« nach DIN 4066 zu kennzeichnen. Die Übertragung von der Auslösestelle zur Öffnung kann mechanisch, elektrisch, pneumatisch oder hydraulisch geschehen.

Stand der Technik sind Elektromotoren mit Schraubspindel. Dabei ist ein Beschlag zu wählen, der tatsächlich die geforderte Rauchabzugsfläche freigibt. Häufig ist die Öffnung zwar ausreichend groß, aber es wird nur ein schmaler Spalt geöffnet. Die Auslösung muss auch bei Wärmeeinwirkung auf die Einrichtung sicher funktionieren. Insbesondere bei elektrischen Leitungen, deren Isolierung ab etwa 120 °C versagt, ist auf Funktionserhalt zu achten. Dieser wird in der Regel dadurch erreicht, dass die Leitungen unter Putz verlegt werden. Auf geschützte Leitungsverlegung kann in Treppenräumen verzichtet werden, wenn die Auslösung automatisch über einen Rauchmelder in unmittelbarer Nähe der Abzugsöffnung erfolgt. Dann kann man davon ausgehen, dass der Rauchmelder lange vor einer Schädigung der Einrichtung durch Brandwärme anspricht und den Abzug öffnet.

Die »oberste Stelle« kann so definiert werden: 50 Prozent der erforderlichen Fläche müssen 2 m über dem Fußboden des obersten Geschosses liegen, in dem Aufenthaltsräume möglich sind. Dabei muss nicht unterschieden werden, ob die

Öffnung zur Rauchableitung in der Decke oder in der Wand liegt. Folgende materiellen Vorschriften über Öffnungen zur Rauchableitung finden sich in der MBO:

- § 35 Abs. 8: Notwendige Treppenräume müssen in jedem oberirdischen Geschoss unmittelbar ins Freie führende Fenster mit einem freien Querschnitt von mindestens 0,50 m² haben, die geöffnet werden können, oder an der obersten Stelle eine Öffnung zur Rauchableitung haben.
- § 37 Abs. 4: Jedes Kellergeschoss ohne Fenster muss mindestens eine Öffnung ins Freie haben, um eine Rauchableitung zu ermöglichen.
- § 39 Abs. 3: Fahrschächte von Aufzügen müssen eine Öffnung von 2,5 % der Grundfläche, mindestens 0,1 m² haben.
- § 47 Abs. 2: Aufenthaltsräume müssen Fenster mit mindestens 1/8 der Grundfläche haben. (Fenster können im Allgemeinen geöffnet werden, als Fenster gelten aber auch Festverglasungen. Daraus ergibt sich, dass die Forderung nach Fenstern keine Öffnungen für die Rauchableitungen, sondern lediglich Maßnahmen zur Belichtung darstellen),
- § 51: In Sonderbauten können sich Anforderungen insbesondere erstrecken auf [...] 11. die Lüftung und Rauchableitung.

Die Öffnungen sind geometrisch zu bemessen.

In den ergänzenden Sonderbauverordnungen und in der Industriebaurichtlinie finden sich weitere Anforderungen an die Entrauchung mit konkreten Angaben über die technische Ausführung.

Von Öffnungen zur Rauchableitung sind Rauch- und Wärmeabzugsanlagen (RWA) zu unterscheiden. Diese kommen nur im Geltungsbereich des § 51 MBO oder zur Kompensation von Abweichungen zur Anwendung. Sie sind nach DIN 18232-2 (Natürliche Rauchabzugsanlagen – NRA) zu bemessen und auszuführen. Dort werden in Abhängigkeit von der Höhe des Raumes und der angestrebten Höhe der raucharmen Schicht tabellarisch Öffnungsflächen genannt. Diese Regel der Technik ist für erdgeschossige Gebäude anwendbar, bzw. für das oberste Geschoss mehrgeschossiger Gebäude, bei dem die Decke zugleich das Dach ist. Die Anlage arbeitet nach dem Prinzip, dass für den von der Brandausbruchsstelle durch seine Thermik aufsteigenden Brandrauch automatisch eine genügend große Öffnung ins Freie hergestellt wird, sodass dieser ungehindert abziehen kann, anstatt sich unter der Hallendecke horizontal auszubreiten und von oben her den Raum zu füllen (▶ Bild 31). Die Öffnungsfläche ist hier aerodynamisch zu berechnen. Durch Zuluftöffnungen in Fußbodennähe soll Frischluft nachströmen und das abströmende Gasvolumen ersetzen. Fehlt die Zuluft, entsteht keine Strömung. Schürzen unter der Decke oder Dachsheds können dazu beitragen, eine waagrechte Ausbreitung des Rauches zu verringern und über dem Brandherd eine nach oben gerichtete Strömung herzustellen. Das Ziel ist eine raucharme Schicht von mindestens 2,50 m über dem Fußboden.

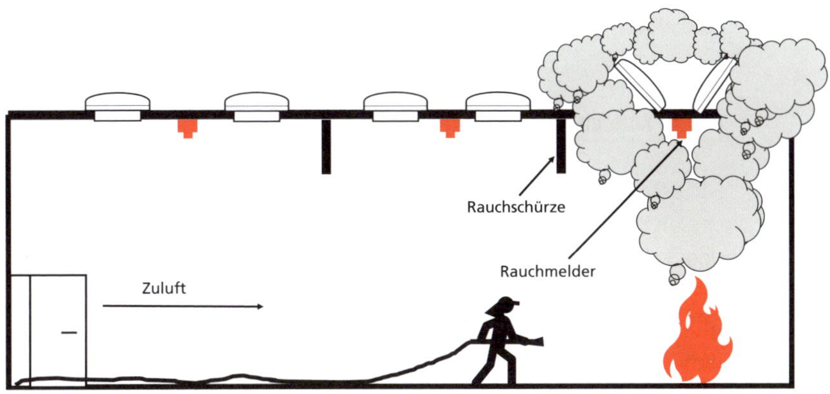

Bild 31: ***Schema einer »Rauch und Wärmeabzugsanlage« (RWA). Der Rauch kann sich nicht horizontal ausbreiten, sondern wird aus dem durch Schürzen gebildeten Deckenfeld automatisch abgeführt.***

Dieses Verfahren bietet folgende Vorteile: Der Brand verläuft quasi im Freien. Der Brandrauch wird abgeführt, sodass der Brand rasch gefunden und ungehindert bekämpft werden kann. Die Rettungswege und Angriffswege bleiben rauchfrei; Fliehenden strömt Frischluft entgegen, die Feuerwehr geht möglichst mit der Frischluft vor. Die Konstruktion des Gebäudes wird nur in einem sehr begrenzten Bereich durch die Brandwärme beansprucht. Die Schäden durch Rauch, Ruß und aggressive Brandgase (Chlorwasserstoff) halten sich ebenfalls in diesem Rahmen. Die etwas erhöhte Wärmeübertragung durch Strahlung auf das benachbarte Brandgut wird gegenüber den genannten Vorteilen gern in Kauf genommen, zumal die Brandausbreitung in seitlicher Richtung ohnehin langsam erfolgt. Eine Durchzündung wird mit Sicherheit ausgeschlossen. Dies alles setzt zu seiner Wirksamkeit aber eine ausreichende Bemessung und Prüfung sowie eine regelmäßige Wartung der Anlage voraus.

Angaben über die Anordnung und Größe von Zuluftöffnungen finden sich in DIN 18232-2. Dort wird gefordert, dass nach dem Tabellenverfahren die Zuluftöffnungen mindestens so groß sein müssen wie das 1,5-fache der natürlichen Rauchabzugsöffnungen. Diese Forderung ist beispielsweise durch die Eingangstür im

Treppenraum eines Wohnhauses ohnehin gegeben: 1 m^2 Rauchabzugsfläche und 2 m^2 Öffnungsquerschnitt der Haustür. Wesentlich für eine während der Fluchtphase raucharm bleibende Schicht in den Rettungswegen ist die Geschosshöhe. Das vorhandene Speichervolumen für heißen Brandrauch unter der Decke bestimmt die Zeit, bis der Rauch so weit herabsinkt, dass keine Schicht mit atembarer Luft verbleibt.

8.5.2 Maschineller Rauchabzug

Für Bereiche, in denen sich ein natürlicher Rauchabzug nicht herstellen lässt oder dessen Wirksamkeit nicht zu erwarten ist, da Außenwände mit Öffnungen fehlen oder durch Sprinklerschutz und große Raumvolumina oder bei Schwelbränden die erforderliche Thermik für einen natürlichen Rauchabzug fehlt, bietet sich die Möglichkeit einer maschinellen Rauchabführung (MRA) an. Müssen fensterlose oder unter Erdgleiche und im Gebäudeinneren gelegene Räume entraucht werden, so kann dies nur maschinell geschehen.

Zur maschinellen Entrauchung sind Entrauchungsleitungen und Rauchabzugsgeräte notwendig. Die MVV TB nennt Bauarten zur Errichtung von Entrauchungsleitungen, an die Anforderungen (bzw. keine Anforderungen) an den Feuerwiderstand gestellt werden. Hinsichtlich der auftretenden Rauchgastemperaturen und der Zeit, in der die Anlage widerstandsfähig sein muss, finden sich Forderungen in der Muster-Leitungsanlagenrichtlinie (Funktionserhalt) und z. B. in der Verkaufsstätten- und Versammlungsstättenverordnung oder in der Industriebaurichtlinie.

In gesprinklerten Gebäuden ging man früher davon aus, dass die Temperatur 100 °C (Wasserdampf) nicht überschreitet, und lässt eine so genannte Kaltentrauchung mit Leitungen ohne Feuerwiderstand und Lüfter mit dieser Grenztemperatur zu. Bestimmte Fundstellen in den Sonderbau-Verordnungen fordern dazu geradezu auf: »[I]n Verkaufsstätten mit Sprinkleranlagen genügen […] Lüftungsanlagen, die im Brandfall so betrieben werden können, dass sie nur entlüften und die ermittelten Luftvolumenströme […] einschließlich der Zuluft erreicht werden, soweit es die Zweckbestimmung von Absperrvorrichtungen gegen Brandübertragung zulässt; in Leitungen zum Zweck der Entlüftung dürfen Absperrvorrichtungen nur thermische Auslöser haben«.

Wissenschaftliche Untersuchungen setzen die bei Sprinklerschutz entstehenden Temperaturen höher an. 200 °C würden der bereits genannten Definition »kalten« Rauches entsprechen.

Zur Bemessung maschineller Rauchabzüge kann die Norm DIN 18232-5 (Maschinelle Rauchabzugsanlagen – MRA) herangezogen werden. Hinsichtlich der Vergleichbarkeit einer natürlichen Öffnung und eines maschinellen Rauchabzuges sei auf die TGL 10685/09 (der ehemaligen DDR) verwiesen, die anstelle von 1 m^2 natürlichem Öffnungsquerschnitt 2 m^3/s Lüfterleistung forderte. Daraus ergeben sich hohe Luftwechselraten, die zwar sehr wirksam wären, aber im Allgemeinen nicht gefordert werden. Ab einem zehnfachen Luftwechsel kann man bei größeren Räumen erfahrungsgemäß von einem wirksamen Rauchabzug sprechen.

Bei maschineller Entrauchung soll die Strömungsgeschwindigkeit in den Zuluftöffnungen 3 m/s nicht überschreiten. Die Zuluftöffnungen müssen zugleich mit Anlaufen der Lüfter geöffnet sein, damit im Gebäude kein Unterdruck entsteht, der das Öffnen der in Fluchtrichtung aufschlagenden Türen erschwert oder verhindert.

Werden mechanische Rauchabzugsanlagen zur Kompensation von Abweichungen (z. B. Verlängerung von Rettungswegen) und mittels Methoden des ingenieurmäßigen Brandschutzes raucharme Schichten nachgewiesen, ist auf folgende Punkte zu achten:

- Die Eingangsparameter des Nachweises müssen zutreffen. So deckt z. B. eine hochenergetische Annahme keinen Entstehungsbrand ab.
- Um die Streubreiten der einzelnen Rechenmethoden zu berücksichtigen, sollten zwei unterschiedliche Nachweisverfahren angewendet werden.
- Beim Vorhandensein automatischer Löschanlagen ist deren Wirkung mit zu berücksichtigen.
- Die Toxizität des Brandrauchs ist bei raucharmen Schichten zu berücksichtigen.
- Die Sichtweite muss mindestens der zulässigen Rettungsweglänge entsprechen.
- Übliche Windbeeinträchtigungen sind mit zu berücksichtigen, dies bedeutet eine Abluftführung über Dach.

Rauchableitung und Wärmeabführung aus einem Brandraum sollte nicht verwechselt werden mit der Entrauchungsmöglichkeit von Rettungswegen oder gar der Rauchfreihaltung dieser. Kritisch wird dies vor allem, wenn suggeriert wird, dass ein Rettungsweg, meist der Treppenraum, sicher rauchfrei bleibt und daher auf einen zweiten Rettungsweg verzichtet werden kann. Dies ist nur gerechtfertigt, wenn die Rauchfreihaltung unter praxisgerechten Voraussetzungen auch gewährleistet ist, was bei einer Ausführung als Sicherheitstreppenraum analog der Hochhausrichtlinie angenommen werden kann. Wird hingegen nur eine Spüllüftung ohne Abluftöffnung aus dem Brandgeschoss vorgesehen, kommt es zum Raucheintrag in den

Treppenraum. Konzepte sehen auch vor, dass dabei nur eine Tür geöffnet sein darf. Dies widerspricht der Einsatzpraxis, da in der Phase der Eigen- und Fremdrettung regelmäßig gleichzeitig mehrere Türen geöffnet sind.

9 Brandabschnitte

9.1 Äußerer Brandabschnitt

Lange bevor man an die Eindämmung eines Brandes im Inneren des Gebäudes gedacht hat, war bereits der Schutz des Nachbarhauses Ziel der Bestimmungen alter Brandschutzordnungen. Die Stadtbrände des Mittelalters und der Neuzeit bis ins 19. Jahrhundert (z. B. Hamburg 1842) geben ein beredtes Zeugnis davon, dass dies häufig nicht gelang.

Das Übergreifen eines Feuers auf ein Nachbargrundstück kann auf verschiedene Weise verhindert werden und ist heutzutage bei Anwendung der Erkenntnisse des Vorbeugenden Brandschutzes ein Vorgang, den man sicher ausschließen kann. Dabei sind zwei Fälle denkbar:

- die Gebäude stehen in einem Abstand voneinander (offene Bauweise, ▶ Bild 32a),
- die Gebäude sind (an der Grundstücksgrenze) aneinander angebaut (geschlossene Bauweise, ▶ Bild 32b und ▶ Bild 33).

Grundsätzlich schreibt das Baurecht vor, dass vor den Außenwänden der Gebäude Abstandflächen liegen müssen, die von oberirdischen baulichen Anlagen freizuhalten sind (§ 6 MBO). Dies ist immer der Fall zur Straßenseite hin. Der moderne Verkehr erzwingt Straßenbreiten, die ein Mehrfaches der alten Gassen betragen.

Aus dem Maß dieser Abstandflächen, die primär dem Licht- und Sonneneinfall und der Belüftung dienen sollen, ergibt sich in der Regel auch ein ausreichender Brandschutz. Man geht davon aus, dass weder die Wärmeströmung noch die Wärmestrahlung über die Abstandfläche hinweg das gegenüberliegende Gebäude in Brand zu setzen vermögen, sofern es eine »harte Bedachung« hat. Das Baurecht erlaubt aber auch die Grenzbebauung, wenn an die seitlichen oder rückwärtigen Grundstücksgrenzen angebaut werden darf oder muss. Dann entfallen die Abstandflächen.

Es werden also an einem Gebäude, das nicht völlig freisteht, im Allgemeinen beide Fälle gleichzeitig auftreten.

Bild 32a: ***Beispiel einer offenen Bauweise. Eine Brandausbreitung wird durch die Gebäudeabstände erheblich verzögert.***

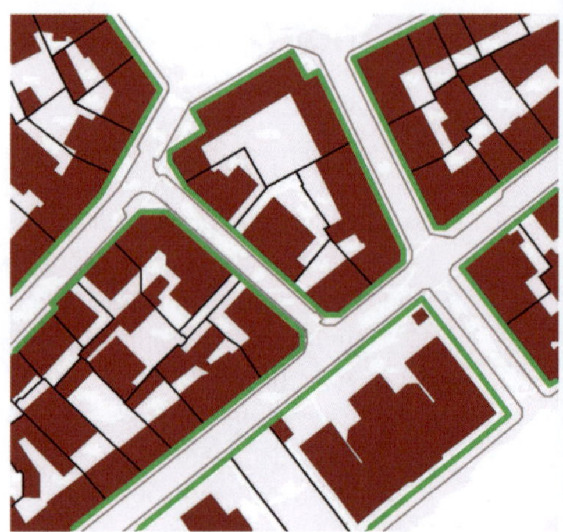

Bild 32b: ***Beispiel einer geschlossenen Bauweise. Eine Brandübertragung zwischen den Gebäuden wird durch Brandwände verhindert.***

Bild 33: ***Brand in einer eng bebauten Innenstadt (geschlossene Bauweise)***

Außenwände, vor denen Abstandflächen liegen, haben stets Öffnungen, Türen, Fenster, die man »ungeschützt« nennt. Die zulässigen Abstände der Außenwände von der Grundstücksgrenze sind in den Landesbauordnungen jeweils geregelt. Rücken die Außenwände eines Gebäudes näher oder ganz an die Grundstücksgrenze heran, so dürfen sie keine Öffnungen mehr haben und müssen als Brandwände ausgebildet sein (▶ Bild 34). Äußere Brandwände sind herzustellen, wenn die Abschlusswand eines Gebäudes gegenüber der Grundstücksgrenze einen kleineren Abstand als 2,5 m hat. Sinnvoll wäre diese Regelung auch zu anderen Gebäuden auf dem gleichen Grundstück, wenn diese zusammen die zulässige Brandabschnittsgröße überschreiten.

An einer äußeren Gebäudeabschlusswand muss ein Brand auch ohne das Eingreifen der Feuerwehr zum Stehen kommen. Dass dies funktioniert, hat der Zweite Weltkrieg gezeigt, wo häufig im Zuge von geschlossenen Häuserzeilen einzelne Gebäude restlos niedergebrannt sind, ohne dass die angrenzenden Häuser in Brand gerieten, obgleich wegen der Vielzahl der Brände ein Feuerwehreinsatz meist nicht stattfand oder sich auf die geringen Möglichkeiten der Selbstschutzkräfte beschränkte.

Voraussetzung dafür ist eine perfekte Ausbildung der Brandwände. Brandwände müssen feuerbeständig sein und aus nichtbrennbaren Baustoffen bestehen (§ 30 MBO). Sie dürfen bei einem Brand auch unter zusätzlicher mechanischer Beanspruchung – etwa durch herabstürzende Bauteile – ihre Standsicherheit nicht verlieren und müssen die Ausbreitung von Feuer auf andere Gebäude oder Gebäudeabschnitte verhindern (▶ Bild 35). Innere Brandwände müssen im Grundsatz in einer Ebene durchgehend sein. Öffnungen in äußeren Brandwänden sind unzulässig.

An Stelle von Brandwänden sind für Gebäude der Gebäudeklasse 4 Wände zulässig, die auch unter zusätzlicher mechanischer Beanspruchung hochfeuerhemmend sind. Für Gebäude der Gebäudeklassen 1 bis 3 müssen die Wände an Stelle von Brandwänden mindestens hochfeuerhemmend sein oder von innen nach außen die Feuerwiderstandsfähigkeit der tragenden und aussteifenden Teile des Gebäudes, mindestens jedoch feuerhemmende Bauteile haben, und von außen nach innen mindestens feuerbeständig sein.

Brandwände können auch fehlende Abstände von Lagerplätzen mit erhöhter Brandgefahr zu Gebäuden, zu Verkehrswegen oder zu Wäldern, Mooren und Heiden ersetzen.

Brandwände müssen an jeder Stelle die notwendige Dicke haben, dürfen also durch Schlitze oder Einbauten nicht geschwächt sein. Brennbare und tragende nichtbrennbare Bauteile dürfen durch Brandwände nicht hindurchgeführt werden.

Bild 34: ***Gefahr der Brandübertragung durch ungeschützte Öffnungen und zu geringen Abstand***

Brennbare Bauteile würden durchbrennen und Öffnungen schaffen, nichtbrennbare Bauteile (Stahlträger) würden die Wärme hindurchleiten oder die Wand mechanisch beschädigen.

Stahlträger und -stützen dürfen in Brandwände nur eingreifen, wenn sie feuerbeständig ummantelt sind und auch dann nur soweit, dass der verbleibende Brandwandquerschnitt feuerbeständig, dicht und standsicher bleibt, dass also Verformungen der Träger und Stützen nicht zum Einsturz der Brandwand führen.

Brandwände sind 30 cm über die Bedachung zu führen. An die Stelle der Überdachführung kann eine beidseitig mindestens 0,5 m auskragende, mindestens feuerbeständige Platte aus nichtbrennbaren Baustoffen treten, über die keine brennbaren Teile hinweggeführt werden dürfen. In Gebäuden der Gebäudeklasse

Bild 35: ***Brandausbreitung über Wände anstelle von Brandwänden zur Gebäudetrennung hinweg. Ursächlich hierfür waren überbrückende brennbare Baustoffe.***

1 bis 3 sind die Brandwände bzw. die Wände anstelle von Brandwänden mindestens bis unter die Dachhaut zu führen.

Bei Gebäuden mit weicher Bedachung ist die Brandwand immer über Dach zu führen. Dennoch wird es in einem solchen Fall durch Flugfeuer oder Strahlungswärme mit größter Wahrscheinlichkeit zur Brandübertragung kommen.

Müssen Gebäude oder Gebäudeteile, die über Eck zusammenstoßen, durch eine Brandwand getrennt werden, so muss der Abstand dieser Wand von der inneren Ecke mindestens 5 m betragen. Dies gilt nicht, wenn der Winkel der inneren Ecke mehr als 120 Grad beträgt oder mindestens eine Außenwand auf 5 m Länge als öffnungslose feuerbeständige Wand aus nichtbrennbaren Baustoffen, in Gebäuden der Gebäudeklassen 1 bis 4 als öffnungslose hochfeuerhemmende Wand ausgebildet ist (§ 30 Abs. 6 MBO). Sinn der Bestimmung ist, zu verhindern, dass durch ungeschützte Öffnungen eine Brandübertragung stattfinden kann. In Ausnahmefällen können notwendige Lichtöffnungen mit Brandschutzverglasungen (F bzw. EI) geschlossen werden.

Brandwände können auch fehlende Abstände von Lagerplätzen mit erhöhter Brandgefahr zu Gebäuden, zu Verkehrswegen oder zu Wäldern, Mooren und Heiden ersetzen. Als Beispiele seien hier Sägewerke, Altreifenlager oder Müllsortiereinrichtungen genannt, wenn Unterteilungen mit Freistreifen von 10 m nicht umsetzbar sind. In jedem Fall gilt der Grundsatz: ausreichender Abstand oder Brandwand.

Werden bei Treppenraumwänden »feuerbeständige Wände in der Bauart von Brandwänden« gefordert, so sind diese zwar technisch feuerbeständige Wände mit zusätzlicher mechanischer Beanspruchung, aber bauordnungsrechtlich keine Brandwände. Türen müssen in diesen Wänden nicht feuerbeständig sein und die Wände sind lediglich bis unter die Dachhaut zu führen oder an eine feuerwiderstandsfähige Decke anzuschließen. Die Feuerwiderstandsdauer muss der Feuerwiderstandsdauer der Decken des Gebäudes entsprechen.

9.1.1 Dächer

Dächer bilden den oberen Abschluss von Gebäuden. Sie bestehen aus dem Dachtragwerk, einer Schalung oder Lattung, Dämmschichten und der Dachhaut. Sie bilden über der Decke des obersten Geschosses einen Dachraum. Hohlräume zwischen der obersten Decke und dem Dach, in denen Aufenthaltsräume nicht möglich sind, gelten nicht als Geschosse (§ 2 Abs. 6 MBO). Häufig bildet auch das Dach zugleich den oberen Raumabschluss des obersten Geschosses ohne eigenen Dachraum. Flachdächer haben meist einen nicht begehbaren oder überhaupt keinen Dachraum.

Aus der Sicht des Vorbeugenden Brandschutzes werden an Dächer verschiedene Anforderungen gestellt: »Bedachungen müssen gegen eine Brandbeanspruchung von außen durch Flugfeuer und strahlende Wärme ausreichend lang widerstandsfähig sein« (§ 32 MBO), um eine Brandübertragung von außen auf das Gebäude und vom Dach ins Gebäudeinnere zu verhindern. Auch eine Brandausbreitung auf der Dachfläche darf nicht stattfinden. Dies kann durch die Verwendung von Baustoffen erreicht werden, die nach DIN 4102 Teil 7, als widerstandsfähig gegen Flugfeuer und strahlende Wärme geprüft sind. Eine solche Dachhaut heißt »harte Bedachung«.

Bei freistehenden Gebäuden geringer Höhe ist eine weiche Bedachung zulässig, wenn größere Abstände zu Nachbargebäuden eingehalten werden.

Auch in umgekehrter Richtung soll eine Brandausbreitung auf Nachbargebäude verhindert werden. Ungeschützte Öffnungen wie Glasdächer und Oberlichte, Dachvorsprünge, bei denen die brennbare Dachkonstruktion freiliegt, Gesimse, Aufbauten wie PV-Anlagen und Dachgauben aus brennbaren Baustoffen müssen von Brandwänden oder feuerbeständigen Haustrennwänden mindestens 1,25 m entfernt sein, sofern diese nicht über Dach geführt sind.

Bild 36: ***Das Glasdach vor den ungeschützten Fensteröffnungen in den aufgehenden Außenwänden bietet die unmittelbare Gefahr der Brandausbreitung auf mehrere Obergeschosse.***

Bei Dächern von Anbauten ist es zur Verhinderung der Brandausbreitung vom Anbau in das angrenzende Gebäude ergänzend zur harten Bedachung notwendig, dass bis zu einem Abstand von mindestens 5 m das jeweilige Dach des Anbaues ausreichend lang raumabschließend ist und die dieses Dach tragenden und aussteifenden Teile ausreichend lang standsicher sind.

Die Anforderungen werden nur von Dächern erfüllt, die für die Brandeinwirkung einseitig von innen nach außen für mindestens die Zeitdauer den Raumabschluss gewährleisten, für den auch die Decken der angrenzenden baulichen Anlage den Raumabschluss gewährleisten müssen. Ausgenommen hiervon sind Wohngebäude der Gebäudeklassen 1 bis 3.

9.2 Innerer Brandabschnitt

Auch im Inneren eines Gebäudes soll sich ein Brand nicht ungehindert ausbreiten können, sondern auf den Umfang seiner Entstehung, den Brandraum, mindestens jedoch auf den Brandabschnitt beschränkt bleiben, in dem er ausgebrochen ist. Das Baurecht fordert auch im Inneren ausgedehnter Gebäude die Errichtung von inneren Brandwänden zur Bildung von Brandabschnitten.

Die Musterbauordnung, die, wie ausgeführt, den Standardbau abschließend regelt, fordert innerhalb ausgedehnter Gebäude die Anordnung von Brandwänden in Abständen von höchstens 40 m, geht dabei aber von einer normalen Wohngebäudetiefe von 12 bis 15 m aus, sodass sich eine Brandabschnittsfläche von etwa 600 m^2 ergäbe, genauer gesagt, eine Brandabschnittsgrundfläche, die mit der Zahl der Geschosse zu multiplizieren wäre. Allgemein wird jedoch so verfahren, dass die 40 m in beiden Dimensionen gemessen werden, woraus sich eine Brandabschnittsgröße von 1 600 m^2 ergibt. Wenn dies auch nicht dem ursprünglichen Willen des Gesetzgebers entsprechen mag, scheint diese Fläche bei Zellenbauweise vertretbar. Ist der Brandabschnitt jedoch ein Raum ohne bauliche Unterteilung, wie im Industriebau die Regel, so ist darin ein wirksamer Löschangriff nur im Entstehungsstadium eines Brandes möglich.

Auch ist es eine Überlegung wert, warum das Bauordnungsrecht nur den Schutz des Gebäudes im Auge hat und zum Inhalt keinen Bezug nimmt. Warum macht man die zulässige Größe eines Brandabschnittes, die letztlich die Höhe des Sachschadens bestimmt, nur von der Nutzung des Gebäudes, gegebenenfalls noch von der Brandlast, niemals jedoch vom Wert seines Inhalts abhängig? Auch dies verdeutlich, dass der Gesetzgeber insbesondere den Schutz von Leben und Gesundheit der Personen in den Vordergrund stellt und der Schutz von Eigentum und Besitz nachrangig ist. Dem Eigentümer oder Besitzer von Sachwerten steht es ja frei, über die Anforderungen des Bauordnungsrechts hinausgehende Maßnahmen zu treffen. Für Sonderbauten ist die höchstzulässige Brandabschnittsfläche teilweise besonders geregelt. Auch ein Vergleich mit den folgenden grundsätzlichen Regelungen rechtfertigt die genannten 1 600 m^2.

Folgende Abschnittsflächen sind grundsätzlich zulässig:

- Werk- und Lagerräume in Verkaufsstätten ohne Sprinkleranlage (Brandbekämpfungsabschnitt) 500 m^2,
- Sonderbauten außer Verkaufsstätten und Standardbauten (Brandabschnitt) 1 600 m^2
- unterirdische Garagengeschosse (Brandabschnitt) 2 500 m^2,

- erdgeschossige Verkaufsstätten ohne Sprinkleranlage (Brandabschnitt) 3 000 m^2,
- oberirdische geschlossene Garagen (Brandabschnitt) 5 000 m^2,
- innerhalb von Verkaufsstätten mit Sprinkleranlage je Geschoss (Brandabschnitt) 5 000 m^2,
- in erdgeschossigen Verkaufsstätten mit Sprinkleranlage (Brandabschnitt) 10 000 m^2.

In gesprinklerten Verkaufsstätten können Brandwände durch Ladenstraßen ersetzt werden, wenn die Ladenstraßen 10 m breit und ohne Einbauten sind, nichtbrennbare Dächer und insbesondere einen ausreichenden Wärmeabzug haben. Man lässt eine innere »Brandschneise« (▶ Bild 37) zu, von der man annimmt, dass eine Brandübertragung durch Wärmestrahlung über diese Strecke nicht stattfindet und durch die Wärmeabführung eine Brandübertragung durch Konvektion ausreichend sicher verhindert wird, obwohl an die der Ladenstraße zugekehrten Wände keine Brandschutzanforderungen gestellt werden. Für die brandschutztechnische Behandlung der architektonisch gewünschten großen Glashallen wird hier eine interessante Lösung aufgezeigt.

Die obige Aufzählung ist unvollständig und wohl auch nicht für alle Bundesländer zutreffend, sie erlaubt aber einige generelle Aussagen: Brandabschnitte sind in Kellergeschossen jeweils kleiner als in oberirdischen Geschossen, am größten im Erdgeschoss. Dies ist eine sinnvolle Anwendung der Erfahrung, dass Selbstrettung, Fremdrettung und der Löschangriff in Kellergeschossen erschwert und im Erdgeschoss am einfachsten zu bewerkstelligen sind. Der Vergleich der zulässigen Größen mit dem aus der Nutzung erwachsenden Risiko ist jedoch nicht immer einleuchtend.

Zunächst war nur von der Brandabschnittsbildung durch feuerbeständige oder Brandwände die Rede, also von so genannten vertikalen Brandabschnitten durch Wände mit Feuerwiderstand. Die Bestimmung »je Geschoss« lässt aber schon erkennen, dass auch durch die Geschossdecken eine Art Brandabschnittsbildung erfolgt, die der besonderen Ausbreitungsrichtung eines Brandes »nach oben« entgegenwirken soll. Die MBO führt dazu aus, dass an Stelle übereinander angeordneter innerer Brandwände auch innere Brandwände versetzt angeordnet werden dürfen, wenn die Decken, die mit den Brandwänden in Verbindung stehen öffnungslos und feuerbeständig sind und die Außenwände in der Breite des Versatzes feuerbeständig sind und durch Öffnungen in den Außenwänden eine senkrechte Brandübertragung – über die Fassade – nicht zu befürchten ist. Dies erlaubt das »Verspringen« von Brandwänden, wobei nun im Gegensatz zur durchgehenden

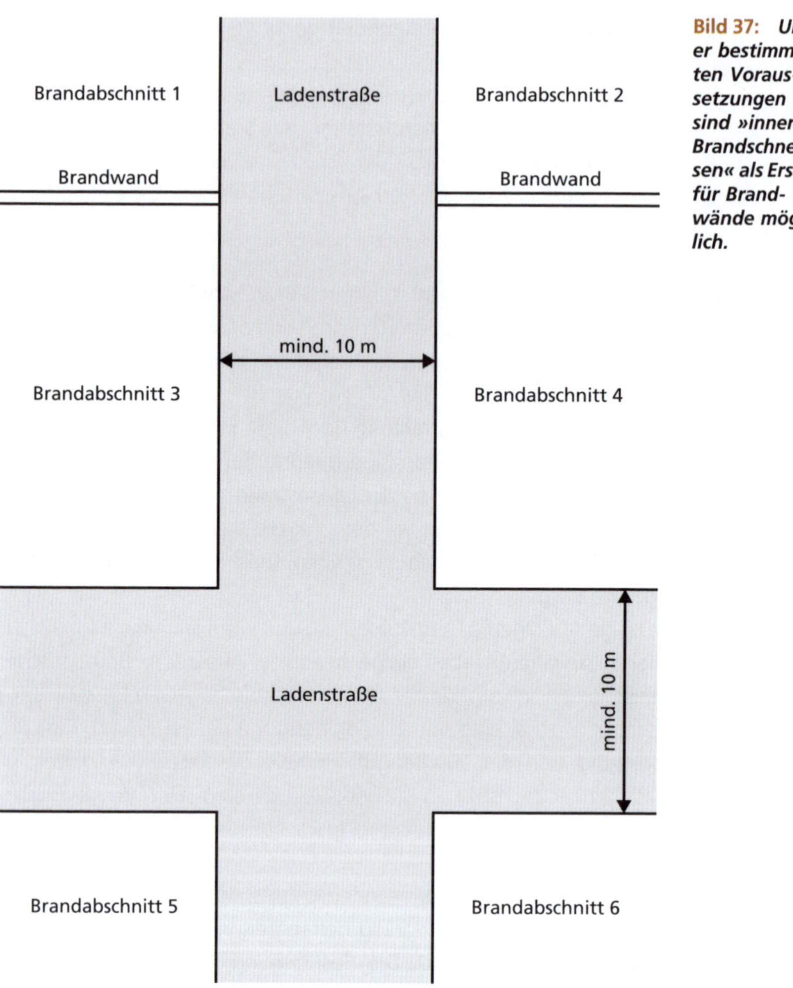

Bild 37: ***Unter bestimmten Voraussetzungen sind »innere Brandschneisen« als Ersatz für Brandwände möglich.***

Brandwand die Brandabschnitte im Versprung nur durch feuerbeständige Decken getrennt sind, die im Gegensatz zu Brandwänden keiner zusätzlichen mechanischen Belastung standhalten. Aus der Forderung, dass Decken von Gebäuden der Gebäudeklasse 5, Decken zwischen landwirtschaftlichen Betriebsräumen und Wohnungen oder Schlafräumen, Kellerdecken in Gebäuden der Gebäudeklasse 3 bis 5 sowie Decken über und unter Räumen mit erhöhter Brandgefahr in feuerbeständiger Bauart herzustellen sind, ergibt sich diese Art Brandabschnittsbildung ohnehin in den meisten Fällen.

Auch bei Sonderbauten finden wir die horizontale Brandabschnittsbildung durch die Forderung nach feuerbeständigen Decken (Versammlungsstättenverordnung, Verkaufsstättenverordnung, Beherbergungsstättenverordnung usw.) verwirklicht. Der Begriff des Brandabschnittes wird aber durch den »horizontalen Brandabschnitt« verwässert. Streng genommen kann ein echter Brandabschnitt nur durch eine ordnungsgemäße, in einer Ebene vom Fundament bis über Dach geführte Brandwand gebildet werden. Ein horizontaler Brandabschnitt ist lediglich eine feuerbeständige Geschosstrennung, die man allenfalls als »Brandbekämpfungsabschnitt« bezeichnen könnte. Eine feuerbeständige Decke ist im Brandfall nicht standsicher gegen zusätzliche mechanische Beanspruchung. Eine definierte »Branddecke« kennt die Normung nicht.

Leider ist die Nutzung eines Gebäudes bei Einhaltung der höchstzulässigen Brandabschnittsgröße häufig nur schwer oder gar nicht durchführbar; man stelle sich z. B. eine Bahnhofshalle oder das Abfertigungsgebäude eines Flughafens vor. Es gilt dann, Lösungen zu finden, die auch bei vergrößerten Brandabschnitten noch eine ausreichende Sicherheit gegen Brandausbreitung bieten.

Die alte Fassung der MBO ließ größere Abstände (als 40 m) zu, wenn die Nutzung des Gebäudes es erfordert und wenn keine Bedenken wegen des Brandschutzes bestehen; dieser Wortlaut ist in der neuen Fassung nicht mehr enthalten. Gleichwohl werden Überschreitungen der Brandwandabstände zugelassen, wenn keine Bedenken wegen des Brandschutzes bestehen. Solche Bedenken bestehen im Allgemeinen dann nicht, wenn das Gebäude mit einer Sprinkleranlage ausgestattet ist. Der Sprinklerschutz erlaubt bei einer vergleichbaren Brandlast in etwa eine Verdoppelung oder Verdreifachung der nach der jeweiligen Vorschrift zulässigen Brandabschnittsgröße.

Bedenken wegen des Brandschutzes, hinsichtlich größerer Brandabschnitte, bestehen auch dann nicht, wenn die Nutzung des Gebäudes brennbare Stoffe ausschließt und der Bau selbst aus nichtbrennbaren Baustoffen errichtet wird. Eine Lagerhalle aus Fertigbetonteilen mit nichtbrennbarem Dach, zur Aufnahme von nichtbrennbaren Kanalrohren beispielsweise, kann jedenfalls als unbedenklich gelten. Eine Nutzungsänderung wäre genehmigungspflichtig, wird allerdings in der Praxis zuweilen nicht als solche erkannt oder aus anderen Gründen der Bauaufsicht nicht zur Kenntnis gebracht, besonders dann nicht, wenn sie »schleichend« erfolgt.

Bleiben wir beim Beispiel der Röhrenlagerhalle: Nach und nach werden mehr und mehr Röhren nicht mehr aus Stahl, Ton oder Beton, sondern aus brennbaren Kunststoffen gefertigt und ersetzen den vorher nichtbrennbaren Inhalt der Halle. Selbst wenn letztlich in der Halle nur noch brennbares Lagergut vorhanden ist, kommen Bauherr und Bauaufsicht nicht immer auf den Gedanken, ein neues

Genehmigungsverfahren wegen Nutzungsänderung durchzuführen, da es sich immer noch um eine Lagerhalle für Röhren handelt. Die Bedenken, die ursprünglich wegen einer Überschreitung der Brandabschnittsgröße zu Recht nicht bestanden haben, sind jetzt sehr berechtigt, kommen aber möglicherweise nicht mehr zum Tragen.

Wenn man den Brandabschnitt nicht als Abstand der Brandwände ansieht, sondern als Summe der miteinander in Verbindung stehenden Flächen, so ergibt sich die Frage, auf wie viel Geschosse sich die Flächen eines Brandabschnittes verteilen dürfen.

In Verkaufsstätten dürfen sich 3 000 m^2 über drei Geschosse erstrecken, bei Sprinkleranlagen dürfen Brandabschnitte pro Geschoss 5 000 m^2 groß sein und es dürfen beliebig viele Geschosse bis zur Hochhausgrenze über Fahrtreppen in offener Verbindung stehen. Da im Allgemeinen eine lichte Raumhöhe von 3 m vorhanden ist und Verkaufsräume nicht über der Hochhausgrenze liegen dürfen, ergibt sich bei Sprinklerung eine maximal zulässige Brandabschnittsfläche von etwa 30 000 m^2, verteilt auf sechs Geschosse, die miteinander über Rolltreppen in offener Verbindung stehen dürfen.

Der Bereich mit den häufigsten Überschreitungen der zulässigen Brandabschnittsgröße ist der Industriebau. Es kommt daher nicht von ungefähr, dass dort 0,5 % der Brandfälle 50 % des Sachschadens bewirken.

9.2.1 Sprinkleranlage

Als automatische Löschanlage gehört die Sprinkleranlage sinngemäß in das Kapitel »Durchführung wirksamer Löscharbeiten«, wenngleich eine Anlage nicht dem Begriff Löscharbeiten entspricht. Sie soll aber an dieser Stelle besprochen werden, da sie am häufigsten zur Kompensation von Brandabschnittsüberschreitungen und anderen Abweichungen von baulichen Anforderungen eingebaut wird. Sprinkleranlagen sind selbsttätige Feuerlöschanlagen mit über die Räume verteilten, geschlossenen Sprühdüsen für das Löschmittel Wasser und dienen zur Bekämpfung von Entstehungsbränden. Sie werden durch die Brandwärme am Ort ausgelöst, indem diese den Verschluss der Düse – des Sprinklerkopfes – zerstört. Die Verschlüsse bestehen entweder aus Schmelzloten oder Glasfässchen und sind für verschiedene Auslösetemperaturen erhältlich. Die Auslösetemperatur ist so zu wählen, dass sie 50 K über der normalen Raumtemperatur liegt. Sie beträgt also in der Regel 68 bis 72 °C. Das austretende Löschwasser wird durch einen Prallteller gleichmäßig verteilt und hält auf einer vorherbestimmten Schutzfläche einen Brand zumindest unter Kontrolle oder löscht ihn ab. Für die technische Ausführung sind meist die »Richtlinien für Sprinkleranlagen« des Verbandes der Schadenversicherer (VdS) sowie DIN EN 12845 maßgebend. Es werden auch Anlagen nach Factory Mutual (FM) oder nach den Vorschriften der National Fire Protection Association (NFPA) gebaut und auch bauordnungsrechtlich anerkannt.

Sprinkleranlagen werden in der Regel »nass« ausgeführt, d. h. das Löschwasser steht unter Druck bis zum Sprinklerkopf. Für Außenbereiche, die nicht frostsicher sind, muss eine »trockene« Anlage eingebaut werden: das Rohrleitungssystem ist mit Druckluft gefüllt; löst ein Sprinkler aus, so kann die Luft entweichen und der Druckabfall lässt über ein Steuerventil das Löschwasser in die Leitung eintreten. Nun kann nicht ausgeschlossen werden, dass ein Sprinklerkopf durch ungewollte Einwirkung mechanisch beschädigt wird oder sich ein Sprinkler durch Druckstöße im Wasserleitungsnetz auslöst, oder dass Leitungen durchrosten. In Räumen mit hohen Sachwerten, die gegen Löschwasser empfindlich sind, wie es in Museen oder Bibliotheken der Fall ist, kann man dann eine vorgesteuerte Anlage (so genannte Preaction-Anlage) einbauen, die wie folgt arbeitet: Eine trockene Anlage wird in Zwei-Melder-Abhängigkeit vorgesteuert. Im Falle des Auftretens von Rauch und Brandgasen, jedoch weit unter der Ansprechtemperatur eines Sprinklerkopfes, wird durch den ersten automatischen Brandmelder ein Brandalarm ausgelöst. Ein Klein-

9

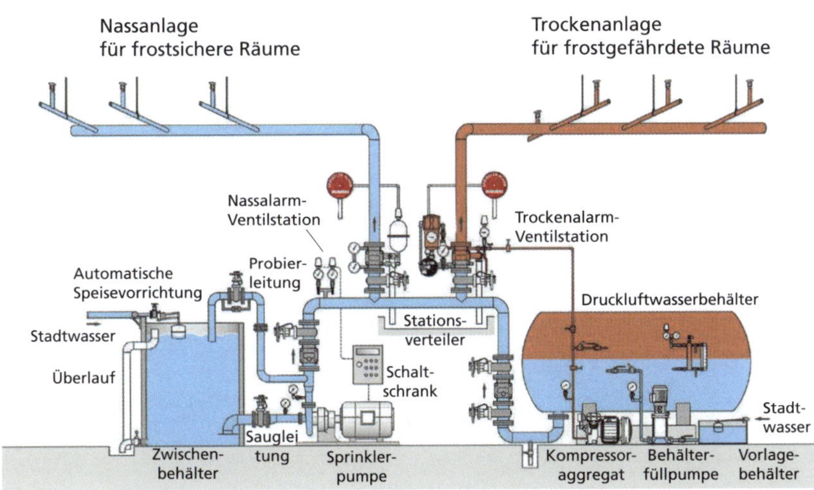

Bild 38: ***Funktionsschema einer »nassen« und einer »trockenen« Sprinkleranlage (Quelle: Minimax GmbH & Co. KG)***

brand kann durch Selbsthilfekräfte oder die Feuerwehr gelöscht werden, bevor überhaupt ein Sprinkler auslöst. Das Ansprechen eines zweiten Melders auf einer getrennten Meldergruppe macht die Sprinkleranlage scharf, d. h. Wasser tritt bis an das Steuerventil heran. Öffnet schließlich ein Sprinklerkopf, so arbeitet die Preaction-Anlage wie eine trockene Sprinkleranlage. Die Anordnung hat den Vorteil, dass bei mechanischer Beschädigung eines Sprinklerkopfes nur die Luft entweicht und eine Störung anzeigt, jedoch kein Wasser austritt, da kein Melder angesprochen hat. Eine derartige Anlage kann – mit Ausnahme von Lagern – bedenkenlos überall eingebaut werden. Tritt Wasser aus, so brennt es in diesem Raum mit Sicherheit so stark, dass die Anlage zum Schutz der Baukonstruktion in Tätigkeit treten muss. Man darf dabei auch nicht vergessen, dass die Feuerwehr in einem späteren Brandstadium mit nicht unerheblichen Wassermengen löschen muss, wobei wegen der Sichtminderung durch Rauch das Löschwasser unter Umständen noch weniger gezielt auf den Brandherd trifft.

Bild 39: ***Sprinklerkopf mit Glasfass in einem Beleuchtungskörper; Brandschutzanforderungen können durchaus ohne Abstriche von der Ästhetik erfüllt werden.***

Sprinkleranlagen dienen gleichzeitig zur Feuermeldung bzw. zeigen an, dass Wasser austritt. Durch die Sprinklerglocken oder auf andere Weise wird im Objekt Alarm ausgelöst. Jedes Auslösen einer Löschanlage muss der Feuerwehr selbsttätig gemeldet werden; dies erfolgt durch eine Brandmeldeanlage. Es fällt auf, dass man in Deutschland meist nur das Ansprechen einer Sprinklergruppe anzeigt, wohingegen man in den USA, der Heimat der Sprinkleranlagen, fast jeden einzelnen Sprinklerkopf überwacht. Allerdings wirkt sich bei der amerikanischen Leichtbauart ein Wasserschaden geradezu verheerend aus. Sprinklerschutz, worunter man im Allgemeinen Vollsprinklerung versteht, erhöht die Baukosten um 1 bis 1,5 %, wird aber andererseits vom Gebäudebrandversicherer hoch rabattiert.

Eine Sprinkleranlage soll Brände erkennen, melden und begrenzen. Aus dieser Definition geht hervor, dass die Anlage Brände nicht verhindern kann und dass sie Brände definitionsgemäß auch nicht löschen muss. Man muss sich deshalb über den brandschutztechnischen Wert einer solchen Anlage einige Gedanken machen.

Die Löschanlage kann die Brandentstehung nicht verhindern. Erst die Brandwärme des Entstehungsbrandes kann die Anlage auslösen. Sie beginnt dann sofort örtlich gezielt zu löschen und löst zugleich eine Brandmeldung aus, vergleichbar einem Wärmemelder. Die Anlage reagiert also bevorzugt auf offenes Feuer. Ein Schwelbrand mit langsam ansteigender Temperatur wird die Anlage erst relativ spät auslösen. Auch ist in diesem Fall damit zu rechnen, dass zu viele Sprinkler öffnen, die den Brandherd gar nicht treffen. Sprinkleranlagen begrenzen einen Brand in etwa 40 % der Fälle bereits durch das Auslösen eines einzigen Sprinklers, weitere 20 % der Brände werden von zwei Sprinklern begrenzt. In 1,5 bis 2 % der Brandfälle in gesprinklerten Objekten versagt die Löschanlage. Dafür gibt es eine Reihe von Gründen: Manipulation an der Anlage, mangelnde Wartung, Nichteinhalten der Auslegungsbedingungen, Teilsprinklerung mit ungenügender Abtrennung zwischen gesprinklertem und ungeschütztem Bereich, Einbau von abschirmenden Zwischendecken, zu hohe, zu dichte oder wasserundurchlässige Lagerung, aber auch Explosionen und Überlaufen der Anlage ober- oder unterhalb des Daches.

Die Sprinkleranlage bietet oft die einzige Möglichkeit, komplexe Risiken angemessen zu schützen, oder Bauten zu errichten, die bei Anwendung der geltenden Bauvorschriften so nicht genehmigungsfähig wären. Andererseits ist die Annahme, mit dem Einbau der Löschanlage wäre brandschutztechnisch alles in Ordnung, ein gefährlicher Trugschluss. Welche Abweichungen von den materiellen Brandschutzbestimmungen rechtfertigt also eine Sprinkleranlage?

Ein Blick in die Bauordnung und die dazu erlassenen Verordnungen zeigt, dass der Einbau einer »selbsttätigen Feuerlöschanlage«, kurz einer Sprinkleranlage, eine

Vergrößerung der Brandabschnitte zulässt. Nur für erdgeschossige Gebäude wird auch die Feuerwiderstandsfähigkeit reduziert.

Worauf zwingend die Frage folgen muss, um welchen Betrag nach oben die Vergrößerung noch dem Willen und der Vorstellung des Gesetzgebers entspricht. Hier ist die ernüchternde Feststellung zu treffen, dass z. B. die Bestimmungen über Garagen eine Verdoppelung der ungeschützt zulässigen Brandabschnittsgröße erlauben und die Bestimmungen über Verkaufsstätten dies im Grundsatz bestätigen.

Da »der Gesetzgeber« hinsichtlich des materiellen Inhaltes eines Musters einer Bauvorschrift stets derselbe Personenkreis ist, nämlich die »Fachkommission Bauaufsicht«, darf daraus geschlossen werden, dass auch in allen anderen Fällen, in denen keine konkreten Zahlen genannt werden, sondern nur »Bedenken wegen des Brandschutzes« ausgeräumt werden sollen, diese Abstände dann nur so weit vergrößert werden dürfen, dass etwa die doppelte Größe des nach Landesbauordnung zulässigen Brandabschnittes entsteht – keinesfalls aber 100 000 m^2!

Auch die Zulässigkeit von Deckendurchbrüchen wird geregelt. Die »Muster-Richtlinie über den baulichen Brandschutz im Industriebau« bringt eine Sprinkleranlage in Ansatz.

Eine andere technische Kompensationsmöglichkeit für das Überschreiten der höchstzulässigen Brandabschnittsgröße bildet – zumindest in eingeschossigen Hallen oder im obersten Geschoss – der Einbau einer Rauch- und Wärmeabzugsanlage (RWA) – mit oder ohne Sprinkleranlage. Auch automatische Brandmelder oder eine Werkfeuerwehr können Bedenken ausräumen.

Bleiben wir beim Beispiel der Brandwand-Abstände: Die Ausnahme darf nur bei Vorliegen beider Voraussetzungen gewährt werden. Selbst wenn die Bedenken wegen des Brandschutzes durch die Sprinklerung oder andere Maßnahmen ausgeräumt sind, ist immer noch zu prüfen, ob die Nutzung des Gebäudes dies erfordert. Und hier muss leider festgestellt werden, dass – von wenigen begründeten Ausnahmen abgesehen – eine zwingende, sachliche Notwendigkeit zur Bildung riesiger Brandabschnitte meist gar nicht besteht. Eine genaue Analyse solcher Mammutbauten, insbesondere im Bereich der Industrie, zeigt, dass die Schaffung von Brandabschnitten den Betreiber keineswegs betrieblich einschränken würde, sondern in aller Regel nur eine Kostenfrage ist. Das zeigen schon die durchaus bestehenden Beispiele, wo Firmen die Erfordernisse des Vorbeugenden Brandschutzes hervorragend gelöst haben, ohne die gewünschte Nutzung einschränken zu müssen.

Selbst wenn die Brandabschnittsbildung aus betrieblichen Zwängen heraus nicht an jeder Stelle optimal sein kann, so bietet ohne Zweifel eine »schlechte« Wand in der Halle, die durch Betriebseinrichtungen geschwächt ist, der Feuerwehr eine echte

Chance, erfolgreich tätig zu werden, wohingegen die fehlende Wand Größenordnungen schafft, die das Eingreifen der Feuerwehr von vornherein zum Scheitern verurteilen. Wichtig ist vor allem auch die Überlegung, dass die Sprinklerung in einem Objekt mit erhöhtem Brandrisiko keinen besonderen, d. h. das erhöhte Risiko ausgleichenden, Schutz mehr bietet, wenn sie zur Kompensation von Abweichungen von Brandschutzbestimmungen sozusagen schon »verbraucht« ist.

Wenn man in den Bauvorschriften die selbsttätige Löschanlage sucht, so wird man sie auf Anhieb nicht finden. Die Musterbauordnung erwähnt sie überhaupt nicht, und in den Regelwerken zu Sonderbauten und Garagen wird sie nur fünfmal erwähnt: in den Hochhausrichtlinien, in der Garagenverordnung, der Versammlungsstättenverordnung, der Industriebaurichtlinie und in der Verkaufsstättenverordnung. Daraus den Schluss zu ziehen, der Gesetzgeber messe der selbsttätigen Löschanlage keine besondere Bedeutung bei, wäre verfehlt. Wie so häufig ist der Wille des Gesetzgebers nicht immer leicht erkennbar.

Bild 40: ***Offene Verbindung sämtlicher Obergeschosse in einer älteren Verkaufsstätte. Ein Brand, der nicht im Entstehungsstadium gelöscht wird, führt sicher zum Totalschaden.***

9

Der Wert einer Sprinkleranlage wird sogar sehr hoch angesetzt. Ermöglicht ihr Einbau doch in vielen Fällen Abweichungen von zwingenden Bestimmungen des Baurechts, da sie die »Bedenken wegen des Brandschutzes« ausräumt. Dies kann sich von Fall zu Fall auch auf die Abminderung der Feuerwiderstandsklasse auswirken – ein Grundprinzip der IndBauRL. Auch die so genannte Kaltentrauchung (▶ Kapitel 8.5) wird durch eine Sprinkleranlage ermöglicht.

Bild 41: ***In neuen gesprinklerten Verkaufsstätten wird ein Brand definitionsgemäß auf das Entstehungsstadium eingedämmt, dass er sich nicht ausbreiten kann.***

Keine Abweichungen vom Baurecht erlaubt jedoch der Einbau einer Sprinkleranlage bei der Ausbildung der Rettungswege, da die selbsttätige Löschanlage die Ausbreitung des Rauches (§ 14 MBO) nicht verhindern kann und somit weder die Selbstrettung noch die Fremdrettung wesentlich begünstigt werden. In diesem Zusammenhang ist noch auf einen Umstand hinzuweisen. Unser System des Vorbeugenden »baulichen« Brandschutzes geht – zumindest bei Sonderbauten – in der Praxis mehr und mehr verloren zu Gunsten eines anlagentechnischen Brandschutzes.

Ergänzend zur Sprinkleranlage seien Sprühwasserlöschanlagen mit offenen Düsen für extrem hohe Brandlasten, Schaumlöschanlagen und Wassernebelanlagen als Löschanlagen mit dem Löschmittel Wasser genannt. Baurechtlich finden sich Sprühwasserlöschanlagen in der Versammlungsstättenverordnung als Löschanlagen für Großbühnen wieder.

9.2.2 Wände

Aus der Sicht des Vorbeugenden Brandschutzes gibt es Brandwände, Trennwände, Flurtrennwände, Treppenraumwände und Außenwände. Für die raumabschließende Funktion ist der Unterschied, ob tragend oder nichttragend, zunächst unerheblich. Die Wand soll den Durchgang von Feuer und Rauch verhindern, wobei meist die ausschlaggebende Rolle der Abschluss von Öffnungen spielt. Der Raumabschluss durch die Wand verhindert die Ausbreitung eines Brandes und ermöglicht die Rettung. Hat die Wand gleichzeitig eine statische Funktion als tragende oder aussteifende Wand, so darf sie diese im Lastfall Brand während der vorgeschriebenen Zeit (30, 60 bzw. 90 Minuten) nicht verlieren. Die innere Brandwand dient zur Bildung von Brandabschnitten, die Trennwand zur Zellenbildung. Beide verhindern die Ausbreitung eines Brandes im Innern des Gebäudes. Die Trennwände notwendiger Flure, die Treppenraumwände und gegebenenfalls die Wände der Ausgänge der Treppenräume ins Freie dienen zum Schutz der Rettungswege vor der Brandlast der Räume. Die Außenwände, einschließlich der äußeren Brandwände, sollen die Brandausbreitung auf oder von anderen Gebäuden sowie den Feuerüberschlag von Geschoss zu Geschoss verhindern. Die Musterbauordnung regelt den Feuerwiderstand von Wänden nach der Gebäudeklasse.

In Gebäuden der Gebäudeklasse 5 und in Kellergeschossen von Gebäuden der Gebäudeklasse 3 bis 5 müssen tragende und aussteifende Wände feuerbeständig sein, in Gebäuden der Gebäudeklasse 4 hochfeuerhemmend, in Gebäuden der Gebäudeklasse 2 und 3 und in Kellergeschossen von Gebäuden der Gebäudeklassen 1 und 2 feuerhemmend (§ 27 MBO).

Trennwände müssen zwischen Nutzungseinheiten sowie zwischen Nutzungseinheiten und anders genutzten Räumen sowie zwischen Aufenthaltsräumen und anders genutzten Räumen im Kellergeschoss die Feuerwiderstandsfähigkeit der tragenden und aussteifenden Bauteile des Geschosses haben, jedoch mindestens feuerhemmend sein. Von Räumen mit Explosions- oder erhöhter Brandgefahr müssen die Trennwände feuerbeständig sein.

Wände notwendiger Flure sind feuerhemmend und in Kellergeschossen feuerbeständig herzustellen, wenn deren tragende und aussteifende Bauteile feuerbeständig sein müssen (§ 36 MBO). Hierbei ist zu berücksichtigen, dass aufgrund der Nutzung der angrenzenden Räume eine höhere Anforderung an die Trennwand zum Flur zu stellen ist, z. B. zum feuerbeständigen Abschluss von Räumen mit erhöhter Brandgefahr. Die höhere Anforderung an diese Flurwände findet sich in der MBO nicht bei den Bestimmungen über Flurwände, sondern bei den Bestimmungen über Trennwände.

Die Wände von Treppenräumen notwendiger Treppen und ihrer Ausgänge ins Freie müssen in Gebäuden der Gebäudeklasse 5 die Bauart von Brandwänden haben, in Gebäuden der Gebäudeklasse 4 auch unter zusätzlicher mechanischer Beanspruchung hochfeuerhemmend und in Gebäuden der Gebäudeklasse 3 feuerhemmend sein (§ 35 Abs. 4 MBO).

Nichttragende Außenwände und nichttragende Teile tragender Außenwände sind aus nichtbrennbaren Baustoffen oder mindestens feuerhemmend herzustellen (§ 28 Abs. 2 MBO). Dies ist bei Gebäuden der Gebäudeklasse 1 bis 3 nicht erforderlich. Bei Hochhäusern müssen sie aus nichtbrennbaren Baustoffen hergestellt und im Bereich des Feuerüberschlagweges 90 Minuten widerstandsfähig gegen Feuer sein.

Damit ist der Grundsatz erkennbar, mit wachsender Höhenentwicklung die Forderungen zu erhöhen. Daneben gibt es eine Vielzahl von Einzelbestimmungen für die Ausführung von Wänden bestimmter Räume, z. B. für Aufenthaltsräume, Versammlungsräume, Verkaufsräume, Schulräume, Großräume, Lagerräume, Heizräume, Müllräume, elektrische Betriebsräume, Labore, Maschinenräume, Vorräume, Sicherheitsschleusen, Rettungstunnels, Schächte für Aufzüge und Installation, Klima- und Lüftungszentralen, Garagen und andere mehr, wobei die genannten Räume meist feuerbeständig zu umwanden sind, entweder um die Brandeinwirkung von außen abzuschirmen oder um die Ausbreitung eines Brandes im Raum auf andere Räume zu verhindern.

9.2.3 Decken

Decken sind in der Regel zugleich tragende und raumabschließende Bauteile. Nichttragende Decken oder auch Unterdecken werden als oberer Raumabschluss bezeichnet. Letztere sind so geprüft, dass sie einer Brandeinwirkung von unten nach oben standhalten, was nicht in allen Fällen dem Schutzziel entspricht. Wenn sich über der nichttragenden Decke Brandlast befindet und der darunterliegende Raum geschützt werden soll, was z. B. bei Fluren der Fall ist, in deren Deckenhohlräumen brennbare Leitungen verlegt sind, so ist zu prüfen und durch ein Prüfzeugnis nachzuweisen, wie sich die Decke bei einer Brandbelastung von oben verhält.

Decken müssen in Gebäuden der Gebäudeklasse 5 und in Kellergeschossen von Gebäuden der Gebäudeklasse 3 bis 5 feuerbeständig, in Gebäuden der Gebäudeklasse 4 hochfeuerhemmend, in Gebäuden der Gebäudeklassen 2 und 3 und in Kellergeschossen von Gebäuden der Gebäudeklassen 1 und 2 feuerhemmend sein (§ 31 MBO). Dies entspricht den Anforderungen an tragende Wände. Es versteht sich von selbst, dass der Feuerwiderstand einer Decke nur dann gegeben ist, wenn die Konstruktion – tragende Wände, Stützen und Unterzüge – dieselbe Feuerwiderstandsdauer besitzt.

Diese allgemein gehaltene Aussage wird durch die Einzelbestimmungen über Decken bestimmter Räume ausgefüllt. Demnach müssen die Decken über und unter Versammlungsräumen sowie deren Rettungswege, von Verkaufsstätten, Decken von Gast- und Beherbergungsstätten mit mehr als einem Vollgeschoss, Decken über und unter Garagen, Decken von Krankenhäusern mit mehr als einem Vollgeschoss, Decken von Lagerräumen, Heizräumen, Müllsammelräumen u. a. feuerbeständig sein. Decken und ihre Unterstützungen zwischen dem landwirtschaftlichen Betriebsteil und dem Wohnteil eines Gebäudes sowie Decken über und unter Räumen mit erhöhter Brandgefahr sind feuerbeständig herzustellen (§ 31 MBO). Auch hier gilt es, entweder den Inhalt des Raumes gegen Brandeinwirkung von außen oder andere Räume vor der Ausbreitung eines Brandes in den genannten Räumen zu schützen.

9.2.4 Öffnungen in Wänden und Decken

Im Gegensatz zur äußeren Brandwand, die im Grundsatz ohne Öffnungen sein muss, können und müssen Bauteile, die innere Brandabschnitte bilden – Brandwände und feuerwiderstandsfähige Decken – Öffnungen haben, um die Räume ein und desselben Gebäudes zu verbinden und zu erschließen. Unter einer Verbindung von Räumen versteht das Baurecht immer eine begehbare Verbindung durch Türöffnungen oder Deckendurchbrüche mit Treppen. Es leuchtet ohne weiteres ein, dass solche Öffnungen die raumabschließende und damit brandabschnittsbildende Wirkung der genannten Bauteile zunichtemachen, wenn sie nicht durch Feuerschutzabschlüsse gesichert werden.

Hinsichtlich der Feuerwiderstandsdauer der Abschlüsse in Wänden gilt allgemein, dass sie eine Stufe niedriger sein kann als die der Wand, in der sich die Öffnung befindet (▶ Tabelle 9). Das findet seine Begründung darin, dass sich unmittelbar vor und hinter einer Tür keine Brandlast befindet und dass sich Türen in dem unteren Bereich einer Wand befinden und daher weniger von Brandwärme beansprucht werden. Trotzdem erscheint diese Regelung nicht ganz logisch.

Tabelle 9: ***Feuerwiderstand von Wandabschlüssen***

Öffnung in einer	erforderlicher Feuerschutzabschluss
Brandwand	feuerbeständig (T 90) dicht- und selbstschließend
feuerbeständige Wand	feuerhemmend (T 30) dicht- und selbstschließend
hochfeuerhemmende Wand	feuerhemmend (T 30) dicht- und selbstschließend
feuerhemmende Wand	keine Feuerwiderstandsdauer, nicht selbstschließend (dichtschließende und ggf. auch vollwandige Tür)

Eine vollwandige Tür hat keine Hohlräume oder Füllungen. Als vollwandig gelten aus brandschutztechnischer Sicht mindestens vier Zentimeter Vollholz- oder Vollspantüren.

Merke:

Jede Öffnung in einem raumabschließenden Bauteil mit Feuerwiderstand hebt diesen auf! An der dem Feuer abgekehrten Seite kann unmittelbar die Ofentemperatur gemessen werden. Damit hat das Bauteil die Prüfung nach Teil 2 nicht bestanden. In der Praxis ergibt sich derselbe Effekt: Feuer und Rauch können ungehindert hindurchtreten.
Die Einsatzpraxis zeigt auf, dass in einem Drittel der Brandfälle der Brand nicht auf die feuerwiderstandsfähig abgetrennte Nutzungseinheit beschränkt bleibt und sich der Rauch sogar in zwei Drittel der Fälle über die Nutzungseinheit hinweg ausbreitet. Die Hauptursache für die Rauchausbreitung liegt hierbei in geöffneten Türen, bei der Brandausbreitung spielen zusätzlich Fenster und die Fassade eine tragende Rolle. Auch fehlende Installationsschottungen sind eine häufige Ursache.

Von diesem Grundsatz wird in besonderen Fällen abgewichen. In Gebäuden mit erhöhter Brandgefahr kann bei Öffnungen in inneren Brandwänden die Anordnungen einer Sicherheitsschleuse verlangt werden. Eine Sicherheitsschleuse ist ein Raum mit feuerbeständigen Wänden und feuerbeständiger Decke, mindestens dicht- und selbstschließenden, feuerhemmenden, in Fluchtrichtung aufschlagenden Türen sowie einem Fußboden aus nichtbrennbaren Baustoffen. Es versteht sich von selbst, dass die Schleuse ohne jede Brandlast sein muss. Die Türen sollen einen solchen

Abstand voneinander haben, dass beim Begehen der Schleuse die eine Tür geschlossen ist, wenn die andere geöffnet wird. Dadurch kann nur eine geringe Rauchgasmenge ein- und durchdringen. Der Abstand muss daher mindestens drei Türbreiten entsprechen.

Die Anordnungen von Sicherheitsschleusen forderte die alte MBO bei Öffnungen in inneren Brandwänden von Gebäuden mit erhöhter Brandgefahr – das sind z. B. Gebäude, in denen größere Mengen leichtentzündlicher Stoffe gelagert oder verarbeitet werden –, die Garagenverordnung bei der Verbindung der Garagen mit Treppenräumen, notwendigen Fluren und Aufzügen, die Versammlungsstättenverordnung u. a. zwischen Zuschauerhaus und Bühnenhaus bei einer Großbühne. Besondere Bedeutung kommt den Sicherheitsschleusen beim Zugang zu innenliegenden Treppenräumen von Hochhäusern zu.

Bild 42: ***Bauaufsichtlich zugelassene feuerhemmende Verglasung mit feuerhemmender Glastüre. Brandschutzanforderungen können durchaus ohne Abstriche an die Ästhetik erfüllt werden. (Quelle: Promat, Ratingen)***

Im Zuge von Rettungswegen sind Glastüren von Vorteil, da der weitere Verlauf des Rettungsweges erkennbar ist. Dichtschließend sind Türen, die formstabile Türblätter haben und mit dreiseitig umlaufenden dauerelastischen Dichtungen ausgestattet sind (dsT oder S_a nach MVV TB). Als rauchdichte Türen (rdT), S_{200} kommen besonders

Rauchschutztüren (RST) nach DIN 18095 mit definierter Leckrate in Frage. Es besteht die Möglichkeit, solche Türen mit einer Feststellanlage zu versehen. Feststellanlagen müssen auf Rauch ansprechen; detaillierte Bestimmungen über Feststellanlagen finden sich in der MVV TB. Im gewerblichen Bereich wird meist ein rauchmeldergesteuerter Haftmagnet eingebaut, der die Tür bei Auftreten von Brandrauch und bei Netzausfall freigibt, sodass sie von der Schließeinrichtung geschlossen wird. Die Feststelleinrichtung kann auch im Türschließer integriert sein. Bei zweiflügeligen Türen ist dabei auf die einwandfreie Schließfolgeregelung zu achten. Bauaufsichtlich zugelassen sind auch Schließer mit geringem Schließmoment, der so genannte Freilauftürschließer. Er übt nur geringe Kräfte auf die Tür aus, sodass die Tür auch von Kindern, alten oder behinderten Menschen leicht geöffnet werden kann. Der Rauchmelder, der die Tür ansteuert, arbeitet autark, d. h. er ist nicht auf die Brandmeldeanlage aufgeschaltet.

Bild 43: ***Rauchmeldergesteuerte Feststellanlage an einer Feuerschutztür entsprechend einer allgemeinen bauaufsichtlichen Zulassung***

Gleiche Aufmerksamkeit ist den Öffnungen in Decken mit Feuerwiderstand zu widmen. Decken müssen grundsätzlich öffnungslos sein. Während eine Wandöffnung nicht in jedem Fall zur Brandausweitung führen muss, ist dies bei einer Deckenöffnung immer der Fall, da die heißen Brandgase nach oben steigen und durch Öffnungen kaminartig hindurchtreten. In kürzester Zeit nimmt der darüber liegende Raum Brandraumtemperatur an und es kommt zur vollständigen Entzündung seiner Brandlast.

Aus der Nutzung des Gebäudes ergibt sich jedoch auch bei den horizontalen Bauteilen mit Feuerwiderstand die Notwendigkeit von Durchbrüchen. Die Decke muss mindestens eine Öffnung für die notwendige Treppe haben, sodann für Kamine, Aufzüge, Rohre und Leitungen, Lüftungen, im speziellen Fall auch für Fördermittel und andere technische Einrichtungen. In einigen Fällen ist es möglich, die Öffnung in der Decke unmittelbar durch Abschlüsse zu sichern, deren Feuerwiderstandsdauer der der Decken entspricht (§ 31 MBO), wie Brandschutzklappen in Lüftungsleitungen, Rohrschottungen und Kabelschotts. Alternativ muss der Raum über und unter dem Deckendurchbruch in der Feuerwiderstandsklasse der Decke gegen das Geschoss abgetrennt werden, sodass ein Schacht entsteht, der seinerseits eine Art Brandabschnitt bildet: Treppenräume, Aufzugschächte, Kamine, Installationsschächte. Durch den Abschluss der jeweils notwendigen Schachtöffnungen zum Geschoss muss dann die mittelbare Übertragung von Feuer und Rauch in Treppenräume und andere Geschosse verhindert werden. Bei den Treppenräumen ist die Art des Abschlusses im Baurecht geregelt. Fahrschachttüren von Aufzügen müssen der Norm DIN 18090 bis -92 entsprechen, die Ausführung von Rauchschornsteinen und Verbindungsstücken zu Feuerstätten regelt der § 42 MBO sowie die Feuerungsverordnung. Für Installationsschächte gilt der Grundsatz, dass sie aus nichtbrennbaren Baustoffen herzustellen sind und dass Feuer und Rauch nicht in Treppenräume, andere Geschosse oder Brandabschnitte übertragen werden dürfen. Ergänzende Ausführungen dazu machen die Leitungs- und die Lüftungsanlagenrichtlinie. Abfallschächte (Müllabwurfschächte) stellen ein besonderes Brandübertragungsrisiko dar. Bestehende Abfallschächte in Hochhäusern sollten mit einer Feuerlöscheinrichtung geschützt werden.

Die extremste Art des Deckendurchbruchs ist die geschossverbindende Halle, wie sie in Schulen, Hotels und repräsentativen Verwaltungsbauten üblich ist. Führen durch die Halle Rettungswege, so ist sie wie der Treppenraum einer notwendigen Treppe auszubilden, d. h. mit Wänden in der Bauart von Brandwänden, mit Brandschutztüren zu Räumen mit Brandlast und mit Rauchschutztüren zu Fluren. Befindet sich in der Halle nur eine nicht notwendige Treppe und führen keine horizontalen Rettungswege durch die Halle, so genügt es, die Hallenwände feuerwiderstandsfähig wie einen Schacht auszuführen. Türen zu Räumen mit Brandlast müssen im Grundsatz feuerhemmend sein. Abweichungen können im Einzelfall mit einer Rauchabzugsanlage, Sprinklerschutz oder anderen Brandschutzeinrichtungen begründet werden.

9.2.5 Leitungsdurchführungen

Ein besonderes Problem bilden die Leitungen, die nicht in Schächten verlegt sind, sondern die Decken unmittelbar durchstoßen. Unabhängig von den landesrechtlichen Regelungen soll hier zunächst eine allgemeine Betrachtung angestellt werden. Keinesfalls darf durch die Haustechnik die bauliche Brandsicherheit der Rohkonstruktion wieder zerstört werden, d. h. im speziellen Fall eine an sich feuerwiderstandsfähige Decke durch viele Durchbrüche und Öffnungen in ihrer brandabschnittsbildenden, raumabschließenden Wirkung geschwächt oder wirkungslos gemacht werden.

»Leitungen dürfen durch raumabschließende Bauteile, für die eine Feuerwiderstandsfähigkeit vorgeschrieben ist, nur hindurchgeführt werden, wenn eine Brandausbreitung ausreichend lang nicht zu befürchten ist oder Vorkehrungen hiergegen getroffen sind.« (§ 40 MBO)

Die Gefahr der Brandübertragung ist von drei Größen bestimmt: vom Material der Leitung, von der Abmessung der Leitung und des Durchbruches sowie von der Art der Durchführung.

Leitungen aus Metall sind zwar nichtbrennbar, leiten aber die Wärme, Blechkanäle verformen sich und geben die Öffnungen ganz oder teilweise frei, Stahlrohre sind unbedenklich, wenn sie mit Wasser gefüllt sind, wie Wasserleitungs- und Heizungsrohre. Aluminiumrohre schmelzen bei rund 600 °C und geben die Öffnungen frei, insbesondere Aluminium-Falzrohre.

Leitungen aus anderen nichtbrennbaren Stoffen, wie Keramik- oder zementgebundene Faserstoffe, verhalten sich im Brandfall ungünstig, da sie durch die Einwirkung des Brandes oder des Löschwassers zerspringen und die Deckenöffnung freigeben.

Leitungen aus brennbaren Stoffen der Baustoffklasse B1 und B2 nach DIN 4102, insbesondere hier die weitverbreiteten Kunststoffrohre, schmelzen, verbrennen und geben damit die Öffnung frei. Hierzu sind sinngemäß auch die elektrischen Leitungen und Kabel zu zählen, die durch ihren gut wärmeleitenden Kupferkern besonders schnell durchbrennen.

Das wesentlichste Kriterium ist die Art der Durchführung. Dabei kommt es besonders darauf an, dass zwischen Rohrleitung und Decke kein freier Spalt bleibt. Da es sich oftmals um Betondecken handelt, ist der verbleibende Spalt nach der Installation mit Beton zu füllen, bzw. ist ein passendes Überrohr direkt in die Decke einzugießen. Da lediglich Metallrohre in Frage kommen, die die Wärme gut leiten, ist darauf zu achten, dass im darüber liegenden Geschoss brennbare Bauteile einen Abstand von mindestens 20 cm zu den Rohren haben.

Für die Durchführung von elektrischen Leitungen und Kabeln durch feuerbeständige Wände und Decken bietet die Industrie die verschiedensten Schottsysteme an:

- Mörtelschott,
- Weichschott (Mineralfaserplatten mit Dämmschichtbildner oder Ablationsbeschichtung),
- Modulschott (Formstücke zum Kabeldurchmesser passend),
- Varioschott,
- Kastenschott (Blechkasten mit schaumschichtbildenden Laminaten),
- Kissenschott (für provisorische und dauerhafte Abschottungen).

Außer Brandschutzanforderungen können an die Schotts noch andere Forderungen wie beispielsweise Druckfestigkeit, Wasserdichtheit oder Strahlenschutz gestellt werden.

Solche Systeme erlauben das Nachrüsten von weiteren Kabeln. Sie müssen nach DIN 4102 Teil 9 geprüft und bauaufsichtlich zugelassen sein. Es ist notwendig, für das Abschotten von Leitungsdurchführungen besondere Firmen heranzuziehen, deren Beschäftigte vom Hersteller der Abschottung im zulassungsgemäßen Einbau unterwiesen sind. Begriffe, Anforderungen und Prüfungen von Rohrummantelungen, Rohrabschottungen, Installationsschächten und -kanälen sowie Abschlüssen ihrer Revisionsöffnungen sind im Teil 11 der DIN 4102 festgelegt.

Bestimmungen über die Verlegung von Leitungen finden sich außer in den Landesbauordnungen und Sonderbauverordnungen im »Muster für Richtlinien über brandschutztechnische Anforderungen an Leitungsanlagen« und in der MVV TB. Die Leitungsanlagenrichtlinie gilt für:

- Leitungsanlagen in notwendigen Treppenräumen, in Räumen zwischen notwendigen Treppenräumen und Ausgängen ins Freie, in notwendigen Fluren und in offenen Gängen vor Gebäudeaußenwänden,
- die Führung von Leitungen durch bestimmte Wände und Decken,
- den Funktionserhalt von elektrische Leitungsanlagen im Brandfall.

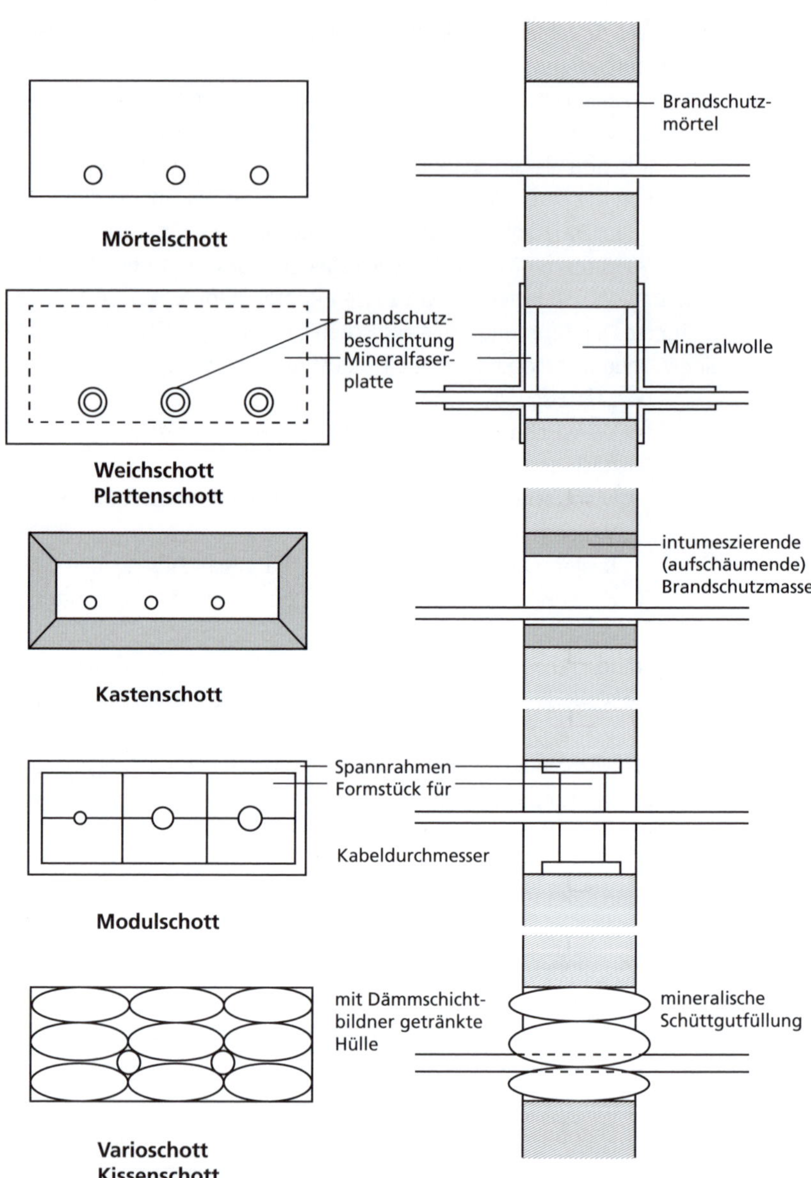

Bild 44: ***Schematische Darstellung verschiedener Schottsysteme***

Sie gilt nicht für Lüftungs- und Warmluftheizungsanlagen.

Bei Bestandsbewertungen wird häufig die Brandlast durch Leitungen in den Fluren bemängelt. Es darf daher darauf hingewiesen werden, dass früher ein Brandlast-Schwellenwert von 7 kWh/m² (in einigen Ländern auch 35 kWh/5 m²) bestand und dieser nicht wirklich zu Problemen im Brandfall führte.

9.2.6 Lüftungsanlagen

Ein besonderes Problem hinsichtlich der Ausbreitung von Feuer und Rauch bilden die Lüftungsanlagen. Raumlufttechnische Anlagen dienen zur Versorgung einer baulichen Anlage mit warmer oder kalter Frischluft und zur Entsorgung verbrauchter oder verschmutzter Abluft. Da sie bestimmungsgemäß zur Verteilung eines gasförmigen Mediums dienen, sind sie auch zur – ungewollten – Verteilung des gasförmigen Mediums »Brandrauch« geeignet. Zuweilen sollen sie auch gezielt Brandrauch abführen. Auf folgende Weise können Lüftungsanlagen den Brandrauch in einem Gebäude verbreiten:

Fall 1: Rauchausbreitung durch die Anlage

a) durch Umluftbetrieb:
Um die im System befindliche Wärmeenergie zu erhalten, wird die Lüftungsanlage im Umluftbetrieb gefahren. Aus dem Brandraum mit der Abluft abgesaugter Rauch kann anteilig wieder als »Frischluft« in andere Räume gelangen. Besonders relativ kalter Rauch, der die eventuell vorhandenen Brandschutzklappen nicht auslöst.

b) durch Ansaugen von Brandrauch:
Brennt es in der näheren Umgebung, so kann über die Frischluftansaugung Rauch in ein Gebäude gelangen, das vom eigentlichen Brand gar nicht tangiert ist, und dort erhebliche Schäden verursachen.

c) durch Brand in der Lüftungsanlage selbst.
Motoren, Keilriemen, Manschetten, Tropfenfänger und andere brennbare Teile der Anlage können in Brand geraten, der Brandrauch wird unmittelbar in die Räume transportiert.

Fall 2: Rauchausbreitung durch unsachgemäß installierte Anlage

a) durch die Verwendung von brennbaren Lüftungsleitungen,

b) durch fehlende Absperrvorrichtungen,

c) durch Einbau ungeeigneter Absperrvorrichtungen,
d) durch nicht zulassungsgemäß eingebaute Absperrvorrichtungen.

Fall 3: Rauchausbreitung »neben« der RLT-Anlage durch nicht verschlossene Wand- und Deckendurchbrüche, vorwiegend zwischen senkrechten Schächten und Deckenhohlräumen.
Insbesondere bei aggressivem Rauch mit Chlorwasserstoffanteil kann auf diese Weise ein unverhältnismäßig hoher Brandschaden entstehen. An sich ist eine im Betrieb befindliche Lüftungsanlage im Brandfall ohne Risiko: In der Zuluft herrscht Überdruck, Rauch kann nicht eindringen, Rauch in der Abluft wird abgeführt. Anders bei Umluftbetrieb: Rauch in der Abluft wird wieder ins Gebäude gedrückt. Die sofortige Einstellung des Umluftbetriebes bei Auftreten von Brandrauch im System ist daher die erste Maßnahme zur Erfüllung der Forderungen der MBO:

»Lüftungsanlagen müssen [...] brandsicher sein; [...] Lüftungsleitungen sowie deren Verkleidungen und Dämmstoffe müssen aus nichtbrennbaren Baustoffen bestehen; brennbare Baustoffe sind zulässig, wenn ein Beitrag der Lüftungsleitung zur Brandentstehung und Brandweiterleitung nicht zu befürchten ist. Lüftungsleitungen dürfen raumabschließende Bauteile, für die eine Feuerwiderstandsfähigkeit vorgeschrieben ist, nur überbrücken, wenn eine Brandausbreitung ausreichend lang nicht zu befürchten ist oder wenn Vorkehrungen hiergegen getroffen sind.« (§ 41 MBO)

Dies geschieht durch die Anordnungen von Absperrvorrichtungen gegen Brandübertragung in Lüftungsleitungen, wo diese durch Brandwände oder feuerbeständige Wände und Decken hindurchgehen. Diese Absperrvorrichtungen gegen Brandübertragung in Lüftungsleitungen oder kurz Brandschutzklappen sind nach Teil 6 der DIN 4102 geprüft, müssen bauaufsichtlich zugelassen sein und sind unter Beachtung der Zulassungsbedingungen einzubauen und zu kennzeichnen. Brandschutzklappen mit CE-Kennzeichnung erfordern vom Hersteller eine Leistungsbeschreibung. Vom Planer muss überprüft werden, ob die baurechtlichen Anforderungen in der Leistungsbeschreibung bestätigt werden (z. B. Auslösetemperatur der Auslöseeinrichtung). Beim Einbau der Klappen in Brandwänden und Decken sind Einbausituation (stets mit mindestens einer angeschlossenen Lüftungsleitung auf einer Seite aus nichtbrennbaren Baustoffen), Einbau in Wand und/oder Decke, Einbaulage, gegebenenfalls Strömungsrichtung, erforderliche Feuerwiderstandsklasse (K 30, K 60, K 90 bzw. EI 30 ($v_e h_o$ i↔o)-S, EI 60 ($v_e h_o$ i↔o)-S, EI 90 ($v_e h_o$ i↔o)-S), Art und Abmessung des Bauteils, in das die Klappe eingebaut werden soll und die Art der Auslösung zu beachten. Da die Klappen im Brandfall auch starken mechanischen Belastungen ausgesetzt sind, ist auch der beim Einbau zu verwendende Mörtel oder Beton vorgeschrieben. Ein vollfugiger Einbau ist erforderlich, um einen guten Wärmeübergang zwischen Klappengehäuse und Wand oder Decke zu erreichen.

Will man auf die Anordnung von Klappen verzichten, so ist es erforderlich, die Lüftungsleitung im jeweils anderen Brandabschnitt öffnungslos feuerbeständig (L 90 nach DIN 4102) auszuführen. Zu einer solchen Lösung wird man immer dann greifen müssen, wenn die Lüftungsanlage zugleich als Rauchabzugseinrichtung (so genannte Kaltentrauchung) dienen soll. Zu der Forderung, dass Lüftungsleitungen L 90 sein und aus nichtbrennbaren Baustoffen bestehen müssen, kommt dann die Forderung nach einer Temperaturbeständigkeit der Lüftungsgeräte; es sei denn, die zu entrauchenden Räume sind gesprinklert.

Brandschutzklappen an den Durchdringungsstellen der feuerwiderstandsfähigen Schachtwände

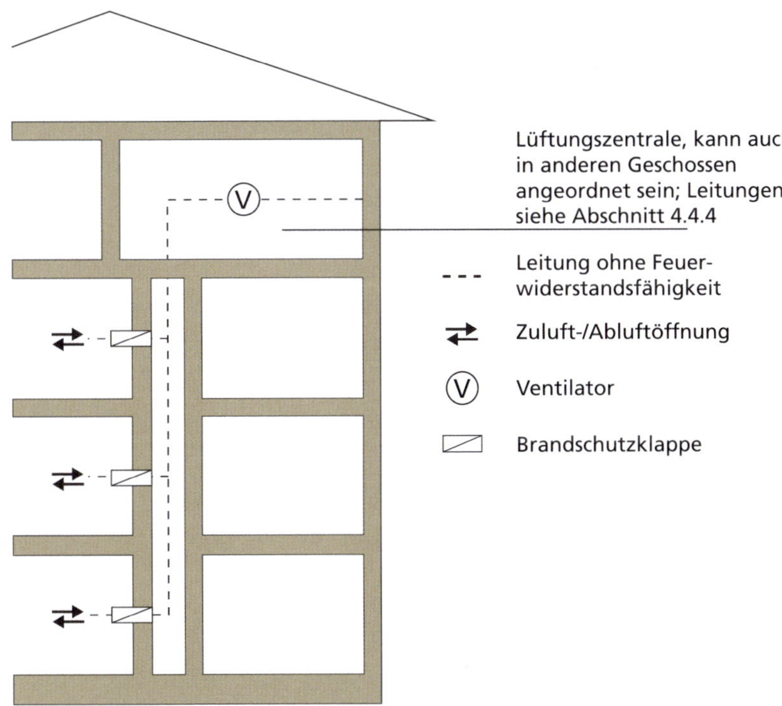

Bild 45: ***Beispiel aus der Muster-Richtlinie über die brandschutztechnischen Anforderungen an Lüftungsanlagen***

Info:

Nähere Einzelheiten über die Ausführung von Lüftungsanlagen bestimmen die »Bauaufsichtlichen Richtlinien über die brandschutztechnischen Anforderungen an Lüftungsanlagen« bauaufsichtlich eingeführt in der MVV TB, veröffentlicht unter www.is-argebau.de.

Werden senkrechte Lüftungsleitungen in feuerbeständigen Schächten geführt, so sind beim Austritt aus den Schächten in die Geschosse Brandschutzklappen anzuordnen, um eine Brandübertragung zwischen den Geschossen zu verhindern. Lüftungszentrale und feuerbeständiger Schacht können zusammen einen Brandabschnitt bilden.

9.2.7 Feuerüberschlag

Feuer und Rauch können sich nicht nur im Inneren des Gebäudes ausbreiten, sondern auch über die Gebäudeaußenwand. Durch die Brandraumtemperatur werden in vielen Fällen die Fensterscheiben des Brandraumes zerstört. Die Flammen und Rauchgase schlagen aus der Öffnung und an der Fassade hoch. Da sie sich im Freien noch einmal kräftig mit Sauerstoff durchmischen, ist die Verbrennung sehr intensiv. Die darüberliegenden Fenster werden dann durch die Temperatur zum Platzen gebracht, Rauch und Feuer finden ihren Weg ins nächste Geschoss. Bereits vor dem Zerspringen der Scheiben im darüberliegenden Geschoss kann die von den Flammen ausgehende Strahlung die Fensterstöcke und Vorhänge in Brand setzen. Man nennt diesen Vorgang Feuerüberschlag.

Unterhalb der Hochhausgrenze geht man davon aus, dass die Feuerwehr durch ihren Löschangriff den Feuerüberschlag verhindern kann; vorausgesetzt die Fassade ist nach den baurechtlichen Vorschriften ausgeführt. Über etwa 15 m Höhe, vor allem aber über der Hochhausgrenze, ist die Gebäudeaußenwand für die Feuerwehr nicht mehr erreichbar. Der Feuerüberschlag ist von besonderer Bedeutung, wenn Brandwände verspringen. Der Absatz 4 des § 30 MBO lässt dies nur zu, »wenn die Außenwände in der Breite des Versatzes in dem Geschoss oberhalb oder unterhalb des Versatzes feuerbeständig sind und Öffnungen in den Außenwänden im Bereich des Versatzes so angeordnet oder andere Vorkehrungen so getroffen sind, dass eine Brandausbreitung nicht zu befürchten ist«. Ein Feuerüberschlagsweg von 1 m ist zu klein, um eine Ausbreitung über die Fassade nach oben sicher zu verhindern. Er kann aber aus baulichen Gründen kaum nennenswert vergrößert werden, da dies zu

Lasten der Fensterbrüstungshöhe oder des Sturzes und damit der Belichtung ginge. Bei erhöhten Risiken, z. B. Großräumen oder zwischen verschiedenen Nutzungen, ist ein größerer Feuerüberschlagsweg erforderlich. In solchen Fällen werden die Geschosse durch eine Sprinkleranlage geschützt, die den Verzicht auf einen Feuerüberschlagsweg rechtfertigt. Das ▶ Bild 46 zeigt ein Beispiel für den Feuerüberschlag an einer Fassade. Die aus den Fenstern schlagenden Flammen entzünden durch die Fenster des darüber liegenden Geschosses dessen Brandlast.

Abgesehen vom Feuerüberschlag durch die ungeschützten Fensteröffnungen darf ein Brand auch nicht an der Außenwand selbst hochbrennen.

»Außenwände und Außenwandteile wie Brüstungen und Schürzen sind so auszubilden, dass eine Brandausbreitung auf und in diesen Bauteilen ausreichend lang begrenzt ist. Nichttragende Außenwände und nichttragende Teile tragender Außenwände müssen aus nichtbrennbaren Baustoffen bestehen; sie sind aus brennbaren Baustoffen zulässig, wenn sie als raumabschließende Bauteile feuerhemmend sind.« (§ 28 MBO)

Dies gilt für die Gebäudeklassen 4 und 5. Tragende Wände, somit auch tragende Außenwände von Gebäuden der Gebäudeklassen 4 und 5, sind hochfeuerhemmend (F 60-AB, REI 60 ggf. mit »brandschutztechnisch wirksamer Bekleidung« $K_2$60) bzw. feuerbeständig (F 90-AB, REI 90) herzustellen.

Die Alternative, nichttragende Außenwände feuerhemmend auszubilden, hilft gegen Hochbrennen nicht, denn F 30 kann auch mit brennbaren Baustoffen erreicht werden (F 30-B). Oberflächen von Außenwänden sowie Außenwandverkleidungen müssen einschließlich der Dämmstoffe und Unterkonstruktionen schwerentflammbar (Baustoffklasse B1) sein. Hier schränkt die MBO die Feuerwiderstandsklasse auf F 30-B1 ein, aber es sind immer noch brennbare Baustoffe zulässig. Diese Bestimmungen sind besonders auch bei der nachträglichen Außenwanddämmung zu beachten.

Eine brennbare Ausführung der Oberflächen der Außenwände begünstigt den Feuerüberschlag. Die Praxis zeigte aber deutlich, dass insbesondere hinterlüftete Fassaden und Wärmedämmverbundsysteme aus EPS (expandiertes Polystyrol oder auch »Styropor«) zu einem sehr raschen Abbrand einer gesamten Gebäudefassade führen können. Aus diesem Grund bestehen für beide Bauarten auch spezielle Zulassungs- und Einbauvorgaben (siehe auch MVV TB, Anhang 11).

In diesem Zusammenhang ist auch die Anforderung an Dächer von Anbauten zu nennen (§ 32 Abs. 7 MBO). Auch dadurch soll ein Hochbrennen und eine Brandübertragung in Fensteröffnungen verhindert werden.

Bild 46: ***Feuerüberschlag durch herausschlagende Flammen in die darüber liegenden Geschosse***

10 Rettungswege

Rufen wir uns die Grundanforderung der Musterbauordnung in Erinnerung, so dürfen insbesondere Leben oder Gesundheit durch bauliche Anlagen nicht gefährdet werden. Auf den Brandfall bezogen bedeutet dies, dass ausreichend Maßnahmen zur Vorbeugung getroffen werden müssen, damit Menschen im Gebäude nicht durch den Brandrauch ersticken oder vergiftet werden, dass sie durch Wärme oder Flammen nicht geschädigt werden dürfen und sie nicht von herabstürzenden Bauteilen erschlagen werden. Dies kann nur auf eine Weise sichergestellt werden: Sie müssen das Gebäude rasch und sicher verlassen können, um sich von der drohenden Gefahr zu entfernen (Eigenrettung). Gelingt ihnen dies nicht, müssen sie gerettet werden können (Fremdrettung). Deshalb ist die wesentlichste Voraussetzung dafür, dass Schäden an Leben oder Gesundheit durch Feuer oder Rauch vermieden werden, die richtige Ausbildung der Rettungswege im Gebäude und auf dem Grundstück. Es genügt nämlich nicht, dass die Menschen das Gebäude verlassen können und sich im Freien befinden – erst das Erreichen der öffentlichen Verkehrsfläche erlaubt es dem Fliehenden, sich beliebig weit von der Gefahr zu entfernen. Münden die Rettungswege eines Gebäudes daher nicht unmittelbar auf die öffentliche Verkehrsfläche, sondern auf Flächen des Grundstückes, wie Höfe oder Gärten, so sind sie auf Rettungswegen auf dem Grundstück bis zur öffentlichen Verkehrsfläche fortzusetzen.

Für die Rettungswege im Gebäude gilt allgemein folgender wichtiger Grundsatz, wobei der Gesetzgeber davon ausgeht, dass sich die gefährdete Person in irgendeinem Aufenthaltsraum des Gebäudes befindet und es in diesem oder einem anderen Raum des Gebäudes brennt: Jede Person muss aus einem Aufenthaltsraum aus eigener Kraft über Gänge, Ausgänge, notwendige Flure und notwendige Treppen ins Freie und auf die öffentlichen Verkehrswege gelangen können. Man nennt dies den ersten Rettungsweg. Dieser Rettungsweg muss – ausgenommen Gänge in einem Raum – immer ein baulicher Rettungsweg sein und gesichert sein, d. h. gegen Brandeinwirkung geschützt. Zusätzlich muss eine Nutzungseinheit in jedem Geschoss mit Aufenthaltsräumen auf einem zweiten Rettungsweg verlassen werden können, wenn der erste durch Rauch oder Brandeinwirkung nicht begehbar ist. Der zweite Rettungsweg soll vom ersten unabhängig sein. Er kann so beschaffen sein, dass er aus eigener Kraft begangen werden kann, also auch baulich ist, oder er wird unter Zuhilfenahme der Feuerwehr begangen. Dieser »Grundsatz zweier Rettungswege für Aufenthaltsräume« ist in der MBO in § 33 Abs. 1 expressis verbis beschrieben:

»Für Nutzungseinheiten, wie Wohnungen, Praxen, selbstständige Betriebsstätten, müssen in jedem Geschoss mit Aufenthaltsräumen mindestens zwei voneinander unabhängige Rettungswege ins Freie vorhanden sein; beide Rettungswege dürfen jedoch innerhalb des Geschosses über denselben notwendigen Flur führen.«

Der Gesetzgeber geht – aus den Erfahrungen der Praxis – davon aus, dass der erste Rettungsweg durch Feuer oder Rauch unbegehbar sein kann und fordert einen zweiten Rettungsweg je Nutzungseinheit. Das Baurecht ist aber nicht ganz konsequent, da es nur für den vertikalen Teil des Rettungsweges die doppelte Ausführung fordert, nicht aber für den horizontalen. Eine weitere Frage stellt sich für Nutzungseinheiten im Erdgeschoss: Baurechtlich reicht es aus, wenn eine Nutzungseinheit in einem Obergeschoss *einen* Ausgang auf einen notwendigen Flur hat, von dem aus zwei notwendige Treppenräume erreichbar sind. Liegt die gleiche Nutzungseinheit im Erdgeschoss, ist ebenfalls ein zweiter Rettungsweg erforderlich; der *eine* Ausgang, der unmittelbar ins Freie führt reicht jetzt auf einmal nicht mehr aus. Führt man den Ausgang im Erdgeschoss nicht mehr unmittelbar ins Freie, sondern ordnet man davor einen notwendigen Flur an, der zwei Türen ins Freie hat, reicht der *eine* Ausgang wieder aus.

Hinweis: die Bayerische Bauordnung hat diese Unlogik beseitigt, indem folgender Text angefügt wurde: »Abweichend … genügt ein Rettungsweg … bei zu ebener Erde liegenden Geschossen…, wenn dieser aus der Nutzungseinheit unmittelbar ins Freie führt.« Sofern die jeweilige Länderbauordnung den zweiten Rettungsweg im Erdgeschoss fordert, wäre ein Antrag auf Abweichung eine Möglichkeit, diese Inkonsequenz zu beseitigen.

Unter einer »Nutzungseinheit mit Aufenthaltsräumen« ist in erster Linie eine Wohnung zu verstehen. Andere Nutzungseinheiten können eine Arztpraxis, eine Anwaltskanzlei oder eine »selbstständige Betriebsstätte« sein.

Eine Apotheke und der zugehörige Nachtdienst-Schlafraum bilden als selbstständige Betriebsstätte aus der Sicht der MBO zwar eine Nutzungseinheit mit einem Aufenthaltsraum, hinsichtlich der Personenrettung aber keine befriedigende Lösung. Es wäre anzustreben, dass diese Räume voneinander mindestens feuerhemmend getrennt werden und der Schlafraum mindestens einen eigenen zweiten Rettungsweg erhält, z. B. ein Fenster, das zum Retten von Personen geeignet ist.

Das Fehlen eines zweiten Rettungsweges ist ein gravierender brandschutztechnischer Mangel, der im Baugenehmigungsverfahren überhaupt nicht, bei bestehenden Gebäuden, je nach Auslegung der Bauaufsichtsbehörden der Länder, ausnahmsweise geduldet werden kann, aber nur dann, wenn mindestens der erste Rettungsweg allen Anforderungen des derzeit geltenden Bauordnungsrechts genügt. Das Fehlen beider Rettungswege bildet immer eine erhebliche Gefahr für Leben oder Gesundheit der Benutzer und erfordert ein Eingreifen der Bauaufsichtsbehörde. Die Bauaufsichtsbehörde kann somit auch in bestandsgeschützten Anlagen die Beseitigung der erheblichen Gefahr für Leben oder Gesundheit fordern. Vom Grundsatz zweier Rettungswege kann abgewichen werden, wenn sichergestellt ist, dass der erste Rettungsweg durch Brandeinwirkung nicht unbegehbar werden kann. Für den Zugang zu einem Sicherheitstreppenraum regelt § 33 MBO:

»Ein zweiter Rettungsweg ist nicht erforderlich, wenn die Rettung über einen sicher erreichbaren Treppenraum möglich ist, in den Feuer und Rauch nicht eindringen können (Sicherheitstreppenraum).«

Sogar in Hochhäusern ist bis zu einer Höhe von nicht mehr als 60 m anstatt zweier Treppen eine Treppe in einem Sicherheitstreppenraum ausreichend. Die enge

Bild 47: ***Außentreppe als gestaltendes Element des Gebäudes***

Wechselbeziehung zwischen erstem und zweitem Rettungsweg wird noch erläutert. Bei der Beurteilung der Rettungswege sollte auch stets daran gedacht werden, dass sie zugleich die Angriffswege der Feuerwehr bilden. Jeder Weg zur Eigenrettung ist auch ein Weg zur Fremdrettung durch die Feuerwehr.

Die Fachkommission Bauaufsicht der Bauministerkonferenz ARGEBAU hat in Zusammenarbeit mit den Arbeitskreisen »Grundsatzfragen« und »Vorbeugender Brand- und Gefahrenschutz« der Arbeitsgemeinschaft der Leiterinnen und Leiter der Berufsfeuerwehren (AGBF) in einem Positionspapier die Anforderungen des § 14 MBO zu den Themen »wirksame Löscharbeiten« und »Rettung von Menschen« präzisiert. Dieses Positionspapier ist im ▶ Anhang A1 abgedruckt.

An dieser Stelle soll bereits darauf hingewiesen werden, dass Rettungswege nicht nur ein notwendiges Übel sind, sondern bei einer frühzeitigen Planung auch ein architektonischer Blickfang sein können (▶ Bild 47).

10.1 Erster Rettungsweg

Der erste – stets bauliche – Rettungsweg setzt sich aus horizontalen und vertikalen Teilen zusammen, nur für Erdgeschosse entfallen die vertikalen Rettungswege. Als horizontale Rettungswege gelten notwendige Flure oder Rettungsbalkone, Laubengänge oder Terrassen. Bei Geschossen, die nicht zu ebener Erde liegen, bzw. keine unmittelbaren Ausgänge ins Freie besitzen, sind notwendigerweise vertikale Rettungswege erforderlich. Dabei sind folgende Fälle möglich:

- Eine oder mehrere notwendige Treppen in bauordnungsgerechten Treppenräumen. Das ist der Normalfall.
- Notwendige Treppen ohne Treppenraum. Dies ist zulässig in Gebäuden der Klassen 1 und 2, innerhalb von Nutzungseinheiten ≤ 200 m^2 in nicht mehr als zwei Geschossen, als zweiter baulicher Rettungsweg in Versammlungsstätten durch Foyers, in Verkaufsstätten für kleinere Verkaufsräume oder bei Einbauten und Ebenen in Industriebauten.
- Außentreppen.
- Ersatz von Treppen durch Rampen (mit einer Steigung bis sechs Prozent).
- Ersatz von Treppen durch Notleitern, jedoch nur als zweiter Rettungsweg.

Hinzu kommen Treppen, die vom Baurecht nicht gefordert werden, so genannte »nicht notwendige« Treppen. Liegen sie in einem Treppenraum, so sind sie als positiver Umstand zu bewerten, da sie in der Regel die Rettungswege verkürzen. Da die Nutzer eines Gebäudes diese Unterschiede nicht kennen, sind sie durch die

Kennzeichnung der notwendigen Rettungswege deutlich zu machen. Sie werden natürlich benutzt, solange sie begehbar sind.

Der erste bauliche Rettungsweg besteht aus folgenden Teilen: Von jeder Stelle eines Aufenthaltsraumes aus durch einen Gang im Raum zum Ausgang, durch den notwendigen Flur, in den Treppenraum der notwendigen Treppe, über die notwendige Treppe zum unmittelbaren Ausgang des Treppenraumes ins Freie, von dort über Rettungswege auf dem Grundstück bis zur öffentlichen Verkehrsfläche.

Die Gänge in einem Raum sind von der Einrichtung freigehaltene Flächen. Sie sollen möglichst direkt zum Ausgang führen. In baulichen Anlagen besonderer Art oder Nutzung, wie z. B. in Versammlungsstätten, werden an die Gänge im Raum besondere Anforderungen hinsichtlich ihrer Länge und Breite gestellt. Dies ist in Form eines Bestuhlungs- und Rettungswegplanes als zusätzliche Bauvorlage sicherzustellen. Die Länge des Ganges im Raum ergibt sich aus der Grundrissanordnung und der höchstzulässigen Rettungsweglänge. Bei kleinen Räumen wird an die Länge der Gänge im Raum keine Anforderung gestellt, es sei denn, es handelt sich z. B. um einen »explosionsgefährdeten« Raum in einem Betrieb, für den die Arbeitsstättenrichtlinie maximal 10 m Entfernung bis zum nächstgelegenen Ausgang fordert. Von jedem Punkt eines Raumes darf in den Objekten die Entfernung bis zum nächstgelegenen Ausgang höchstens den in ▶ Tabelle 10 angegebenen Wert haben.

Hinsichtlich der Breite gilt, dass für 200 Personen mindestens 1,2 m Breite erforderlich ist. Diese Breite entspricht zwei »Personenlaufbreiten«. Die Länge eines Ganges im Raum ist immer in Verbindung mit der höchstzulässigen Rettungsweglänge zu sehen, die in Erdgeschossen bis ins Freie, in nicht zu ebener Erde liegenden Geschossen bis zum Treppenraum der nächstgelegenen notwendigen Treppe zu messen ist. (In der Planung des Gebäudes ist es natürlich umgekehrt: die höchstzulässige Rettungsweglänge bestimmt die Lage der Treppenräume). Ist der Abstand innenliegender Treppenräume bis zur Außenwand größer als die zulässige Rettungsweglänge, so ist der Weg zum Ausgang ins Freie über Vorräume, gegebenenfalls über Rettungstunnel herzustellen.

Die zulässige Rettungsweglänge wird im Grundsatz durch § 35 Abs. 2 MBO festgelegt:

»Von jeder Stelle eines Aufenthaltsraumes sowie eines Kellergeschosses muss mindestens ein Ausgang in einen notwendigen Treppenraum oder ins Freie in höchstens 35 m Entfernung erreichbar sein.«

In den Sonderbauverordnungen können davon abweichende Werte vorkommen. Dieses Maß rührt wohl von der unrealistischen Vorstellung her, dass der Rettungsweg von einer fliehenden Person notfalls mit angehaltenem Atem durcheilt werden kann. Die Entfernung ist erfahrungsgemäß bei starker Verqualmung oder mangelnder Ortskenntnis der Personen nicht mit angehaltenem Atem zurückzulegen, da man sich bei schlechter Sicht nur wesentlich langsamer vorwärtsbewegen kann.

Tabelle 10: ***Zulässige Entfernung bis zum nächstgelegenen Ausgang***

Räume	Entfernung
Räume, in denen eine Gefährdung durch explosionsgefährdete Stoffe besteht	10 m (ASR A2.3)
Für Räume ohne oder mit normaler Brandgefährdung*	35 m (ASR A2.3)
In Versammlungsräumen (Raumhöhe < 7,50 m)	30 m (MVStättVO)
Räume mit erhöhter Brandgefährdung ohne selbsttätige Feuerlöscheinrichtungen** *	25 m (ASR A2.3)
In geschlossenen und unterirdischen Garagengeschossen	35 m (MGaVO)
In brandgefährdeten Räumen mit selbsttätigen Feuerlöscheinrichtungen*	35 m (ASR A2.3)
In offenen Garagen	50 m (MGarVO)
Bei Brandmelde- oder Löschanlage und 10 m Raumhöhe	70 m (IndBauR)

Anmerkung: Die baulichen Forderungen der Arbeitsstättenverordnung (ArbStättV) gelten aus der Sicht des Bauordnungsrechtes als sogenanntes Baunebenrecht.
* Hier weicht die Arbeitsstättenverordnung vom bauaufsichtlichen Grundsatz ab, dass eine Sprinkleranlage keinen Einfluss auf die Länge der Rettungswege haben kann, da sie die Verqualmung nicht verhindert. Die Abweichung bei großer Geschosshöhe ist brandschutztechnisch vertretbar, da ein hoher Raum eine große Speicherkapazität für den Brandrauch bietet und so über eine längere Zeit eine raucharme Schicht für die Flucht und den Einsatz der Feuerwehr zu erwarten ist.
** Sofern es sich bei einem Fluchtweg auch um einen Rettungsweg handelt und das Bauordnungsrecht der Länder für diesen Weg eine abweichende längere Weglänge zulässt, können beim Einrichten und Betreiben des Fluchtweges die Maßgaben des Bauordnungsrechts angewandt werden (ASR A2.3).

Entscheidend für die tatsächlich im Brandfall zurückzulegende Strecke ist die Art und Weise, in der die Rettungsweglänge gemessen wird. Folgende Möglichkeiten sind denkbar:

1. Die tatsächliche Lauflänge, die sich aufgrund der Grundrissgestaltung, unter Berücksichtigung der Ausstattung und Möblierung letztlich ergibt. Dieses Maß kann – von Sonderfällen wie Versammlungsstätten und Verkaufsstätten einmal abgesehen – in der Regel im Baugenehmigungsverfahren überhaupt nicht ermittelt werden, da weder Raumausstattung

noch Möblierung festliegen und auch später ständig verändert werden. Teilweise werden Pläne vorgelegt, begutachtet und genehmigt, in denen nicht einmal die endgültige Raumaufteilung festliegt. Diese genaue Messmethode ist also in der Regel nicht anwendbar.

2. Die tatsächliche Lauflänge, die sich aufgrund der Raumaufteilung ergibt. Sie geht davon aus, dass innerhalb eines Raumes der Weg zur Tür in direkter Richtung zurückgelegt werden kann. Diese Messmethode setzt eine festliegende Raumaufteilung voraus, lässt aber Raumausstattung und Möblierung außer Betracht. Sie stellt eine ausreichende Näherung an die wirklichen Verhältnisse dar, kann allerdings bei großen Räumen das Risiko eines in Wirklichkeit wesentlich längeren Weges bergen. Wenn auch innerhalb von Nutzungseinheiten Trennwände und insbesondere Flurtrennwände nicht notwendig sind, so sind sie bei der Flucht vorhanden. Auch solche Bauteile sind bei der Berechnung der Rettungsweglänge zu berücksichtigen.
3. Die Entfernung zwischen den Bezugspunkten wird in Luftlinie, d. h. durch Zirkelschlag ermittelt. Die Methode ist ungenau, aber praktisch und zeitsparend. Da sich bei dieser Messmethode erheblich größere tatsächliche Lauflängen ergeben können, wäre von vornherein eine geringere höchstzulässige Rettungsweglänge anzusetzen.

In der Tat findet man in den verschiedenen Bauordnungen der Länder und in den zugehörigen Verordnungen unterschiedliche Angaben über die Länge des Rettungsweges und wie er zu messen ist, z. B. »Die Entfernung ist in der Luftlinie, jedoch nicht durch Bauteile zu messen«.

Wesentlich für die tatsächlich zurückzulegende Strecke sind auch die Bezugspunkte, zwischen denen die Entfernung gemessen wird.

Das Ende des Rettungsweges ist in erdgeschossigen Bauten die Tür ins Freie oder zum Rettungstunnel. In nicht zu ebener Erde liegenden Geschossen ist der Endpunkt der Zugang zur notwendigen Treppe, d. h. die Tür zum Treppenraum. Die unterschiedliche Messmethode beeinflusst natürlich die Grundrissgestaltung, insbesondere Zahl und Lage der Treppenräume. Die Lauflänge auf der Treppe ist nicht in Ansatz zu bringen, wenn die Treppe in einem bauordnungsgerechten Treppenraum liegt. Handelt es sich um offene Treppen ohne Treppenraum, z. B. in einer Versammlungsstätte, so ist die Lauflänge auf der Treppe Bestandteil der Rettungsweglänge.

Der Rettungsweg ist zu sichern. Ziel dieser Sicherung ist, dass der Fliehende gegen die Einwirkung von Feuer und Rauch geschützt wird.

Im Inneren des Raumes kann nur der Weg zur Tür in Form eines Ganges bereitgestellt werden. Auf diesem Teil des Weges ist der Fliehende gegen Feuer- und Raucheinwirkung nicht gesichert. Dies ist vertretbar, da er mit dem entstehenden Brand im selben Raum ist und diesen schon in einer frühen Phase sehen, hören und riechen kann. Dies ergibt in allen Fällen, in denen eine normale Brandgefahr vorliegt, eine ausreichende Zeitspanne, um den Raum zu verlassen. In Räumen mit erhöhter Brandgefahr, in denen eine schlagartige Brand- und Rauchentstehung größeren Ausmaßes zu befürchten ist, muss dieser – ungesicherte – Teil des Rettungsweges im Raum die Flucht nach zwei Richtungen ermöglichen, sodass der Fliehende sich mindestens von der Gefahr abwenden kann. Bei großen Räumen und Großräumen ist besonders darauf zu achten, dass der Raum übersichtlich bleibt. Maschinen, Einrichtungen, Leitungen, insbesondere aber Stellwände und Schränke lassen häufig ein unüberblickbares Labyrinth entstehen. Stellwände, Raumteiler und Schrankreihen müssen der Forderung genügen, dass man im Sitzen zumindest die Decke des Raumes überblicken kann und dass man im Stehen den nächstgelegenen Ausgang oder einen über dem Ausgang angebrachten Ausgangshinweis sehen kann. Daraus ergibt sich je nach Raumhöhe und -größe eine maximale Stellwandhöhe von etwa 160 cm. Da gefangene Räume nicht entstehen dürfen, ist die Abtrennung von Raumeinheiten im Großraum nicht zulässig, da deren Rettungsweg der ungesicherte Gang im Großraum wäre. In Ausnahmefällen kann der Abtrennung eines Einzelraumes zugestimmt werden, wenn diese ab Brüstungshöhe in Klarglas erfolgt, sodass wenigstens eine Sichtverbindung zum davorliegenden Großraum erhalten bleibt. Das klassische Beispiel dafür ist die »Meisterbude« in der Werkhalle. Die Sicherung der weiteren Teile des ersten Rettungsweges (Flur, Treppenraum) veranschaulicht ▶ Bild 50.

10.1.1 Ausgänge

Der Ausgang aus einem Aufenthaltsraum und der Ausgang aus dem Treppenraum ins Freie, d. h. auf nicht überbaute Flächen des Grundstücks oder auf die öffentliche Verkehrsfläche und sinngemäß die dazwischen liegenden Türen, sind wesentliche Bestandteile des ersten baulichen Rettungsweges. Unter einem Ausgang ist jedenfalls eine Tür zu verstehen, die ungehindert und aufrecht begangen werden kann. Ist dies nicht der Fall, könnte man nur von einem Ausstieg sprechen. Ein derartiger Ausstieg, etwa aus einem Fenster, kommt nur als zweiter Rettungsweg für wenige Personen in Frage, z. B. in einem Laden oder einer Werkstätte.

Ein Ausgang kann »notwendig« sein, aber die Bezeichnung Notausgang bzw. Notausstieg ist kein Begriff des Baurechts. Sie kann allenfalls dazu dienen, seitens des Betreibers darauf hinzuweisen, dass ein Ausgang im täglichen Betrieb »ohne Not« nicht benutzt werden soll.

Jede Nutzungseinheit mit Aufenthaltsräumen muss mindestens einen Ausgang zum ersten baulichen Rettungsweg haben. An die Aufschlagrichtung und Mindestbreite der Tür werden in Wohnungen, Hotelzimmern, Büros und ähnlichen Nutzungseinheiten in der Regel vom Bauordnungsrecht keine Anforderungen gestellt, da nur einzelne Personen auf den Ausgang angewiesen sind. Handelt es sich um Räume mit erhöhter Brandgefahr, um Großräume und um Räume, die dem gleichzeitigen Aufenthalt vieler Menschen dienen, so sind mindestens zwei Ausgänge erforderlich. Jetzt geht der Gesetzgeber davon aus, dass es in dem Raum brennt, in dem sich die Personen befinden (▶ Bild 48). Die Ausgänge sollen möglichst entgegengesetzt liegen, damit die Personen im Raum sich von der Gefahr abwenden können. Sie dürfen zunächst ohne Bedenken auf denselben Rettungsweg münden – unabhängig von der Forderung, einen zweiten Rettungsweg bereitzuhalten. So fliehen die Personen aus dem Zuschauerraum eines Theaters durch viele Ausgänge zunächst in ein umlaufendes, gemeinsames Foyer, von dem aus erst die Treppenräume erreicht werden. Oder: Es wird gefordert, dass ein chemisches Labor zwei Ausgänge haben muss. Diese beiden Ausgänge sind Türen an beiden Enden des Raumes auf den Flur oder auch zu benachbarten Räumen. Es soll nur der Zweck erreicht werden, den Raum schnell und nach zwei Richtungen verlassen zu können, wenn es im Raum brennt. Unabhängig davon fordert die Bauordnung für diesen Arbeitsraum, weil er ein Aufenthaltsraum im Sinne der MBO ist, zwei Rettungswege. Die beiden Türen, die auf denselben Flur führen, können nur als ein Rettungsweg in Ansatz gebracht werden, es sei denn, der Flur führt zu zwei voneinander unabhängigen Treppen. Führt er jedoch nur zu einer notwendigen Treppe, so muss der zweite Rettungsweg über ein Fenster hergestellt werden, das man anleitern kann. Zweck dieser Forderung ist eine Rettung im Brandfall, wenn der Flur oder Treppenraum, der den ersten Rettungsweg bildet, wegen Brandeinwirkung nicht begehbar ist. Umgekehrt kann auch ein Fenster, das allen Anforderungen zur Rettung genügt, nicht als zweiter Ausgang im Sinne der eingangs gestellten Forderung in Ansatz gebracht werden, da man am Fenster etliche Minuten warten muss, bis eine Feuerwehrleiter zur Stelle ist. Es ist also für einen Aufenthaltsraum, der zugleich ein Raum mit erhöhter Brandgefahr ist, nicht nur der Fall zu berücksichtigen, dass es in einem anderen Raum des Gebäudes brennt, sondern auch der Fall, dass es in dem Aufenthaltsraum selbst zu brennen beginnt.

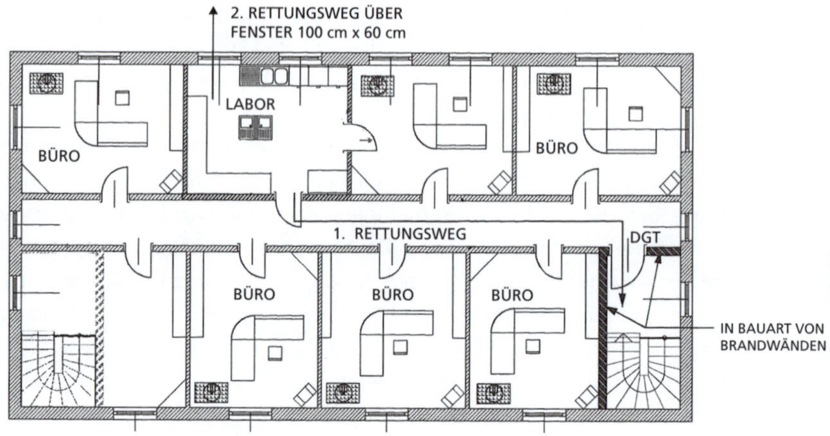

Bild 48: ***Das chemische Labor benötigt als Aufenthaltsraum im Sinne der MBO zwei Rettungswege für den Fall, dass es in einem anderen Raum des Gebäudes brennt und der erste Rettungsweg, d. h. der notwendige Flur nicht mehr begehbar ist. Der zweite Rettungsweg ist das Fenster, da es mit Leitern der Feuerwehr erreichbar ist. Als Raum mit erhöhter Brandgefahr benötigt das chemische Labor einen zweiten Ausgang für den Fall, dass es im Raum selbst brennt und der erste Ausgang nicht begehbar ist. Die Tür zum Nebenraum ist ein zweiter Ausgang, aber kein zweiter Rettungsweg, da sie wieder in denselben Flur führt. Das Fenster ist zwar der zweite Rettungsweg, aber kein zweiter Ausgang aus dem Labor, da dort das Eintreffen der Feuerwehr nicht abgewartet werden kann.***

An die Türen solcher Räume wird weiterhin die Forderung gestellt, dass sie in Fluchtrichtung aufschlagen. Sie müssen sich also zum Flur hin öffnen.

Dabei ist sicherzustellen, dass die Türen nicht in einen Rettungsweg hineinschlagen und diesen einengen oder blockieren. Die Türen sind dann zum Raum hin in Nischen zu setzen.

Schiebe-, Pendel-, Dreh- und Hebetüren sind im Zuge von Rettungswegen unzulässig. Türen im Zuge von Rettungswegen dürfen keine Schwellen haben. Brandschutztore müssen wegen ihrer Breite oft als Schiebetore ausgebildet werden. Liegen sie im Zuge von Rettungswegen (»Flucht in andere Brandabschnitte«), so benötigen sie Schlupftüren. Hier ist besonders darauf zu achten, dass keine Stolperschwelle vorhanden ist. Personen, die bei einer Flucht zu Boden stürzen, kommen nicht mehr hoch oder andere laufen über sie hinweg, mit der sicheren Folge von Personenschäden.

Hinsichtlich der lichten Türbreite gilt die allgemeine Beziehung für Rettungswege: 1,20 m für 200 darauf angewiesene Personen. Für Wohnungseingangstüren beträgt die Breite, allein schon aus Nutzungsgründen, 90 cm. Die einflügelige Tür darf nach MVStättVO nicht schmäler als 1,20 m sein (zwei »Personenlaufbreiten«). In anderen Sonderbauverordnungen finden sich auch andere Mindestmaße.

Türen müssen in Fluchtrichtung mit einem Griff leicht in voller Breite zu öffnen sein. Bei einflügeligen Türen ist dieser Griff in der Regel die Türklinke. Bei sehr hohen Personenzahlen können auch Panikverschlüsse nach DIN EN 1125 sinnvoll sein. Die Tür wird durch Druck auf eine quer montierte Stange in Hüfthöhe geöffnet. Falls Personen an die Tür drücken oder gedrückt werden, öffnet sich diese ohne weiteres Zutun.

Aus betrieblichen Gründen will man häufig Ausgänge zusperren. Da dies unzulässig ist, wurde früher als Kompromiss der Schlüssel in einem Kästchen unter Glas an die Wand gehängt. Zulässige Lösungen bieten elektrische Verriegelungen nach der »Richtlinie über elektrische Verriegelungssysteme von Türen in Rettungswegen« (Fassung Dezember 1997; veröffentlicht durch das DIBt in der MVV TB).

In Hotels, Verkaufsstätten und öffentlichen Gebäuden bildet man die Haupteingänge gerne als Drehtüren aus, da dies einen starken Personenverkehr ohne Zugluft durch die offene Tür ermöglicht. Da der Mensch ein Gebäude erfahrungsgemäß am liebsten durch die Öffnung verlässt, durch die er es betreten hat, bildet der Haupteingang im Gefahrenfall auch den Hauptausgang. Dies ist unbedenklich, wenn die Drehtür nicht als notwendiger Ausgang in Ansatz gebracht wird, sondern unmittelbar links und rechts der Drehtür nach außen aufschlagende Flügeltüren eingebaut werden.

In Verkaufsstätten, Banken, Verkehrsbauten und in ähnlichen Objekten finden sich häufig elektrisch gesteuerte automatische Schiebetüren. Derartige Türen sind zulässig, wenn sie der »Richtlinie für automatische Schiebetüren in Rettungswegen« (Fassung Dezember 1997, veröffentlicht durch das DIBt in der MVV TB) entsprechen. Die Türflügel müssen entweder so ausgebildet sein, dass sie sich im Notfall als Drehflügel von Hand öffnen lassen oder sie müssen bei Stromausfall selbsttätig auffahren und in dieser Stellung verbleiben. Solche Türen können keine Brandschutzanforderungen wie Feuerwiderstand oder Rauchabschluss erfüllen.

Oftmals ist es erforderlich, im Zuge von Fluren und Rettungswegen rauchdichte Türen anzuordnen. Sofern diese Türen als Rauchschutztüren nach DIN 18095 geprüft sind, sind alle Anforderungen erfüllt. Solche Türen sollen vorzugsweise eine Verglasung erhalten, damit der Fliehende den Verlauf und die Fortsetzung des Rettungsweges erkennen kann, Türen zu Treppenräumen eingeschlossen. Sofern das Baurecht dort Feuerschutzabschlüsse verlangt, sind bauaufsichtlich zugelassene T 30-RS-Glastüren einzubauen.

Türen im Zuge von Rettungswegen dürfen auch nicht verspiegelt sein (Bars, Diskotheken), damit bei schlechter Sicht nicht der Eindruck entstehen kann, dass den Fliehenden andere Personen entgegenkommen. Besonders kritisch ist die »Tarnung« von Ausgängen in Verkaufsstätten durch Fotoaufdrucke auf den Ausgangstüren.

»Jeder notwendige Treppenraum muss […] einen unmittelbaren Ausgang ins Freie haben […]. Sofern der Ausgang eines notwendigen Treppenraumes nicht unmittelbar ins Freie führt, muss der Raum zwischen dem notwendigen Treppenraum und dem Ausgang ins Freie

1. *mindestens so breit sein wie die dazugehörigen Treppenläufe,*
2. *Wände haben, die die Anforderungen an die Wände des Treppenraumes erfüllen,*
3. *rauchdichte und selbstschließende Abschlüsse zu notwendigen Fluren haben und*
4. *ohne Öffnungen zu anderen Räumen, ausgenommen zu notwendigen Fluren, sein.«*

(§ 35 MBO)

An die Öffnungsrichtung der Hauseingangstür stellt man im Geltungsbereich der MBO keine Anforderung, sie darf nach innen aufschlagen. Liegt der Ausgang aus einem Treppenhaus im Zuge des Rettungsweges aus einer Versammlungsstätte, Gaststätte, aus einer Verkaufsstätte oder einer sonstigen baulichen Anlage besonderer Art oder Nutzung mit einer hohen Personenzahl, so gilt die Forderung, dass Türen im Zuge von Rettungswegen in Fluchtrichtung aufschlagen müssen, auch für den Ausgang aus dem Treppenraum. Die Breite des Ausgangs muss mindestens der Breite der zugehörigen Treppe entsprechen, bei Versammlungsstätten ist die erforderliche Breite für die Zahl der darauf angewiesenen Personen im Erdgeschoss hinzuzurechnen. Ein Windfang zwischen dem Treppenraum und dem Freien ist unbedenklich, wenn er keine brennbare Einrichtung oder Ausstattung enthält.

Der Ausgang muss ins Freie führen. Das Freie ist eine nicht überbaute Fläche, im günstigsten Fall die öffentliche Verkehrsfläche. Um als das Freie im Sinne des Bauordnungsrechtes zu gelten, muss das Freie so groß sein wie die erforderliche Abstandsfläche. Als das Freie kann auch eine nach oben offene, nicht öffentliche Verkehrsfläche angesehen werden, wenn sie mit einer öffentlichen Verkehrsfläche auf gleicher Ebene oder über eigene Treppen oder Rampen in Verbindung steht und ausreichend bemessen ist, z. B. Terrassen, Fußgängerebenen, Parkdecks und zum Begehen bestimmte Flachdächer von angrenzenden Gebäudeteilen. Sie müssen durch feuerbeständige Decken von den darunter liegenden Geschossen getrennt sein.

Die Verbindung eines Ausganges, der nicht unmittelbar auf die öffentliche Verkehrsfläche führt, stellt den Rettungsweg auf dem Grundstück dar. § 6 Versammlungsstättenverordnung, § 2 Verkaufsstättenverordnung, § 12 Beherbergungsstättenverordnung und Nr. 2 der Hochhausrichtlinien stellen Anforderungen an seine Ausführung: Abmessung, Freihaltung, Beleuchtung und Kennzeichnung bzw. fordern ihn zumindest. Ist bei innenliegenden Treppenräumen in der Eingangsebene die Herstellung eines feuerbeständigen Flures zur Außenwand nicht möglich, da dies die gewünschte Nutzung als offene Halle o. Ä. verbietet, so kann die Verbindung zwischen Treppenraum und Gebäudeaußenwand ein Geschoss tiefer oder höher durch einen Rettungstunnel gegebenenfalls über eine Außentreppe hergestellt werden. Dies ist im Treppenraum und an den Zugängen für die Feuerwehr deutlich zu kennzeichnen.

Rettungstunnel können auch für große Industriebauten, deren Abmessungen die doppelte Rettungsweglänge überschreiten, als Ersatz für den unmittelbaren Ausgang ins Freie dienen. Sie sind stufenlos und geradlinig zu einer Treppe oder Rampe zu führen, die ins Freie mündet. Rettungstunnel müssen von anderen Räumen

Bild 49: ***Der Ausgang des notwendigen Treppenraums mündet in einer Passage mit Schaufenstern und nicht im gesicherten Freien, eine unzulässige Lösung.***

öffnungslos feuerbeständig getrennt sein. Eine Verbindung zu Rettungswegen kann über Sicherheitsschleusen gestattet werden. Sämtliche verwendeten Baustoffe müssen nichtbrennbar sein, Leitungen dürfen nur dem Betrieb des Tunnels oder der Brandbekämpfung dienen. Rettungstunnels müssen entgegen der Fluchtrichtung maschinell lüftbar sein.

Ausgänge sind mit Kennzeichen nach DIN 4844 zu kennzeichnen, deren Größe von der Erkennungsweite abhängt. Sie sind im Grundsatz mit Sicherheitsbeleuchtung auszuführen. Für Ausgänge, auf die nur wenige ortskundige Personen angewiesen sind, genügen langnachleuchtende Kennzeichen.

Die obige Aufzählung der Forderungen an Ausgänge ist nur beispielhaft. Im Baurecht finden sich darüber hinaus noch viele Einzelbestimmungen.

10.1.2 Flure

Den Teil des horizontalen Rettungsweges vom Ausgang aus einem Raum bis zum Ausgang ins Freie bzw. zum Zugang zum Treppenraum der notwendigen Treppe nennt man Flur. Einen Flur, der als Rettungsweg für mehrere Aufenthaltsräume oder Nutzungseinheiten dienen soll, heißt notwendiger Flur. Notwendig, weil sie nach dem Baurecht erforderlich – notwendig – sind. Daneben gibt es auch »nicht notwendige« Flure, z. B. innerhalb einer zulässig großen Nutzungseinheit.

»Flure, über die Rettungswege aus Aufenthaltsräumen oder aus Nutzungseinheiten mit Aufenthaltsräumen zu Ausgängen in notwendige Treppenräume oder ins Freie führen (notwendige Flure), müssen so angeordnet und ausgebildet sein, dass die Nutzung im Brandfall ausreichend lang möglich ist. Notwendige Flure sind nicht erforderlich

1. *in Wohngebäuden der Gebäudeklassen 1 und 2,*
2. *in sonstigen Gebäuden der Gebäudeklassen 1 und 2, ausgenommen in Kellergeschossen,*
3. *innerhalb von Wohnungen oder innerhalb von Nutzungseinheiten mit nicht mehr als 200 m², *
4. *innerhalb von Nutzungseinheiten, die einer Büro- oder Verwaltungsnutzung dienen, mit nicht mehr als 400 m², das gilt auch für Teile größerer Nutzungseinheiten, wenn diese Teile nicht größer als 400 m² sind, (die erforderlichen) Trennwände haben und jeder Teil unabhängig von anderen Teilen (zwei voneinander unabhängige) Rettungswege hat.«*

(§ 36 MBO)

Nutzungseinheiten mit Aufenthaltsräumen, die keine unmittelbaren Ausgänge ins Freie haben, sind an Flure anzuschließen. Sie dürfen nicht allein von fremden Nutzungseinheiten aus zugänglich sein. Ist die Flucht aus einem Aufenthaltsraum nur durch andere Räume mit Brandlast möglich, so nennt man diesen Aufenthaltsraum einen »gefangenen Raum«. Dies ist ein brandschutztechnischer Mangel – unabhängig von der Existenz eines zweiten Rettungsweges. Man lässt gefangene Räume nur innerhalb von Nutzungseinheiten (z. B. Wohnungen, Arztpraxen, Kanzleien) zu.

Innerhalb der genannten Nutzungseinheiten werden an Flure keine Anforderungen gestellt. Ein Flur innerhalb einer Nutzungseinheit ist nicht notwendig und damit brandschutztechnisch gesehen nur ein Gang. Innerhalb einer Wohnung – als Grundtyp einer Nutzungseinheit – werden keine Trennwände gefordert. Eine Wand, die nicht vorhanden sein muss, muss demnach auch keine Brandschutzanforderungen erfüllen.

Bild 50: ***Meisterbüro in einer Werkhalle. An sich ein gefangener Raum ohne gesicherte Rettungswege. Durch die Sichtverglasung ab Brüstungshöhe ergibt sich jedoch zumindest optisch ein Raum.***

10

Werden im Bauordnungsrecht Trennwände gefordert oder Anforderungen an Trennwände gestellt, so ist der Umkehrschluss naheliegend, dass diese Trennwände Nutzungsbereiche trennen.

Notwendige Flure müssen von anderen Räumen getrennt werden. Die entsprechenden Trennwände heißen Flurwände. Notwendige Flure müssen gesichert sein. Ein Flur muss, um als gesichert zu gelten, bestimmten Anforderungen des Brandschutzes genügen:

- er muss sicher begehbar sein, z. B. ist eine Folge von weniger als drei Stufen unzulässig,
- er soll die Flucht in zwei Richtungen erlauben, wenn der erste und zweite Rettungsweg darüber führt,
- er muss den Fliehenden gegen Flammeneinwirkung und Wärmestrahlung schützen, d. h. durch Bauteile mit Feuerwiderstand von der Brandlast in den Räumen trennen,
- Brandrauch soll nicht eindringen,
- er darf nicht zu lang sein, d. h. er ist in Rauchabschnitte zu unterteilen,
- er darf seinerseits nur eine begrenzte Brandlast enthalten,
- er darf durch Einrichtung oder Einbauten nicht eingeengt werden,
- er muss belichtet und/oder beleuchtet sein und
- die Fluchtrichtung muss gekennzeichnet oder sonst wie erkennbar sein.

Zunächst ist im Hinblick auf die Flucht von Menschen die Frage zu klären, über welchen Zeitraum ein Flur den genannten Anforderungen genügen muss. Brandentstehung, Entdeckung, Alarmierung der Betroffenen und deren Flucht sind in 30 Minuten in aller Regel abgeschlossen. Da der Flur aber auch Angriffsweg für die Feuerwehr ist, darf nicht nur die zur Entleerung des Gebäudes erforderliche Zeit in Anschlag gebracht werden, sondern an die Flurtrennwände sind über F 30 hinausgehende Forderungen zu stellen, wenn Rettung und Brandbekämpfung erschwert sind.

Die MBO fordert daher in Fluren, die als Rettungswege dienen, feuerhemmende Flurwände. In Kellergeschossen sowie in baulichen Anlagen besonderer Art oder Nutzung werden feuerbeständige Flurwände gefordert.

In den seltensten Fällen wird jedoch die Flurwand selbst zerstört, Vielmehr werden die Abschlüsse der Öffnungen in den Flurwänden frühzeitig vom Brand zerstört oder stehen von vornherein auf, sodass die eigentliche Feuerwiderstandsdauer der Wand nur noch für die Feuerwehr von gewissem Wert bleibt. Solche Öffnungen sind Türen zu den Räumen, seitliche Verglasungen und Oberlichter über den Türöffnungen bzw. Lichtbänder im oberen Teil der Flurwände.

»Die Wände notwendiger Flure müssen als raumabschließende Bauteile feuerhemmend, in Kellergeschossen, deren tragende und aussteifende Bauteile feuerbeständig sein müssen, feuerbeständig sein.« (§ 36 MBO)

Gemäß dem Grundsatz, dass der Abschluss von Öffnungen eine Stufe weniger geschützt sein muss, wird an die Türen in feuerhemmenden Wänden keine Anforderung an eine Feuerwiderstandsdauer gestellt. Im Bereich der Bauordnung können also beliebig »schwache« Wellspantüren, Füllungstüren oder Glastüren eingebaut werden. Sie müssen auch nicht selbstschließend sein, sondern lediglich »dicht schließen«. Kann der Flur wegen Brandeinwirkung nicht mehr begangen werden, können Personen im Raum nur so lange am Fenster auf das Eintreffen der Feuerwehr warten, solange die Tür standhält. Es besteht also ein enger Zusammenhang zwischen erstem und zweitem Rettungsweg. Türen zu notwendigen Fluren, insbesondere Wohnungseingangstüren, müssen deshalb aus brandschutztechnischer Sicht mindestens vollwandig und dicht, am besten auch noch selbstschließend sein. Den wesentlichen Anteil am Sicherheitsgrad bewirkt die Eigenschaft »selbstschließend«. Wenn sich die Frage stellt, welche Forderung an Türen, die keine Feuerschutzabschlüsse sind, gestellt werden können, um die Sicherheit des Flures zu erhöhen, so ist es zweifellos die beste Maßnahme, die Türen selbstschließend einzurichten. Eine geschlossene Glastür hält erfahrungsgemäß fünf bis zehn Minuten – eine offenstehende vollwandige Tür ist so gut wie nicht vorhanden! Das heißt, wenn schon eine vollwandige Tür gefordert wird, sollte sie auch selbstschließend sein.

Oberlichter befinden sich in der am meisten vom Brand beanspruchten Zone. Zwar kann die Wärmestrahlung den Fliehenden nicht direkt gefährden, wenn die Oberlichter über 1,80 m Höhe angeordnet werden, aber Verglasungen aus Normalglas springen schon nach wenigen Minuten und Verglasungen mit einem Glas, das für G 30-Verglasungen geeignet ist, sind auch von geringem Wert, wenn es nicht nach Zulassungsbedingungen eingebaut ist. Zugelassene G-Verglasungen müssen an massive Wände und Decken anschließen oder zusammen mit einer leichten Trennwand oder Unterdecke geprüft sein. Ist dies nicht der Fall, so stellt ein Lichtband oder Oberlicht die Feuerwiderstandsdauer der ganzen Wand in Frage oder lässt deren Zulassung erlöschen.

Bedenken wegen des Brandschutzes bestehen somit immer, es sei denn, die Räume wären mit einer Sprinkleranlage ausgestattet, oder sie haben einen zweiten, baulichen, völlig unabhängigen Rettungsweg (z. B. auf einen Rettungsbalkon).

Mit Blick auf den primären Zweck des Flures – Flucht der Personen aus eigener Kraft – gilt es also insbesondere, den Flur gegen das Eindringen von Brandrauch zu schützen. Eine Möglichkeit dazu besteht darin, den Flur unter Überdruck gegenüber den Räumen mit Brandlast zu setzen und in letzteren für einen automatisch öffnenden Rauchabzug zu sorgen. Dies geschieht nur in den wenigsten Fällen. In den Flur eingedrungener Brandrauch sollte daher rasch abgeführt werden können, damit die Rauchdichte nicht so zunimmt, dass der Flur unbegehbar wird. Hierfür eignen sich insbesondere Fenster oder andere natürliche Öffnungen, wie Lichtkuppeln. Die Anordnung von Fenstern erfordert, dass der Flur an einer Außenwand liegt. Selbstverständlich müssen die Fenster auch zu öffnen sein; feste Verglasungen sind in den Bauvorlagen oft nicht zu erkennen.

Meist jedoch verwendet man die an der Außenwand liegenden Zonen der Geschosse für Nutzräume und ordnet die Flure innenliegend an. Dann ergibt sich eine zwar übliche aber unbefriedigende Situation. Oft kann dann die Rauchabführung nur über andere Räume erfolgen.

In größeren Gebäuden werden die Flure mechanisch gelüftet. Die Luftwechselraten (1 bis 3-fach) sind für eine wirksame Rauchabführung zu gering.

Der Flur seinerseits soll frei von Brandlast sein, die in Brand geraten oder im Brandfall mitbrennen und insbesondere mitqualmen kann. Diese Forderung ist hinsichtlich der baulichen Ausführung in § 36 MBO geregelt:

»In notwendigen Fluren […] müssen Bekleidungen, Putze, Unterdecken und Dämmstoffe aus nichtbrennbaren Baustoffen bestehen, Wände und Decken aus brennbaren Baustoffen eine Bekleidung aus nichtbrennbaren Baustoffen in ausreichender Dicke haben.«

Textile und andere Fußbodenbeläge müssen in Rettungswegen der Baustoffklasse schwerentflammbar entsprechen. Dies stellt kein Problem dar, da sogar Holzparkett – als Fußbodenbelag geprüft – diese Baustoffklasse erreichen kann. Fußbodenbeläge in Sicherheitsschleusen müssen nichtbrennbar sein.

Die Ausstattung mit Schränken und Sitzmöbeln ist unstatthaft, allenfalls in ganz geringem Umfang, wenn sichergestellt ist, dass die Möblierung die erforderliche Fluchtwegbreite nicht einengt und die sichere Begehbarkeit nicht einschränkt. Schränke müssen aus nichtbrennbaren Baustoffen bestehen.

Sitzmöbel müssen unverrückbar befestigt sein (z. B. Umkleidebänke in Grundschulen und Kindergärten) und weitestgehend aus nichtbrennbaren Stoffen bestehen.

Insbesondere sind Polstermöbel nicht vertretbar. Ein einziges Kilogramm Schaumstoff kann bis zu 3 000 m^3 Rauch entwickeln, d. h. ein brennender Sessel reicht, um einen Flur total zu verqualmen.

Bild 51: ***Sitzmöbel im erweiterten Rettungsweg eines Altenheims. Die Brandlast derartiger Möblierung ist gering zu halten; bei der Auswahl der Stoffe ist darauf zu achten, dass im Brandfall mit keiner hohen Rauchentwicklung zu rechnen ist (z. B. keine Schaumstoffe).***

Die notwendige Rettungswegbreite von Fluren wird in der MBO im Grundsatz nicht bemessen, sie muss nur »für den größten zu erwartenden Verkehr ausreichen« (§ 36 MBO). Allgemein kann man das Grundmaß der Sonderbauverordnungen zugrunde legen, wonach für 200 Personen 1,2 m Fluchtwegbreite erforderlich sind und Fluchtwege mindestens 1,2 m breit sein müssen (▶ Tabelle 11).

Brandrauch soll sich in den Fluren nicht ungehindert ausbreiten können, sondern durch die Bildung von Rauchabschnitten auf begrenzte Bereiche beschränkt werden. § 36 MBO führt dazu aus:

»Notwendige Flure sind durch nichtabschließbare, rauchdichte und selbstschließende Abschlüsse in Rauchabschnitte zu unterteilen. Die Rauchabschnitte sollen nicht länger als 30 m sein.«.

Notwendige Flure mit nur einer Fluchtrichtung (Stichflure), die zu einem Sicherheitstreppenraum führen, dürfen nicht länger als 15 m sein. Ein Sicherheitstreppenraum wird ja nur dann angeordnet, wenn ein zweiter Treppenraum oder ein anderer zweiter Rettungsweg fehlen.

Tabelle 11: ***Erforderliche Breite von Fluren in Sonderbauten***

Art der Nutzung	erforderliche Breite
Flure in Versammlungsstätten jedoch	0,60 m/100 Personen mindestens 1,2 m
Flure für Kunden in Verkaufsstätten für Verkaufsräume < 500 m²	mindestens 2 m mindestens 1,40 m
Flure im Unterrichtsbereich von Schulen jedoch	1,20 m/200 Personen mindestens 1,50 m

Tabelle 11: ***Erforderliche Breite von Fluren in Sonderbauten – Fortsetzung***

Art der Nutzung	erforderliche Breite
Flure in Hochhäusern	mindestens 1,20 m
Flure im Krankenhaus für Transport von Liegendkranken	mindestens 1,50 m mindestens 2,25 m
Ladenstraßen in Verkaufsstätten	mindestens 5 m

Bild 52: ***Überlange Flure sind durch rauchdichte und selbstschließende Türen zu unterteilen. Die Rauchschutztür wird durch eine Feststellanlage offengehalten.***

Angaben zu Breiten von Rettungswegen finden sich auch in den Technischen Regeln für Arbeitsstätten (ASR A2.3 Fluchtwege und Notausgänge).

Die Bildung von Rauchabschnitten erfolgt durch rauchdichte Türen (d. h. RS-Türen) mit Verglasung. Dabei ist darauf zu achten, dass der gesamte Flurquerschnitt – auch über einer Abhängdecke – und neben den Türen mit nichtbrennbaren Baustoffen rauchdicht abgetrennt wird.

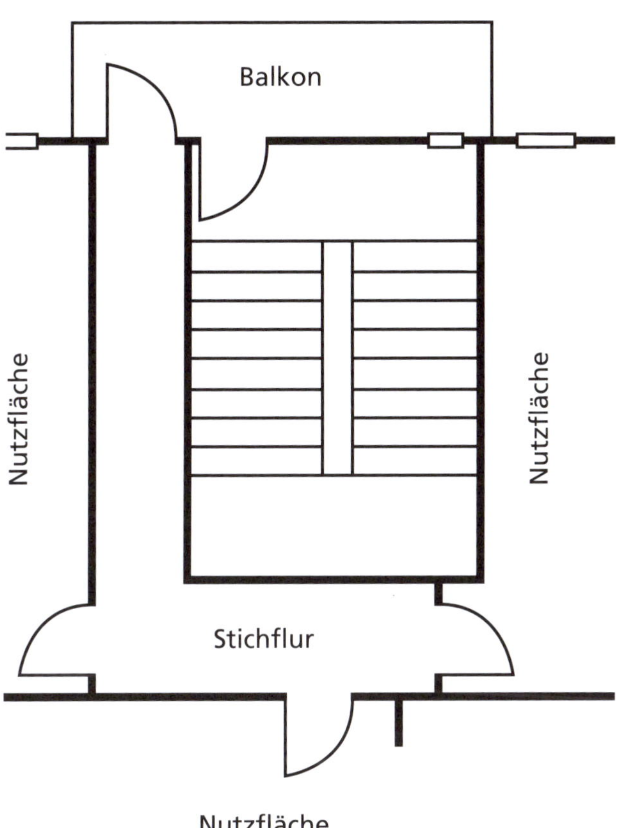

Bild 53: ***Ein Stichflur erlaubt nur die Flucht in eine Richtung. Eine Öffnung, aus der Feuer oder Rauch dringt, muss passiert werden. Seine zulässige Länge ist auf 15 m begrenzt.***

Hier muss auf ein besonderes Problem eingegangen werden, das sich aus der üblichen Praxis ergibt, in notwendigen Fluren, die als Rettungswege dienen, eine Decke abzuhängen und den darüber befindlichen Hohlraum zur Verlegung von Lüftungsleitungen, Rohren, Kabeln und elektrischen Leitungen zu nutzen.

Grundsätzlich müssen die Flurtrennwände bis an die Rohdecke reichen, häufig reichen sie jedoch nur bis zu einer Unterdecke. Dann steht der Hohlraum über dem Flur mit dem Hohlraum über den Räumen in offener Verbindung. Bei flexiblen Trennwandsystemen wird überhaupt kein Unterschied mehr gemacht – eine Abhängdecke reicht über die gesamte Geschossfläche. Bei einer derartigen Anordnung, bei der der Flur dann eine Art Tunnel oder »Löwengang« im Geschoss darstellt, ist darauf zu achten, dass die Konstruktion von Flurwänden und Decken die erforderliche Feuerwiderstandsdauer und Standfestigkeit hat, wobei die Brandlast auch über der Decke liegt. Flurwand und Flurdecke müssen im Verbund geprüft sein. Die Flurdecken müssen rauchdicht und feuerhemmend sein, Öffnungen für Beleuchtungskörper sind unzulässig. Es gilt insbesondere, den aggressiven Rauch von brennenden PVC-Kabelisolierungen von den Fluchtwegen fernzuhalten. Der Löwengang muss auch standsicher sein, also in sich oder durch Abstützung mit dem Feuerwiderstand des Flures gegen den Rohbau ausgesteift.

Revisionsöffnungen für die Installation sind so zu verschließen, dass die Rauchdichtigkeit und die Feuerwiderstandsdauer der Unterdecke erhalten bleiben.

In der Muster-Leitungsanlagenrichtlinie (MLAR) ist der frühere Brandlast-Grenzwert der Kabel von 7 kWh/m^2 weggefallen, in den meisten Bestandsgebäuden aber vorhanden.

Da die Muster-Leitungsanlagenrichtlinie bauaufsichtlich als Technische Baubestimmung eingeführt ist, ist sie in allen baulichen Anlagen unterschiedslos anzuwenden.

Aufhänge- und Tragmittel der Unterdecken müssen aus nichtbrennbaren Baustoffen bestehen. Wird für Unterdecken eine Widerstandsfähigkeit gegen Feuer gefordert, gilt das auch für die Aufhänge- und Tragemittel der Decke und für die Aufhängung darüber verlegter Leitungen. Bei einem gesprinklerten Deckenhohlraum verliert eine feuerhemmende Unterdecke möglicherweise ihre Zulassung, da sie die Last des Wassers nicht aufnehmen kann.

Für Doppelböden und Hohlraumböden gilt die »Richtlinie über brandschutztechnische Anforderungen an Systemböden«. Sie müssen in Fluren feuerhemmend sein und dürfen keine Öffnungen besitzen. Flurwände dürfen von Systemböden nicht hochgeführt werden, wenn diese Wände Nutzungseinheiten trennen.

Die sichere Begehbarkeit eines Flures wird eingeschränkt durch Türen, die in die Fluchtwegbreite schlagen, durch lose Einrichtungsgegenstände, die umstürzen können, durch Schwellen und einzelne Stufen, die eine Stolpergefahr bilden, durch lose Teppiche oder Fußmatten.

»In Fluren ist eine Folge von weniger als drei Stufen unzulässig.« (§ 36 MBO)

Ergibt sich durch unterschiedliche Geschosshöhen, z. B. bei Anbauten, tatsächlich die Notwendigkeit, geringere Höhen als drei Stufen überwinden zu müssen, so kann dies durch Rampen geschehen oder die einzelne Stufe kann durch eine Stufenbeleuchtung deutlich gekennzeichnet sein. Da sie insbesondere bei der Flucht im Brandfall nicht übersehen werden darf, ist die Stufenbeleuchtung mit Ersatzstrom zu versehen.

Die Zahl der Personen, die auf den Fluchtweg angewiesen sind, entscheidet darüber, was zulässig ist. Bei der Zulässigkeit von Abweichungen bedarf es keiner weiteren Erläuterung, dass die Anforderungen an einen Flur, an dem zehn Schulklassenzimmer liegen, schärfer sein müssen, als an einen Flur, an dem fünf Büroräume liegen.

10.1.2.1 Offene Gänge vor der Außenwand – Laubengänge

Anstelle von Fluren können als erster Rettungsweg offene Gänge vor der Außenwand angeordnet werden. Münden auf den offenen Gang vor der Außenwand mehrere Wohnungen, so spricht man von einem Laubengang. Die MBO meint also nicht eine Loggia, sondern einen Balkon. In der Praxis ist die »Außenwand« je nach Bauart oft nicht klar zu definieren, wenn Laubengänge als Loggia aufgefasst und ausgeführt werden.

Echte Laubengänge sind auf einer Längsseite offene Gänge (Balkone) vor den Außenwänden, die an Stelle eines Flures als einziger horizontaler Rettungsweg zu einem Treppenraum, zu zwei Treppenräumen oder zu einem Sicherheitstreppenraum führen.

Die Wohnungseingangstüren münden auf diese Gänge, aber auch Fenster von Räumen, meist Küchen und Bäder. Dies ist solange unbedenklich, solange der Laubengang die Flucht nach zwei Richtungen erlaubt, also Zugang zu zwei endständigen Treppenräumen hat. Die Anforderung der MBO, dass Flure mit nur einer Fluchtrichtung nicht länger als 15 m sein dürfen, gilt nicht für offene Gänge, die Außenwand muss feuerhemmend sein, Türen müssen Flurtüren entsprechend dicht schließen, Fensteröffnungen müssen mindestens 0,9 m über dem Boden des Laubenganges liegen, damit man darunter hinwegkriechen kann; besser ist die Anordnung der Fensterbrüstung erst über Kopfhöhe, was allerdings keine Aufenthaltsräume mehr ermöglicht. Die Gebäudeaußenwand muss den Anforderungen an Flure entsprechen und im Hochhaus feuerbeständig sein. Es ist darauf zu achten, dass die Stürze über der Brüstung des Laubenganges höher als die Oberkante der Tür- und Fensteröffnungen liegen, damit der Rauch vollständig abziehen kann.

Die Erfahrung lehrt, dass bei derartigen Bauten häufig später versucht wird, die Laubengangöffnungen ins Freie wegen Regen, Schnee und Wind mit Verglasungen zu schließen. Dies ist brandschutztechnisch sehr bedenklich, da der Laubengang den einzigen Rettungsweg bildet und besonders im Hochhaus unter allen Umständen rauchfrei gehalten werden muss. Durch das Verschließen der Öffnungen für den Rauchabzug wird der Laubengang zu einem Flur. Führt er zu einem einzigen Sicherheitstreppenraum, so ist dessen Eigenschaft, dass Feuer und Rauch nicht in ihn eindringen können, aufgehoben.

Bild 54: ***Laubengang: Am Ende befindet sich der Zugang zum Treppenraum.***

Zum Schutz der Fliehenden vor Feuer und Rauch aus den darunterliegenden Geschossen, ist der Laubengang mit dem Feuerwiderstand der Geschossdecke herzustellen und mit einer geschlossenen Brüstung aus nichtbrennbaren Baustoffen zu versehen, die der Feuerwiderstandsklasse W 30/60/90 genügt. Hinsichtlich der europäischen Klassifizierung wird auf den Anhang 4 der MVV TB hingewiesen.

Laubengänge als Flure müssen die notwendige Flurbreite aufweisen, Fluchtbalkone als zweier Rettungsweg können schmäler sein.

10.1.3 Notwendige Treppen

Wie bereits ausgeführt, muss von jeder Stelle eines Aufenthaltsraumes der Treppenraum mindestens einer notwendigen Treppe in 35 m erreichbar sein, sofern das Gebäude nach der MBO erstellt wird. Dieser Wert, die höchstzulässige Rettungsweglänge, schwankt in den Sonderbauordnungen (▶ Tabelle 12).

Tabelle 12: ***Zulässige Entfernung jeder Stelle eines Aufenthaltsraums vom Treppenraum einer notwendigen Treppe in Sonderbauten und Garagen***

Gebäude	Entfernung
Geschlossene und unterirdische Garagen	35 m
Versammlungsstätten	
▪ im Versammlungsraum bis zu einem Ausgang	30 m
▪ und vom Ausgang bis zum Treppenraum	30 m
Krankenhäuser	35 m
Schulen	35 m
Beherbergungsstätten	35 m
Verkaufsstätten	
▪ bis zu einem Ausgang	25 m
▪ eines sonstigen Raums oder einer Ladenstraße	35 m
Hochhäuser	35 m
Offene Garagen	50 m
In mindestens 10 m hohen Industriebauten mit Feuerlöschanlage oder automatischen Brandmeldern	70 m

Daraus ergibt sich die Zahl und Lage der notwendigen Treppen. Die MBO fordert im Grundsatz eine notwendige Treppe. Zahl und Lage der notwendigen Treppen ergeben sich weiterhin aus der Forderung nach mindestens zwei Treppen in Mittel- und Großgaragen, in Hochhäusern, in Versammlungsstätten, in Verkaufsstätten, in Schulen, in Beherbergungsstätten mit mehr als 30 Gastbetten in einem Obergeschoss oder mit mehr als 60 Gastbetten in Obergeschossen. Die Zahl der notwendigen Treppen ergibt sich insbesondere auch aus der Forderung, in Versammlungsstätten und in Beherbergungsstätten für 200 darauf angewiesene Personen eine 1,2 m Rettungswegbreite vorzusehen, bzw. in Verkaufsstätten, wo die Personenzahl nicht bestimmbar ist, je angefangene 100 m² Fläche der Verkaufsräume eine 0,30 m Ausgangs- und Treppenlaufbreite anzubieten. Die Treppen, die zur Einhaltung der Rettungsweglänge notwendig sind oder von vornherein ohne Zusammenhang mit der Rettungsweglänge vom Baurecht gefordert werden, heißen »notwendige« Treppen. Andere, nicht notwendige Treppen können zusätzlich angeordnet werden. Sie sind brandschutztechnisch als Deckendurchbrüche zu behandeln oder wie notwendige Treppen auszuführen. Treppen müssen sicher begehbar sein, d. h. feste

Treppen sein. Treppen ohne Treppenräume sind zulässig als Außentreppe, wenn ihre Nutzung ausreichend sicher ist und im Brandfall nicht gefährdet werden kann.

Es kann brandschutztechnisch notwendig sein, größere Personenströme zu trennen, oder die Rettungswege der Personen im Gebäude von den Angriffswegen der Feuerwehr zu trennen.

Für eine wirksame und rasche Menschenrettung und Brandbekämpfung dient die Bestimmung, dass notwendige Treppen in einem Zug zu allen angeschlossenen Geschossen zu führen sind und mit Treppen zum Dachraum unmittelbar verbunden sein müssen (§ 34 MBO). Sowohl das rasche Erreichen der Einsatzstelle durch die Feuerwehr als auch die Orientierung nicht ortskundiger Personen bei der Flucht werden dadurch sichergestellt.

Die MBO fordert in Gebäuden der Gebäudeklasse 5 für die tragenden Teile notwendiger Treppen eine feuerhemmende Ausführung aus nichtbrennbaren Baustoffen, für die Gebäudeklasse 4 nichtbrennbare Baustoffe, für die Gebäudeklasse 3 feuerhemmend oder nichtbrennbar (§ 34 MBO). Die Forderung nach feuerbeständigen Treppen findet sich nur in Sonderbauverordnungen. Steinstufen ohne Bewehrung sind auf ihrer ganzen Länge aufzulagern, da es sich bei Steinstufen meist um Naturstein handelt, der im Brandfall nur eine geringe Standfestigkeit besitzt. Da es eine Bauteilprüfung für ein Sonderbauteil »Treppen« in der DIN 4102 nicht gibt, läuft die Forderung darauf hinaus, lediglich den Feuerwiderstand bzw. die Baustoffklasse der tragenden Teile zu bestimmen.

Mit der Frage nach dem erforderlichen Feuerwiderstand geht zwangsläufig die Frage einher, ob eine Treppe geschlossen, d. h. mit Tritt- und Setzstufen auszuführen ist. In der Verkaufsstättenverordnung ist diese Bestimmung ausdrücklich enthalten. Man erwartet von einer notwendigen Treppe, dass sie auch im Falle der direkten Brandeinwirkung noch insofern begehbar bleibt – zumindest für die Feuerwehr –, dass Flammen aus Türöffnungen nicht zwischen den Treppenstufen hindurchschlagen können.

Die DIN 18065 beschreibt die geometrischen Anforderungen an Treppen. »*Einschiebbare Treppen und Rolltreppen sind als notwendige Treppen unzulässig.*« lautet § 34 der MBO.

In Gebäuden mit *Fahr(Roll-)treppen* ist mit starkem Personenverkehr zu rechnen. Eine *Fahrtreppe*, die wegen Stromausfall im Brandfall plötzlich stehen bleibt, hat am oberen und unteren Ende einige Stufen mit verschiedenem Steigungsverhältnis, was zu Stürzen und Personenschäden führen kann, wenn viele Personen fliehen müssen. Darüber hinaus hat die *Fahrtreppe* nicht die erforderliche Breite und gegebenenfalls nicht das vorgeschriebene Steigungsmaß. *Fahrtreppen* stellen in aller Regel offene Verbindungen zwischen den Geschossen dar, liegen also nicht in einem Treppenraum, und können daher schon keine notwendigen Treppen sein. Im Brandfall dringt den Fliehenden durch die ungeschützten Deckenöffnungen dichter Rauch entgegen, der sich unter der Decke gesammelt hat. Die *Fahrtreppe* führt also durch die wärmste Zone des darunterliegenden Geschosses. Daran kann auch eine Sprinkleranlage nichts ändern, da während der Brandausbruchs- und Fluchtphase die Sprinklerdüsen noch nicht öffnen. In Gebäudeklasse 1 und 2 sind einschiebbare Treppen und Leitern als Zugang zu einem Dachraum ohne Aufenthaltsraum zulässig (§ 34 MBO).

In höheren Gebäuden ist davon auszugehen, dass auch der Dachraum, der nicht ausgebaut ist oder keine Aufenthaltsräume enthält, eine Nutzung erfährt, etwa zum Wäsche trocknen oder Abstellen von Gegenständen. Dafür brauchen sowohl die Personen, die den Dachraum nutzen, als auch die Feuerwehr eine notwendige Treppe mit den erhöhten Anforderungen.

Treppen mit gewendelten Läufen (Wendeltreppen, Spindeltreppen) sind als notwendige Treppen in Versammlungsstätten für Besucher und in Verkaufsräumen unzulässig, da sie weniger leicht begehbar sind, besonders wenn viele Personen auf die Treppe angewiesen sind.

Ein wichtiges Kriterium einer notwendigen Treppe ist die lichte Breite zwischen den Handläufen. Grundsätzlich muss die nutzbare Breite der Treppen für den größten zu erwartenden Verkehr ausreichen. Die Mindestlaufbreite von Treppen beträgt:

- nach DIN 18065 je nach Nutzung 0,80 bzw. 1,00 m,
- in Wohngebäuden (MBO) gilt: »muss für den größten zu erwartenden Verkehr ausreichen«,
- in Garagen mindestens 1,00 m,
- in Versammlungsstätten je 200 darauf angewiesene Personen 1,20 m, jedoch mindestens 1,20 m,
- in Beherbergungsstätten keine Angabe,
- in Hochhäusern mindestens 1,20 m,
- in Schulen mindestens 1,20 m,
- in Krankenhäusern mindestens 1,50 m
- in Verkaufsstätten ab 500 m² für Kunden mindestens 2,00 m.

Die Aussage »mindestens« besagt, dass diese Angaben nicht als starres Schema anzusehen sind, sondern die Treppenlaufbreiten, wie überhaupt die Breite von Rettungswegen, auf die Erfordernisse des Einzelfalls abzustimmen sind, die häufig Abweichungen nach oben erfordern. In allen Zweifelsfällen gilt die Formel des Musters der Versammlungsstättenverordnung »1,20 m pro 200 darauf angewiesene Personen«. »Darauf angewiesen« bedeutet, dass Zahl und Breite der notwendigen Treppen keine Bruttoformel darstellen, sondern auf die Führung und Länge der

Rettungswege Rücksicht zu nehmen ist. Hier ist an die Forderung zu erinnern, dass Treppen entgegengesetzt liegen sollen und so zu verteilen sind, dass die Rettungswege möglichst kurz werden und dass möglichst keine Rettungswege entstehen, die eine Flucht nur in eine Richtung ermöglichen (Stichflure).

In Hochhäusern wird darauf verzichtet, die Treppenbreite zum Ausgang hin zu verbreitern, damit stets die Mindestbreite von 1,20 m pro 200 Personen vorhanden ist. Dies erscheint gerechtfertigt, da in Hochhäusern aufgrund deren baulicher Ausführung (unter anderem feuerbeständige und nichtbrennbare Wände und Decken, nichtbrennbare Fassaden) nur sehr verzögert eine Brandweiterleitung auf mehrere Geschosse stattfindet. Nicht sinnvoll wäre allerdings, über eine Alarmierungsanlage im Brandfall gleichzeitig alle Geschosse zu beschallen. Dies könnte zum Rückstau und einer verzögerten Räumung aus dem Brandgeschoss führen.

Erhöhte Anforderungen werden an die Breite von Treppen gestellt, wenn der Transport von Krankentragen möglich sein muss. Krankentragen sind nach DIN 13024 genormt und besitzen eine Breite von 0,60 m und eine Transportlänge (mit ausgezogenen Tragegriffen) von 2,26 m. Bei einer Treppenlaufbreite von 1,20 m muss das Podest mindestens so breit wie der Treppenlauf sein. Die Länge des Treppenabsatzes (= lichte Breite des Treppenraumes) muss in jedem Fall mindestens 2,30 m betragen. Dies gilt auch für die Vorräume von Aufzügen, die für den Transport von Krankentragen bestimmt sind.

Treppen müssen mindestens einen festen Handlauf haben. Treppen, bei denen mit starkem Personenverkehr zu rechnen ist, müssen Handläufe ohne freie Enden haben, damit sich die Kleidungsstücke der Fliehenden nicht verfangen können. Eine derartige Störung des Personenstromes führt im Gefahrenfall zwangsläufig zur Verstopfung des Rettungsweges, zu Stürzen und zu lebensgefährlichen Verletzungen.

10.1.4 Treppenräume

»Jede notwendige Treppe muss zur Sicherstellung der Rettungswege aus den Geschossen ins Freie in einem eigenen, durchgehenden Treppenraum liegen (notwendiger Treppenraum).« (§ 35 MBO)

Von allen Teilen des Gebäudes, die im Brandfall von Bedeutung sind, ist der wichtigste der Treppenraum. Er spielt als Fluchtweg (erster Rettungsweg) für die Bewohner wie auch als Rettungs- und Angriffsweg für die Feuerwehr die größte und entscheidende Rolle. An den Treppenraum sind deshalb folgende Anforderungen zu stellen:

- Er muss gegen Brandeinwirkung aus den Geschossen gesichert sein.
- Er muss gegen das Eindringen von Rauch aus den Geschossen gesichert sein.
- Er muss gegen das Eindringen von Feuer und Rauch von außen geschützt sein.
- Er muss möglichst lange standsicher und sicher begehbar bleiben.
- Eingedrungener Brandrauch muss rasch abgeführt werden.
- Er darf seinerseits keine Brandlast enthalten.
- Er muss einen unmittelbaren Ausgang ins Freie haben.
- Er muss belichtet und/oder beleuchtet werden können.

In Abhängigkeit vom Risiko müssen alle diese Forderungen mehr oder weniger streng erfüllt werden. Dies geschieht auf folgende Weise: Der Treppenraum ist in der Feuerwiderstandsklasse der tragenden und aussteifenden Bauteile zu umwanden. Damit wäre definitionsgemäß ein Schutz des Raumes in Abhängigkeit der Gebäudeklasse von 30 bis 90 Minuten gewährleistet, wenn nicht die notwendigen Öffnungen zu Fluren oder Räumen vorhanden wären, die entgegen dem allgemeinen Prinzip in Treppenräumen nicht generell mit T 30-Türen abgeschlossen werden.

Die Wände notwendiger Treppenräume müssen als raumabschließende Bauteile

1. in Gebäuden der Gebäudeklasse 5 die Bauart von Brandwänden haben. Die Formulierung »Bauart von Brandwänden« ist bewusst gewählt, da die direkte Forderung nach Brandwänden z. B. in den Treppenraumaußenwänden – die dann äußere Brandwände wären – keine Öffnungen zulassen würde. Solche Öffnungen werden aber dort gerade gefordert. Auch müssten dann die Wohnungseingangstüren T 90 sein. Die Forderung beinhaltet konkret: Die Wände müssen feuerbeständig und standsicher sein, d. h. einer zusätzlichen mechanischen Beanspruchung standhalten.
2. in Gebäuden der Gebäudeklasse 4 auch unter zusätzlicher mechanischer Beanspruchung hochfeuerhemmend und
3. in Gebäuden der Gebäudeklasse 3 feuerhemmend sein.

Bei diesen Forderungen ist besonders darauf zu achten, dass die Feuerwiderstandsdauer nicht durch Schlitze, Schächte und andere Einbauten geschwächt wird. Gewisse Einbauten sind in Treppenräumen nämlich möglich und werden sogar gefordert, z. B. nasse und trockene Löschwasserleitungen oder Rauchabzugseinrichtungen.

Auch dürfen nicht Teile der Treppenraumwand, insbesondere neben oder über Türen, aus Holz, Glas oder ähnlichen Baustoffen hergestellt werden. »Was nicht Tür ist, ist Wand« – und diese muss Brandwand (REI 90-M) bzw. REI 60-M oder REI 30 sein. Allerdings lässt § 35 Abs. 6 MBO lichtdurchlässige Seitenteile und Oberlichte von Feuerschutz- und Rauchschutzabschlüssen zu. Die Abschlüsse sind dann insgesamt (Tür und Seitenteile bzw. Oberlichter) als Feuerschutz- bzw. Rauchabschluss geprüft und zugelassen.

Da die notwendigen Treppen alle Geschossdecken durchbrechen und die Geschossdecken im Allgemeinen horizontale Brandbekämpfungsabschnitte bilden, stünden diese Abschnitte über die Treppen in offener Verbindung.

Auch daraus ergibt sich die Forderung nach einer Umwandung der Treppe mit Feuerwiderstand, sodass ein eigener Brandabschnitt entsteht. Auch wenn dieser nicht alle Forderungen eines definitionsgemäßen Brandabschnittes erfüllt – insbesondere nicht hinsichtlich des Abschlusses von Öffnungen in den Brandwänden – so stellt er zumindest einen Rauchabschnitt dar.

Daraus geht hervor, dass insbesondere die Öffnungen in den Treppenraumwänden und ihr Abschluss die Sicherheit des Treppenraumes bestimmen. Zahl und Art der Öffnungen ergeben sich aus der Lage des Treppenraumes im Gebäude. Drei Arten der Anordnung sind möglich:

- Die Anordnung der Treppe und des Treppenraumes außerhalb des Gebäudegrundrisses. Dieser Fall kommt gelegentlich als Sicherheitstreppenraum beim Hochhaus vor, in anderen Gebäuden ist es die Ausnahme. Offene Außentreppen ohne Treppenraum (Freitreppen) werden von der Bauaufsicht als notwendige Treppen zugelassen, obwohl sie nicht immer sicher begehbar (Eis, Schnee) sind. Die MBO lässt sie zu, »wenn ihre Nutzung ausreichend sicher ist und im Brandfall nicht gefährdet werden kann.«
- Die Anordnung der Treppe und des Treppenraumes innerhalb des Gebäudegrundrisses, aber an einer Außenwand. Ein solcher Treppenraum heißt »außenliegender Treppenraum«. Diese Anordnung wird von § 35 MBO grundsätzlich gefordert und stellt den Regelfall dar (▶ Bild 55, Fall 1 bis 3).
- Die Anordnung der Treppe und des Treppenraumes im Inneren des Gebäudegrundrisses, wobei alle Treppenraumwände Trennwände sind, der »innenliegende Treppenraum« (▶ Bild 55, Fall 4). Diese Anordnung

sollte, da sie brandschutztechnisch nachteilig ist, die Ausnahme bleiben. Sie kann unter Bedingungen zugelassen werden.

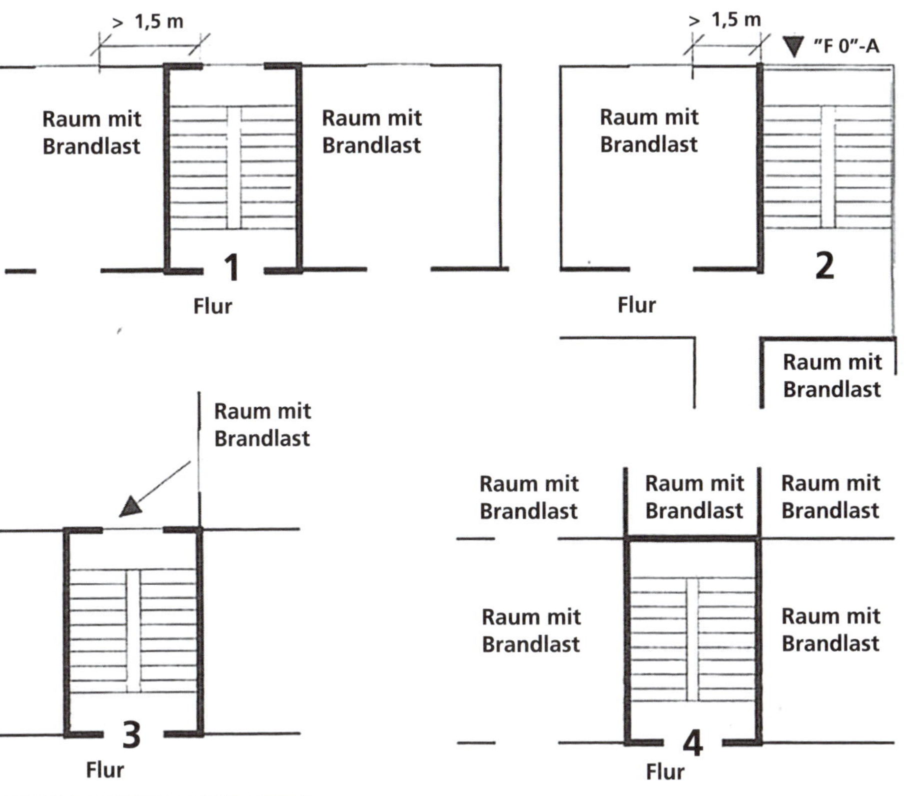

Bild 55: *1) außenliegender Treppenraum, Fensteröffnung von außen nicht gefährdet*
2) außenliegender Treppenraum, von außen nicht gefährdet
3) außenliegender Treppenraum im einspringenden Winkel, von außen gefährdet, jedoch keine konkreten Anforderungen der MBO
4) innenliegender Treppenraum

10.1.4.1 Außenliegende Treppenräume

Notwendige Treppenräume müssen in einer Ebene durchgehend sein und (im Gebäudeinneren) an einer Außenwand liegen. Bei dieser Anordnung, bei der mindestens eine Treppenraumwand zugleich Außenwand des Gebäudes ist, ist sowohl die Anordnung von Fenstern als auch ein unmittelbarer Ausgang ins Freie möglich. Dieser notwendige Ausgang ins Freie liegt in aller Regel im Erdgeschoss, kann aber auch im Ausnahmefall in einem anderen Geschoss zugelassen werden, z. B. in einem Terrassengeschoss bei Gebäuden mit Breitfuß, wenn die Benutzer des Treppenraumes vom Freien aus über Treppen oder Rampen sicher auf die öffentliche Verkehrsfläche gelangen können, oder bei Gebäuden in Hanglage. In diesem Fall ist die Zugänglichkeit für die Feuerwehr besonders zu kennzeichnen.

Die Fenster bewirken, dass der Treppenraum natürlich belichtet wird – auch nachts durch Restlicht – und dass der Blick ins Freie möglich ist, was für die Psyche des Fliehenden von nicht zu unterschätzendem Vorteil ist. Die Fenster dienen aber in erster Linie zur Abführung bzw. Verdünnung von eingedrungenem Brandrauch. Zu diesem Zweck müssen sie ohne Hilfsmittel (wie Steckschlüssel u. Ä.) in jedem Geschoss geöffnet werden können.

»Notwendige Treppenräume […] müssen in jedem oberirdischen Geschoss unmittelbar ins Freie führende Fenster mit einem freien Querschnitt von mindestens 0,5 m² haben, die geöffnet werden können.« (§ 35 MBO)

Dabei taucht sofort die Frage nach dem Schutz des Treppenraumes von außen auf, da Fenster ja ungeschützte Öffnungen in der Treppenraum-Außenwand bilden. Ungeschützte Außenwände sind nur dann zulässig, wenn diese Außenwand durch andere an die Außenwand anschließende Gebäudeteile im Brandfall nicht gefährdet werden kann. Dann kann die ganze Außenwand aus nichtbrennbaren Baustoffen ohne Feuerwiderstand hergestellt werden. Eine verglaste Treppenraum-Außenwand, d. h. aus nichtbrennbaren Baustoffen, aber ohne Feuerwiderstand ist nur dann zulässig, wenn keine ungeschützten Fensteröffnungen des eigenen oder eines Nachbargebäudes oder brennbare Bauteile gegenüber liegen. Sonst könnte ein Treppenraum, der vom Gebäudeinneren her rauchfrei und begehbar ist, nur so lange begehbar bleiben, bis die Fensterscheiben springen und Feuer und Rauch von außen eindringen. Es ist erforderlich, dass andere Fenster in gegenüberliegenden Wänden 5 m Abstand einhalten.

Liegen Treppenräume in einspringenden Ecken mit Fensteröffnungen (▶ Bild 55, Fall 3), dann tritt das Problem auf, dass sich zwei Forderungen entgegenstehen. Der Treppenraum muss Fenster haben, darf aber von außen nicht gefährdet werden. Die Entscheidung sollte zu Gunsten der Fenster des Treppenraumes fallen, da die Rauchabführung aus dem Treppenraum in der ersten Brandphase, in der die Flucht der Hausbewohner erfolgen soll, wichtiger ist als der Schutz gegen einen Brandüberschlag, der erst in der späteren Vollbrandphase zu befürchten ist.

Gänzlich auszuschließen sind natürlich Fenster in Trennwänden von Treppenräumen, etwa zur Belichtung von innenliegenden Bädern oder anderen Räumen, wie man sie in alten Gebäuden findet (▶ Bild 57).

Bild 56: ***Ein Treppenraum, dessen Außenwände nicht in der Bauart von Brandwänden hergestellt sind, der jedoch wegen seiner Lage im einspringenden Gebäudeeck ohne Öffnungen aus der Sicht des Vorbeugenden Brandschutzes unbedenklich ist.***

10

Bild 57: ***Ungeschützte Fensteröffnungen einer Wohnung zum Treppenraum, insbesondere in älteren Wohngebäuden – ein gravierender Mangel mit konkreter Gefahr für die Gebäudenutzer.***

Ein weiteres wichtiges Kriterium für die Sicherheit bilden die Türöffnungen in Treppenraumwänden. Konsequenterweise müssten alle Türen, die nicht ins Freie führen, in Brandwänden feuerbeständig und in feuerbeständigen Wänden feuerhemmend, rauchdicht und selbstschließend sein. Abschlüsse sind nur von Wert, wenn die Türen geschlossen sind. Dies ist erfahrungsgemäß im Brandfall nicht so. Die brennende Wohnung oder ein sonstiger Brandraum wird fluchtartig verlassen und der Türabschluss bleibt offen! Die Musterbauordnung trägt dieser Erkenntnis Rechnung:

»In notwendigen Treppenräumen müssen Öffnungen zu Kellergeschossen, zu nicht ausgebauten Dachräumen, Werkstätten, Läden, Lager- und ähnlichen Räumen sowie zu sonstigen Räumen und Nutzungseinheiten mit einer Fläche von mehr als 200 m^2, ausgenommen Wohnungen, mindestens feuerhemmende, rauchdichte und selbstschließende Abschlüsse, zu notwendigen Fluren rauchdichte und selbstschließende

Abschlüsse, zu sonstigen Räumen und Nutzungseinheiten mindestens dicht- und selbstschließende Abschlüsse haben.«

Die Hochhausrichtlinien verbieten den unmittelbaren Anschluss von Räumen mit Brandlast an Treppenräume überhaupt.

Ein besonderes Brandrisiko stellen Kellerräume, Läden, Werkstätten, Lagerräume, Speicher und Dachböden dar. Dort brennt es erfahrungsgemäß öfter. Gerade der Kellerbrand ist fast immer mit einer Verqualmung des Treppenraumes verbunden. Daher sind die genannten Räume gegen den Treppenraum mit feuerhemmenden, rauchdichten und selbstschließenden Abschlüssen zu versehen (§ 35 MBO).

In Einzelfällen darf die Verbindung nur über Sicherheitsschleusen erfolgen (z. B. zwischen Garagen und Treppenräumen notwendiger Treppen). Eine gute Lösung stellt auch die feuerbeständige Trennung der über Erdgleiche liegenden Treppen von den Kellertreppen im Erdgeschoss dergestalt dar, dass Austritt der Kellertreppe und Antritt der Treppe nach oben vom Freien her erfolgen (4.2.4 MHHR). Die Forderung nach der in einem Zug durch alle Geschosse führenden Treppe wird dadurch nicht verletzt.

Man sollte ohnehin vermeiden, Räume mit hoher Brandlast oder Brandgefährdung (z. B. Labor) unmittelbar an den Treppenraum anzuschließen, sondern sie mit dem Treppenraum nur durch Flure oder Vorräume verbinden. Die Flure oder Vorräume müssen ihrerseits gegen den Treppenraum abgeschlossen sein. Hier genügt im Allgemeinen eine Rauchschutztür nach DIN 18095 (▶ Bild 58).

In Hochhäusern müssen diese Türen feuerhemmend, rauchdicht und selbstschließend sein. Die Belichtung der Flure und das Erkennen der Fortsetzung des Rettungsweges werden durch T 30-RS-Glastüren erreicht.

Der obere Abschluss notwendiger Treppenräume, d. h. die Decke des Treppenraumes, auch Treppenspiegel genannt, muss als raumabschließendes Bauteil die Feuerwiderstandsfähigkeit der Decken des Gebäudes haben; dies gilt nicht, wenn der obere Abschluss das Dach ist und die Treppenraumwände bis unter die Dachhaut reichen (§ 35 MBO). Das Schutzziel ist hier, bei einem Brand im obersten Geschoss ein Versagen der Treppenraumdecke mit Absturz von Bauteilen hinreichend lang zu verhindern. Der Treppenraum kann unter den genannten Voraussetzungen mit einem Glasdach überdeckt werden. Davon wird häufig Gebrauch gemacht, insbesondere bei innenliegenden Treppenräumen zur Belichtung und zum Rauchabzug.

Ein Glasdach ist keine »harte Bedachung«. Nicht völlig auszuschließen ist eine Brandübertragung von außen in den Treppenraum hinein, besonders in Gebäuden, in denen Treppen vorhanden sind, deren nichttragende Teile aus brennbaren Baustoffen bestehen, was zulässig ist, und in denen keine Anforderungen hinsichtlich des Feuerwiderstandes an den Abschluss von Öffnungen in den Treppenraumwänden gestellt werden. Bei der Verwendung von Lichtkuppeln aus brennbaren Kunststoffen ist darauf zu achten, dass dieser nicht brennend abtropft und dass die Lichtkuppeln nur eine Teilfläche des Treppenspiegels ausmachen.

Bild 58: ***Rauchschutztür nach DIN 18095 zwischen Flur und Treppenraum sowie Rettungswegzeichen E 13 nach BGV A8 mit integrierter Sicherheitsleuchte. Die Glastür lässt die Fortsetzung des Rettungsweges erkennen.***

Anstelle der Treppenraumfenster ist auch eine Rauchabzugsöffnung an oberster Stelle zulässig. In Gebäuden mit einer Höhe von mehr als 13 m ist an der obersten Stelle eine Öffnung zur Rauchableitung mit einem freien Querschnitt von mindestens 1 m^2

Bild 59: ***Deckendurchbruch einer internen Verbindungstreppe; der Deckendurchbruch muss brandschutztechnisch erst geschlossen werden, wenn die Nutzungseinheit größer als 400 m² ist.***

erforderlich. Die Rauchabzugseinrichtung kann das oberste Fenster sein, wenn es nicht wie üblich ein Podest tiefer liegt. Dann nämlich liegt das oberste Geschoss einen Treppenlauf höher und es bildet sich ein Sack, in dem Rauchdichte und Temperatur am höchsten sind. Befinden sich in diesem Geschoss Aufenthaltsräume, z. B. ausgebaute Dachräume, so wäre deren Bewohnern der erste Rettungsweg von vornherein genommen. Die Rauchabzugseinrichtung muss vom Erdgeschoss und vom obersten Treppenabsatz aus geöffnet werden können, was wenig nützt, wenn dieser vor dem Speicherzugang liegt. Hier sollte man mindestens noch eine Betätigung im obersten Geschoss mit Aufenthaltsräumen, besser in allen Geschossen vorsehen. »An oberster Stelle« bedeutet, dass 50 Prozent der Rauchabzugsöffnung mehr als 2 m über dem Fußboden des obersten Geschosses mit Aufenthaltsräumen liegen müssen.

In Sonderbauten, in denen viele Menschen auf die Treppenräume angewiesen sind, ist die elektrische Treppenraumbeleuchtung an die Ersatzstromversorgung anzuschließen und mit gegen Brandeinwirkung geschützten Zuleitungen zu versehen (Sicherheitsbeleuchtung und Funktionserhalt).

Einbauten in Treppenräumen, die die lichte Breite des Rettungsweges einschränken könnten, sind unzulässig.

»In notwendigen Treppenräumen und ihren Ausgängen ins Freie müssen
1. *Bekleidungen, Putze, Dämmstoffe, Unterdecken und Einbauten aus nichtbrennbaren Baustoffen bestehen,*
2. *Wände und Decken aus brennbaren Baustoffen eine Bekleidung aus nichtbrennbaren Baustoffen in ausreichender Dicke haben,*
3. *Bodenbeläge, ausgenommen Gleitschutzprofile, aus mindestens schwerentflammbaren Baustoffen bestehen.«*

(§ 35 MBO)

Leitungsanlagen sind nur zulässig, wenn die Bestimmungen der »Richtlinien über brandschutztechnische Anforderungen an Leitungsanlagen« beachtet werden. Der sichere Treppenraum ist ohne jede Brandlast! Leitungen dürfen in Treppenräumen ungeschützt nur geführt werden, wenn sie dem Betrieb des Treppenraumes selbst dienen, also Beleuchtung, Klingel, Gegensprechanlage, Türöffner, Beleuchtung. Solche Leitungen liegen in der Regel schon aus Schönheitsgründen unter Putz.

Textile Fußbodenbeläge dürfen grundsätzlich nur waagerecht auf mineralischem Untergrund verklebt werden, nicht auf Setzstufen, Treppenwangen oder Wänden. Eine Verlegung auf der Setzstufe ist dann möglich, wenn im Verwendbarkeitsnachweis der Fußbodenbelag als Treppenbelag deklariert ist.

10.1.4.2 Innenliegende Treppenräume

»Notwendige Treppenräume müssen belüftet und zur Unterstützung wirksamer Löscharbeiten entraucht werden können. […]« (§ 35 MBO)

Die Musterbauordnung ermöglicht grundsätzlich den äußeren und inneren Treppenraum. Alle Anforderungen, die an den außenliegenden Treppenraum zu stellen sind, sind auch an den innenliegenden zu stellen. Das Fehlen der Fenster in der Außenwand ist durch die Forderung nach einer Öffnung für die Rauchableitung – unabhängig von der Zahl der Geschosse – auszugleichen. Die Forderung, dass die Benutzung durch Raucheintritt nicht gefährdet werden kann, ist aber nicht bereits die Forderung nach dem Sicherheitstreppenraum. Aus der Forderung des § 35 MBO, in innenliegenden Treppenräumen an der obersten Stelle eine Rauchabzugsvorrichtung anzubringen, lässt sich ableiten, dass man mit dem Eindringen von Rauch sehr wohl rechnet.

Um das Eindringen von Rauch zumindest zu erschweren oder um sicherzustellen, dass nur eine derart begrenzte Rauchmenge in den innenliegenden Treppenraum eindringt, dass bei Wirksamwerden der Rauchabzugseinrichtung der Treppenraum »ausreichend lang« begehbar bleibt, gibt es folgende Möglichkeiten:

- In Fällen, in denen Räume mit Brandlast (gewerbliche Räume, Wohnungen) unmittelbar in den Treppenraum münden, die Anordnung selbstschließender, rauchdichter Türen mit einer Feuerwiderstandsdauer von 30 Minuten (T 30-RS-Türen) oder zumindest vollwandige, dicht- und selbstschließender und Türen zwischen Treppenraum und Nutzungseinheit.
- In Fällen, in denen zwischen den Nutzungseinheiten und dem Treppenraum ein Flur oder ein Vorraum angeordnet ist, die Anordnung einer selbstschließenden und rauchdichten Tür zwischen Treppenraum und Flur bzw. Vorraum.
- In Fällen, in denen die Nutzungseinheiten eine hohe Brandlast aufweisen (z. B. Bürogroßräume, Lager mit brennbarem Lagergut), die Anordnung von Vorräumen oder Sicherheitsschleusen zwischen dem Treppenraum und der Nutzungseinheit.

Vorräume dürfen nur zu notwendigen Fluren, Aufzügen und Sanitärräumen weitere Öffnungen haben. In den Fällen ohne notwendige Flure (Grundriss mit Nutzungseinheiten, Großräumen) müssen statt der Vorräume Schleusen angeordnet werden. Die Treppenläufe sollen nicht durch Wände oder Schächte voneinander getrennt sein, also beispielsweise nicht um einen Aufzugkern herumgeführt sein, sondern die Rauchabführung soll möglichst geradlinig, am besten durch ein Treppenauge, erfolgen.

Die Öffnung zur Rauchableitung muss gemäß MBO vom Erdgeschoss und vom obersten Treppenabsatz aus geöffnet werden können, was nur den aus dem obersten Geschoss Fliehenden nützt. In baulichen Anlagen besonderer Art oder Nutzung kann verlangt werden, dass die Rauchabzugsvorrichtung auch von anderen Stellen aus bedient werden kann. Davon sollte bei einem innenliegenden Treppenraum immer Gebrauch gemacht werden, und zwar dahingehend, dass die Bedienung von jedem Geschoss aus möglich ist. Die Betätigungseinrichtung muss so ausgebildet werden, dass sie durch Wärmeeinwirkung oder Stromausfall nicht beeinträchtigt werden kann. Die Stellung der Rauchabzugseinrichtung – offen oder geschlossen – muss an der Bedienungsstelle erkennbar sein. Meist ist leider nur erkennbar, ob die

Auslösung betätigt wurde. Hilfsmittel wie Kurbeln oder dergleichen müssen fest angebracht sein. Automatisch durch Rauchschalter betätigte Rauchabzugsvorrichtungen müssen zusätzlich von Hand betätigt werden können.

Die Bedienstellen in den Geschossen sind mit der Aufschrift »Rauchabzug« zu kennzeichnen. Es ist unbedingt darauf zu achten, dass die Auslösung des Rauchabzuges nicht in einem roten Gehäuse untergebracht wird, das mit einem Handfeuermelder verwechselt werden kann. Der Meldende glaubt sonst in der Aufregung, die Feuerwehr alarmiert zu haben, dabei hat er nur den Rauchabzug geöffnet.

Wichtig für die Feuerwehr ist das Vorhandensein eines Treppenauges mit 15 cm lichter Breite zum Aufziehen von Schläuchen. Fehlt es (z. B. durch den Einbau eines Aufzugs im Treppenauge) oder hat mehr als 13 m Höhe, ist der Einbau einer trockenen Löschwasserleitung erforderlich, um das zeitraubende Verlegen von Schläuchen über die Treppenläufe zu sparen und insbesondere die Verkehrssicherheit der Treppe im Brandfall zu erhalten.

10.1.4.3 Treppenräume von Hochhäusern

Der Grundsatz zweier Rettungswege im Brandfall muss natürlich in Gebäuden, deren Fenster mit Leitern der Feuerwehr nicht mehr erreichbar sind, ebenfalls aufrechterhalten werden. Das bei den Feuerwehren beinahe ausschließlich vorhandene Hubrettungsgerät ist die Drehleiter DLAK 23/12. Diese Leiter kann bei einer seitlichen Ausladung von 12 m eine 23 m über ihrer Aufstellfläche liegende Stelle erreichen. Dies entspricht der Fensterbrüstungshöhe eines Gebäudes mit Aufenthaltsräumen, deren Fußboden 22 m über der Geländeoberfläche liegt. Liegen Aufenthaltsräume höher, so können sie mit Leitern der Feuerwehr nicht mehr erreicht werden. Solche Gebäude sind Hochhäuser. Im Falle der »Nichtbegehbarkeit« der notwendigen Treppe wegen Verqualmung und Brandeinwirkung müssen daher mindestens zwei oder mehrere notwendige Treppen in Treppenräumen zur Verfügung stehen. Gegenüber dem zweiten Rettungsweg durch ein Fenster über Leitern der Feuerwehr ergibt sich für den Rettungssuchenden eine Erschwernis, da er jedenfalls den Aufenthaltsraum bzw. die Nutzungseinheit verlassen muss, um über verqualmte und unter Brandeinwirkung stehende Rettungswege im Geschoss – die Flure – den oder die Treppenräume zu erreichen. Um diese Erschwernis so klein wie möglich zu halten, sind die Treppenräume so anzuordnen, dass die Rettungswege möglichst kurz werden und dass für den Fliehenden möglichst zwei Fluchtrichtungen entstehen. Der Fluchtweg über die Treppe und der Rettungsweg über die Leiter der Feuerwehr sind voneinander unabhängig, die beiden baulichen Rettungswege sind jedoch voneinander nur in den seltenen Fällen unabhängig, nämlich dort, wo ein Aufenthaltsraum oder eine Nutzungseinheit zwei Ausgänge zu getrennten Fluren hat, die zu getrennten Treppen führen. In aller Regel haben die Aufenthaltsräume oder Wohnungen in einem Hochhaus aber nur einen Ausgang zu einem Flur, der zu zwei voneinander getrennten Treppen führt. Ist dieser Flur noch dazu ein Stichflur, d. h. ein Flur, der nur in einer Richtung zu den Treppenräumen führt, so wird für den Fliehenden die Lage kritisch, wenn an diesem Flur zwischen seiner Wohnung und dem Treppenraum die brennende Wohnung liegt, auch wenn dieser Stichflur nur 15 m lang sein darf. Flure sollen daher umlaufen oder an den Enden Treppenräume haben, es sei denn, man schafft einen zweiten Weg zu den Treppenräumen über umlaufende Rettungsbalkone.

Der Ausbildung der Treppenräume kommt im Hochhaus allergrößte Bedeutung zu, da sie dort im Brandfall den einzigen Flucht- und Angriffsweg bilden. Wegen der erhöhten Personenzahl ist eine größere Treppenlaufbreite erforderlich, mindestens 1,20 m.

Die Abschlüsse zu den Geschossfluren müssen feuerhemmend, rauchdicht und selbstschließend sein. Da die Treppenraumabschlusstüren zu den Fluren transparent sein sollen, um den Flur zu belichten, und es aus der Sicht des Vorbeugenden Brandschutzes wünschenswert ist, dass der Fliehende den Zugang zum Treppenhaus schon von weitem erkennen kann, da die Treppenräume im Hochhaus betrieblich kaum begangen werden und sich ihre Lage deshalb dem Benutzer nur schwach einprägt, und da ein Verzicht auf eine mindestens dreißigminütige Feuerwiderstandsdauer der Treppenraumtüren nicht vertretbar ist, muss, wenn man beide Forderungen erfüllen will, eine T 30-Glastür mit bauaufsichtlicher Zulassung eingebaut werden.

Alle im vorhergehenden Kapitel genannten Anforderungen an Treppenräume sind bei Hochhäusern besonders sorgfältig zu beachten.

Innenliegende Treppenräume müssen wegen der ihnen anhaftenden Nachteile im Brandfall im Hochhaus als Sicherheitstreppenraum ausgebildet werden. Die Bauweise mit Kernen (»Punkthäuser«) erzwingt diese Lösung. Zur Sicherheit der Treppenräume sind weitergehende Maßnahmen erforderlich.

Alternativ zur Anordnung zweier oder mehrerer Treppenräume kann in Hochhäusern mit nicht mehr als 60 m Höhe – selbstverständlich unter Einhaltung der höchstzulässigen Rettungsweglänge und Stichflurlänge – nur eine Treppe in einem Sicherheitstreppenraum vorgesehen werden. Ab 60 m Höhe müssen mindestens zwei Treppenräume vorhanden sein und alle notwendigen Treppenräume als Sicherheitstreppenraum ausgebildet sein.

10.1.5 Sicherheitstreppenräume

Für Hochhäuser kann der zweite Rettungsweg (wie bereits beschrieben) nicht mehr durch die Fenster mit Leitern der Feuerwehr hergestellt werden. Das Baurecht fordert daher die Anordnung mehrerer Treppenräume oder die Anordnung einer Treppe in einem Sicherheitstreppenraum.

Der Sicherheitstreppenraum muss so beschaffen sein, dass »Feuer und Rauch nicht eindringen können«. Das gleiche gilt, wenn in Gebäuden unter der Hoch-

Bild 60: ***Sicherheitstreppenraum in der Hamburger Speicherstadt (»Westphalenstürme«)***

hausgrenze der erste und zweite Rettungsweg über den Sicherheitstreppenraum führt.

Man nimmt dann an, dass er im Brandfall immer begehbar bleibt und verzichtet auf den zweiten Rettungsweg. Der Sicherheitstreppenraum ist an sich eine alte Erfindung des Hamburger Branddirektors Westphalen für die Speicher im Hamburger Hafen.

Diese ursprüngliche und sicherste Form der Ausführung verbindet die Rettungswege im Gebäude mit dem Treppenraum über einen Balkon oder offenen Gang im Freien. Der mit dem Fliehenden aus dem Gebäude dringende Rauch wird im Freien abgeführt und dringt nicht oder nur in unschädlicher Menge in den Treppenraum ein. Der Zugang zum Sicherheitstreppenraum wird auf verschiedene Weise hergestellt:

- über einen dreiseitig offenen Gang, d. h. Balkon vor der Außenwand, an der der Treppenraum liegt oder
- über einen zweiseitig offenen Gang, wenn der Treppenraum von der Außenwand abgesetzt ist.

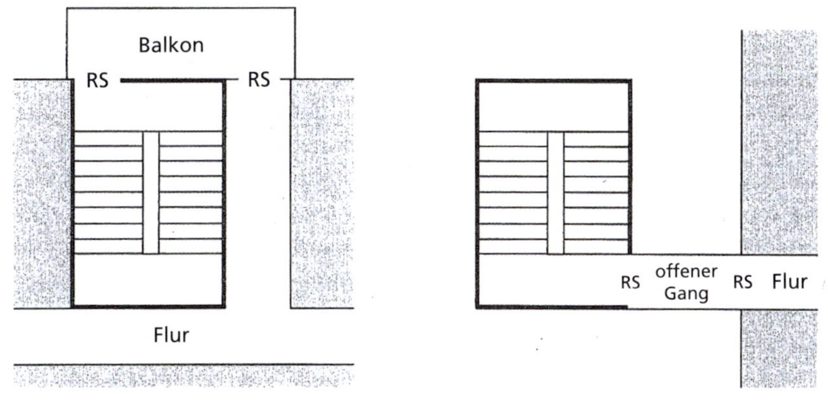

Bild 61: ***Drei- und zweiseitig offener Zugang zum Sicherheitstreppenraum***

Das häufig als Loggia ausgebildete äußere Treppenpodest entspricht nicht der Vorstellung. Der offene Gang oder Balkon, der die Verbindung herstellt, soll nämlich im freien Luftstrom liegen und darf nicht in Gebäudenischen oder einspringenden Gebäudewinkeln angeordnet sein, demzufolge natürlich auch nicht zu einem Innenhof hin.

Der Sicherheitstreppenraum darf keine Öffnung zu anderen Räumen haben, also nicht mit Kellergeschossen, elektrischen Betriebsräumen, Aufzugs- und Installationsschächten in Verbindung stehen. Türen des Sicherheitstreppenraumes dürfen nur in Vorräume, auf offene Gänge oder ins Freie führen. Sie müssen selbstschließend und rauchdicht sein und in Fluchtrichtung aufschlagen. Dabei ist darauf zu achten, dass die freie Treppenlaufbreite auf den Podesten durch die aufschlagenden Türen nicht eingeengt wird.

Fenster zur Belichtung des Sicherheitstreppenraumes sind zulässig, wenn sie geschützt, d. h. von der Fassade abgewandt angeordnet werden und feste Verglasungen besitzen. Wie in anderen Treppenräumen dürfen im Sicherheitstreppenraum keinerlei brennbare Baustoffe verwendet werden, mit Ausnahme elektrischer Leitungen, die zum Betrieb des Treppenraumes selbst dienen (Beleuchtung).

Beim außenliegenden Sicherheitstreppenraum liegt der Sinn der Anordnung vor oder an einer Außenwand nicht mehr darin, dass man Fenster in der Treppenraumwand anordnen kann, sondern darin, dass man den Zugang über das Freie herstellen kann. Öffnungen in den Wänden der Sicherheitstreppenräume, die 4.2.7 Nr. 2. MHHR zulässt, beinhalten die Gefahr, dass Brandrauch von außen eindringen kann. Viel größer ist allerdings die Gefahr einer Verrauchung von innen, wenn die Ausführung abweichend von den Vorgaben der Hochhausrichtlinie erfolgt.

Obwohl im Wohnungsbau die Gefährdung durch Brand mit am größten ist – es schlafen Menschen in diesen Gebäuden – gibt es immer wieder Tendenzen, Standardtreppenräume zu Sicherheitstreppenräumen zu erklären und somit auf den notwendigen zweiten Rettungsweg zu verzichten. Als einzige Maßnahme zur Erhöhung der Ausfallwahrscheinlichkeit wird eine Spüllüftung vorgesehen, die eindringenden Rauch verdünnen soll. Bei einer fehlenden automatisch öffnenden Abluftführung aus der Brandetage kann diese Spüllüftung allerdings dazu führen, dass in den Treppenraum eingedrungener Rauch in darüber liegende Nutzungseinheiten gedrückt wird. Es wird also nicht nur das Ziel, dass »Feuer und Rauch nicht eindringen können« verfehlt, sondern auch in Kauf genommen, dass sich Brandrauch über die Lüftungstechnik in nicht betroffene Nutzungseinheiten ausbreiten kann. Sich der Problematik bewusst, sprechen die Befürworter dieser Lösung auch ungern von Sicherheitstreppenräumen, sondern von »Sicherheitstreppenräumen light«.

10.1.5.1 Innenliegende Sicherheitstreppenräume

Die Schutzmaßnahmen für innenliegende Sicherheitstreppenräume gegen das Eindringen von Feuer und Rauch sind Vorräume, in die Feuer und Rauch nicht eindringen darf, und an die nur Flure anschließen dürfen. Diese Vorräume müssen zwischen Flur und Vorraum eine T 30-RS-Tür erhalten, zum Treppenraum hin genügt eine RS-Tür.

Der Eintritt von Rauch in innenliegende Sicherheitstreppenräume und deren Vorräume muss jeweils durch Anlagen zur Erzeugung von Überdruck verhindert werden. Hier nur das Prinzip: Der Sicherheitstreppenraum und der Vorraum werden unter Überdruck gesetzt. Durch im Brandfall automatisch öffnende Abströmöffnungen aus der betroffenen Nutzungseinheit oder dem Brandraum wird bewirkt, dass beim Öffnen der Tür vom Vorraum zum Brandraum ein so großer Luftstrom entsteht, dass das Einströmen von Rauch in den Vorraum und damit in den Treppenraum verhindert wird. Dabei ist wichtig, dass an geschlossenen Türen keine größere Druckdifferenz als 100 N am Türgriff entsteht, da diese sich sonst – je nach Aufschlagrichtung – nicht mehr öffnen lassen oder nicht mehr selbsttätig schließen. Die Lüftungsanlagen müssen an die Ersatzstromversorgungsanlage angeschlossen werden.

Der Wartung und Prüfung von innenliegenden Sicherheitstreppenräumen kommt eine ganz besonders wichtige Bedeutung zu. Fällt beispielsweise die Druckbelüftung oder die automatische Öffnung von Abströmöffnungen auf Grund eines technischen Mangels aus, steht möglicherweise kein Rettungsweg und nur ein unter erschwerten Bedingungen benutzbarer Angriffsweg für die Feuerwehr zur Verfügung. Dies würde zu einer erheblichen Gefahr für Leben und Gesundheit führen.

Entfallen Vorräume oder wird auf die gesicherte Abströmung aus dem Brandgeschoss verzichtet (manchmal als Sicherheitstreppenraum light bezeichnet), so handelt es sich um keinen Treppenraum, in den Feuer und Rauch nicht eindringen können. Die Druckbelüftungsanlage kann sogar zu einer Gefährdung im Brandfall führen, da sie Rauch aus dem Treppenraum in die angrenzenden Nutzungseinheiten drückt.

Die Verfasser sind der Meinung, dass man die Sicherheit eines Rettungsweges (hier dem ersten und zweiten) nur bei zwingender Notwendigkeit auf derart komplizierte und wartungsaufwendige technische Anlagen, sondern auf bauliche Maßnahmen gründen sollte. Eine zweite Treppe oder, wenn möglich, ein Fenster zum Retten von Menschen über Leitern der Feuerwehr, haben sich über Jahrzehnte bewährt.

Bei der Behandlung der Rettungswege in Hochhäusern soll abschließend auf die Frage eingegangen werden: Soll man ein Hochhaus bzw. dessen Geschosse bis zu etwa 27 m Höhe anleitern können? Muss demnach auch bei einem Hochhaus die Anordnung einer Zufahrt und Aufstellfläche gefordert werden? Die Richtlinien über die bauaufsichtliche Behandlung von Hochhäusern haben sich einer modernen Auffassung des Vorbeugenden Brandschutzes angeschlossen, die davon ausgeht, dass der Sicherheitsgrad, der über der Hochhausgrenze ausreicht, auch für die Geschosse darunter genügt, sofern sie Zugang zu mindestens zwei voneinander unabhängigen notwendigen Treppen oder zu einer Treppe in einem Sicherheitstreppenraum haben. Sie fordern im Abschnitt »Flächen für die Feuerwehr« keine Aufstellfläche für Hubrettungsgeräte. Zwar wird häufig argumentiert, dass es doch den Sicherheitsgrad in den Geschossen unter der Hochhausgrenze erhöhe, wenn man sie zusätzlich anleitern könne. Dies ist zweifellos richtig, lässt aber auch den Schluss zu, diese Maßnahme sei erforderlich. Es gilt doch festzuhalten, dass ein Hochhaus vom Fundament bis zur Dachhaut als solches zu behandeln ist, nicht nur die Geschosse ab der Hochhausgrenze. Die Forderung nach zwei Rettungswegen wird in allen Geschossen durch den Zugang zu zwei Treppenräumen hinreichend erfüllt. Sonst wäre die Hochhausgrenze eine Art Schicksalslinie, über der ein geringerer Sicherheitsgrad vorhanden wäre als in den mit Leitern erreichbaren Geschossen darunter. Außerdem könnte es zu panikartigen Handlungen von Personen in höher gelegenen Geschossen führen, wenn erkennbar wird, dass für sie die Leitern der Feuerwehr zu kurz sind.

10.2 Zweiter Rettungsweg

Wie zuvor ausgeführt, verlangt der Gesetzgeber für Nutzungseinheiten in jedem Geschoss mit Aufenthaltsräumen einen zweiten Rettungsweg. Dieser zweite Rettungsweg kann im Idealfall ein zweiter, vom ersten völlig unabhängiger und aus eigener Kraft begehbarer baulicher Rettungsweg sein. Das ist der Fall, wenn die Nutzungseinheit einen zweiten Ausgang besitzt, der ins Freie, auf einen Rettungsbalkon oder auf Flure und zu Treppenräumen führt, die vom ersten Rettungsweg baulich vollständig getrennt sind.

Nur dann ist die Forderung »unabhängig« erfüllt. Dem Gesetzgeber genügt es, wenn der zweite Rettungsweg zu voneinander unabhängigen vertikalen Rettungswegen führt, auch wenn dies über denselben Flur erfolgt. Ist dieser Flur jedoch unbegehbar, so ist dem Fliehenden der Weg zu beiden Treppenräumen abgeschnitten. Die Rettungswege sind dann zwar formell genügend, praktisch jedoch weniger sicher. Eine solche Situation liegt in der Regel bei innenliegenden Aufenthaltsräumen ohne Fenster vor sowie in den Geschossen, die mit Leitern der Feuerwehr nicht erreicht werden können, also in Kellergeschossen und Geschossen über der Hochhausgrenze. In Hochhäusern werden deshalb wesentlich schärfere Anforderungen an Baustoffklasse und Feuerwiderstand der Bauteile sowie an die Rettungsweglänge gestellt, in Kellergeschossen sind Aufenthaltsräume nur mit Ausnahmen unzulässig.

Bei Sonderbauten mit einer höheren Personenzahl oder nicht selbstrettungsfähigen Personen ist der zweite Rettungsweg grundsätzlich baulich herzustellen (zweite Treppe). Über Rettungsgeräte der Feuerwehr ist der zweite Rettungsweg in Sonderbauten nur zulässig, wenn keine Bedenken wegen der Personenrettung bestehen.

Die weitaus häufigste Situation ist – anstelle baulicher Maßnahmen – die Herstellung des zweiten Rettungsweges über Leitern der Feuerwehr. Der Begriff »Rettung« ist hier passivisch zu verstehen, die Personen fliehen nicht mehr, sondern werden von der Feuerwehr gerettet. Da die Wohnung eine Nutzungseinheit ist, genügt ein Fenster, das angeleitert werden kann. Die Nutzer der Wohneinheit kennen dieses im genehmigten Grundriss festgestellte Fenster im Allgemeinen nicht.

Der Einsatz der Feuerwehrleitern stellt an Fenster oder Balkone gewisse Anforderungen: Raumseitig muss das Fenster so liegen, dass sich Personen der Feuerwehr bemerkbar machen und ohne Hilfsmittel die Fensteröffnungen erreichen und öffnen können. Nach Meinung der Verfasser müssen elektrische Jalousien u. ä. auch bei Stromausfall von innen geöffnet werden können, sei dies mechanisch oder durch Akkupufferung.

»Öffnungen in Fenstern, die als Rettungswege dienen, müssen im Lichten mindestens 90 × 120 cm groß und nicht höher als 1,20 m über der Fußbodenoberkante angeordnet sein.« (§ 37 MBO)

Ist die Rettung mit einer tragbaren Leiter erforderlich, so sollte das Fenster eine Mindesthöhe von 1,20 m aufweisen (bei einer Mindestbreite von 0,90 m). Es muss natürlich auch sichergestellt werden, dass sich das Fenster in der vorgeschriebenen Größe zu jeder Jahreszeit ohne Hilfsmittel von innen öffnen lässt. Bei liegenden Dachfenstern ist dieser Gesichtspunkt besonders zu beachten.

»Liegen diese Öffnungen in Dachschrägen oder Dachaufbauten, so darf ihre Unterkante oder ein davor liegender Austritt von der Traufkante horizontal gemessen nicht mehr als 1 m entfernt sein.« (§ 37 MBO)

Von außen – also aus der Sicht der Feuerwehr – muss das Fenster folgende Voraussetzungen erfüllen: Das Fenster und damit die zu rettende Person müssen von der gegenüber liegenden Straßenseite oder von der Aufstellfläche aus einsehbar und für die Leitern der Feuerwehr erreichbar sein. Hinsichtlich der Höhe über dem Gelände werden drei Bereiche unterschieden:

- der Einsatzbereich tragbarer Leitern (Fensterbrüstung nicht mehr als 8 m über der Geländeoberfläche),

- der Einsatzbereich der Hubrettungsfahrzeuge (Gebäude mit einer Fensterbrüstungshöhe von nicht mehr als 23 m),
- der Bereich außerhalb der mit Feuerwehrleitern erreichbaren Höhe.

10.2.1 Leitern der Feuerwehr

Die Leitern der Feuerwehr sind genormt, auch die Beladung der Löschfahrzeuge ist genormt. Sozusagen das stets vorhandene Minimum stellt die »vierteilige Steckleiter« dar, die eine Einsatzlänge von zirka 8,40 m besitzt und mit der man die äußere Brüstungshöhe des zweiten Obergeschosses (8 m) erreicht – von Gebäuden mit extremen Geschosshöhen abgesehen. Auf diese Leiter ist das Baurecht ausgerichtet und es begnügt sich bei Gebäuden, bei denen der Fußboden eines Geschosses, in dem Aufenthaltsräume möglich sind, bei denen die Brüstungshöhe der zum Retten notwendigen Fenster nicht mehr als 8 m über Gelände liegt, mit einem geradlinigen Zu- oder Durchgang (§ 5 MBO), der das Instellungbringen dieser tragbaren »vierteiligen Steckleiter« ermöglicht. Daneben kennt die Feuerwehrnorm noch die »dreiteilige Schiebleiter«, doch nimmt der Gesetzgeber darauf keine Rücksicht, da diese Leiter nicht überall vorausgesetzt werden kann, deren Einsatz sehr personalintensiv und deren Benutzung für Laien oftmals kritisch ist.

Liegen die Brüstungen der Fenster, die zum Retten von Personen notwendig sind, mehr als 8 m über der Geländeoberfläche, so ist eine Feuerwehrzufahrt und eine Aufstellfläche für Hubrettungsgeräte der Feuerwehr erforderlich, – sofern solche Geräte innerhalb der höchstzulässigen Hilfsfrist das fragliche Gebäude erreichen können, was im ländlichen Bereich durchaus nicht überall der Fall ist.

»Gebäude, deren zweiter Rettungsweg über Rettungsgeräte der Feuerwehr führt und bei denen die Oberkante der Brüstung von zum Anleitern bestimmten Fenstern mehr als 8 m über der Geländeoberfläche liegt, dürfen nur errichtet werden, wenn die Feuerwehr über die erforderlichen Rettungsgeräte wie Hubrettungsfahrzeuge verfügt. Bei Sonderbauten ist der zweite Rettungsweg über Rettungsgeräte der Feuerwehr nur zulässig, wenn keine Bedenken wegen der Personenrettung bestehen.« (§ 33 MBO)

Das bei deutschen Feuerwehren fast ausschließlich vorhandene Hubrettungsgerät ist die Drehleiter mit 30 m Leiterlänge (▶ Bild 63). Wenige Ausnahmen in Form von Hubarbeitsbühnen oder Drehleitern mit kürzerer oder längerer Leiter bestätigen nur die Regel. Die Drehleiter trägt die Bezeichnung DLA_K 23-12, d. h. bei einer seitlichen

Bild 62: ***Die vierteilige Steckleiter, eine tragbare Leiter, die auch die kleinste Feuerwehr besitzt. Mit ihr kann eine Höhe von 8 m erreicht werden. Ihr Einsatz bedarf keiner baulichen Vorkehrungen außer eines Zugangs.***

Ausladung von 12 m muss die Leiter eine Steighöhe von 23 m, entsprechend der Hochhausgrenze von 22 m plus 1 m Fensterbrüstungshöhe, erreichen. Die Richtlinie über Flächen für die Feuerwehr sieht bisher nur eine Ausladung von 9 bzw. 6 m vor. Dies ist ein Widerspruch zur Fahrzeugnorm; die DIN 14090; 2024.02 erlaubt die fahrzeugmäßig vorhandene Ausladung von 12 m voll auszunutzen. Der Fachausschuss »Vorbeugender Brand- und Gefahrenschutz« der deutschen Feuerwehren lässt in seiner »Empfehlung (2012-03) zu Ausführung der Flächen für die Feuerwehr« ebenfalls einen Abstand bis zu 12 m zwischen der Gebäudeaußenwand und der Aufstellfläche zu, wenn die Aufstellfläche auf 5 m verbreitert wird, um die volle Abstützbreite von Drehleitern ausnutzen zu können. Die tatsächlichen Abstützbreiten moderner Fahrzeuge liegen bei 5,50 m, während die Richtlinie nur eine Breite der Aufstellfläche von 3,50 m fordert. Eine Aktualisierung der als Technischen Baubestimmung eingeführten »Richtlinie über Flächen für die Feuerwehr« wäre wünschenswert, um mehr Planungsoptionen zu erhalten.

Die Hochhausgrenze bildet im Hinblick auf die Rettungswegsituation eine einschneidende Änderung. Ab dieser Höhe kann der von Feuer oder Rauch bedrohte Mensch nicht mehr ans Fenster gehen, um Hilfe rufen und gerettet werden, sondern er ist allein auf die bauliche Gestaltung der Rettungswege im Gebäude angewiesen.

Es gibt eine Reihe anderer Rettungsmöglichkeiten, die manch Laien optimal erscheinen, von den Fachleuten des Vorbeugenden Brandschutzes jedoch niemals als Rettungsweg in Betracht gezogen werden. Möglicherweise kann in besonders ausweglosen Situationen eine solche Möglichkeit einmal von der Feuerwehr angewendet werden.

Bild 63: ***Die Drehleiter DLA_K 23-12 erreicht bei 12 m seitlicher Ausladung eine Höhe von 23 m. Die Steighöhe bei 78° Aufstellwinkel beträgt 30 m. Gerät und Bauordnungsrecht sind aufeinander abgestellt. Die Leiter benötigt eine Feuerwehrzufahrt und eine Aufstellfläche nach der »Richtlinie über Flächen für die Feuerwehr«.***

10.2.2 Hubschrauber

Einerseits ist es sehr schwierig, zu jeder Tages- und Nachtzeit den Einsatz von genügend tragfähigen Hubschraubern in der gebotenen Eile sicherzustellen, zweitens können Hubschrauber in einem Fall, der so kritisch ist, dass ihr Einsatz überhaupt notwendig wird, wegen des Rauches und der Brandthermik das Gebäudedach mit großer Wahrscheinlichkeit nicht anfliegen, drittens ist das Aufnehmen von Personen, die knapp vor der Panik stehen – etwa im Schwebeflug – ein für alle Beteiligten lebensgefährliches und deshalb abzulehnendes Manöver (ein Rettungsmanöver soll Personen nicht in eine noch größere Gefahr bringen, als die, in der sie schon sind!) und schließlich müssen die Personen im Gebäude das Dach erst einmal erreichen. Finden sie dazu begehbare Treppenräume und ebene Dachflächen vor, so können sie in diesen Treppenräumen auch unmittelbar nach unten ins Freie fliehen.

10.2.3 Sprungkissen, Sprungpolster

Als Ersatz für das früher übliche Sprungtuch (▶ Bild 64), das von 16 Einsatzkräften gehalten werden musste, werden heute Sprungpolster mitgeführt (▶ Bild 65). Das Sprungpolster wird vor Ort mit Luft gefüllt, damit entfällt das Risiko für die Haltemannschaft. Generell ist festzuhalten, dass der Einsatz eines Sprungpolsters von der

Bild 64: ***Das frühere Sprungtuch mit den Abmessungen 3,5 × 3,5 m. Als Haltemannschaft waren 16 Einsatzkräfte erforderlich.***

Feuerwehr stets als letztes in Erwägung gezogen wird, wenn andere Rettungsmittel nicht vorhanden sind oder nicht eingesetzt werden können. Vorbeugend darf ein Sprungpolster unter keinen Umständen etwa zur Begründung einer Abweichung von notwendigen Rettungswegen dienen.

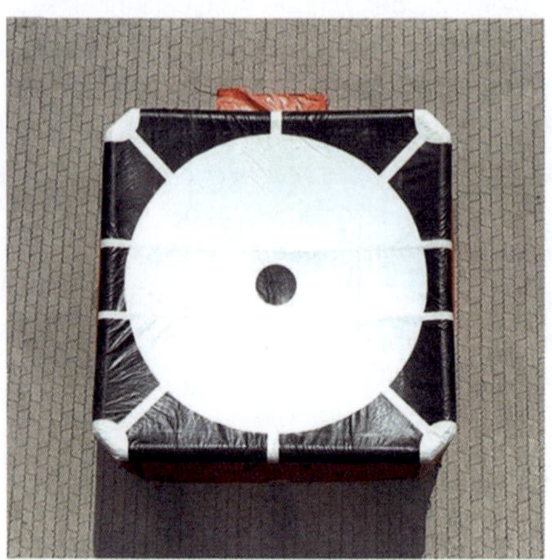

Bild 65: ***Genormtes Sprungpolster***

10.2.4 Rettungsschlauch

Der Rettungsschlauch ist am Fenster anzubringen, die Personen klettern hinein und rutschen sicher zur Erde. So glaubt es der Erfinder. Der Betroffene muss fragen: An welchem Fenster? An jedem? An einem bestimmten? Dann muss der fliehende Mensch den Flur dorthin begehbar finden und kann auch eine Treppe benutzen, ohne artistische Leistungen vollbringen zu müssen. Was passiert, wenn man im 15. Obergeschoss in den Schlauch springt und dieser vor den Fenstern des Brandgeschosses schon weggebrannt ist? Einige der Fragen und Zweifel, die bereits genügen, den Wert einer solchen Erfindung auf das zurückzuführen, was es ist: eine hübsche Idee – aber nur für die Evakuierung von Flugzeugen auf dem Boden mit Unterstützung von eigens hierfür vorgehaltenen Servicepersonal.

10.2.5 Rettungsrutsche

Eine Rettungsrutsche kann über eine baurechtliche Abweichungsentscheidung als zweiter Rettungsweg aus dem ersten Obergeschoss eines Kindergartens geeignet sein, wenn

- sie regelmäßig als Spielgerät genutzt wird,
- die Nutzer mindestens drei Jahre alt sind,
- die Rutsche vor Vereisung geschützt ist und
- für die Feuerwehr ein anleiterbares Fenster vorhanden ist.

Bild 66: ***Rettungsrutsche eines Kindergartens***

10.2.6 Knotenseil

Wer soll ein Knotenseil sicher befestigen, sich in 10, 20 oder noch mehr Meter Höhe aus dem Fenster schwingen und sich frei an der Fassade herablassen oder -hangeln? Die 75-jährige alte Dame, der Vater mit dem Säugling und noch zwei Kindern, der Behinderte, der schon vom Rauch Benommene, der betrunkene Hotelgast? Kommen wir auf den Boden der Tatsachen zurück. Hätte ein derartiges Rettungsmittel jemals irgendwo nennenswerte Bedeutung gewonnen, so wäre es mit Sicherheit fester Bestandteil von Sicherheitsbestimmungen für den Brandfall oder ein Ausrüstungsgegenstand der Feuerwehr geworden.

Zurück auch zur Ausgangssituation für diese Überlegungen, also dem Wegfall der Rettungsmöglichkeiten über Leitern der Feuerwehr und die Bereitstellung eines zweiten Rettungsweges in Form einer baulichen Maßnahme. Die so genannte Hochhaussituation finden wir auch in anderen Gebäuden unter der Hochhausgrenze, die nicht angeleitert werden können, beispielsweise bei allen innenliegenden Räumen. Hier sind an die Ausbildung des Flures gegebenenfalls besondere Anforderungen zu stellen: höhere Anforderungen an den Abschluss von Öffnungen in der Flurwand, kurze Rauchabschnitte in den Fluren, Fluchtmöglichkeit in zwei Richtungen, Rauchabzugsmöglichkeit, eventuell Sicherheitsbeleuchtung, Kennzeichnung der Fluchtrichtung.

Gewöhnlich wird beim Übertragen der so genannten Hochhaussituation auf Gebäude unterhalb der Hochhausgrenze, die nicht angeleitert werden können, lediglich das Vorhandensein zweier oder mehrerer Treppen als ausreichend angesehen:

»[…] beide Rettungswege dürfen innerhalb des Geschosses über denselben notwendigen Flur führen.« (§ 33 MBO)

Dies ist nicht konsequent, da die beiden Rettungswege nicht »voneinander unabhängig« sind und zur Kompensation der fehlenden Zugangsmöglichkeit zur Fassade auch alle anderen verschärften Anforderungen notwendig wären, die an Flure in Hochhäusern zu stellen sind. Ganz allgemein kann es falsch sein, aus einem Gesetz oder einer Verordnung eine Einzelbestimmung herauszulesen und diese isoliert auf eine andere bauliche Anlage anzuwenden. Alle Bestimmungen einer Rechtsvorschrift stehen in einem engen Zusammenhang, der seinerseits einen Sicherheitsgrad bewirkt, der die »Schärfe« der Einzelbestimmung bestimmt. Dies heißt andererseits nicht, dass man sein Ermessen nicht an anderen Rechtsbestimmungen orientieren kann, wenn das fragliche Problem in der einschlägigen Vorschrift nicht hinreichend konkret oder überhaupt nicht geregelt ist.

10.2.7 Rettungsbalkon

Häufig werden vom Entwurfsverfasser Balkone vorgesehen, sei es, um den Wohnwert zu steigern oder um die Fassade zu gliedern oder auch als Putzbalkone für die Fenster. Aus der Sicht des Vorbeugenden Brandschutzes haben Balkone zwei Vorteile: sie erhöhen den Feuerüberschlagsweg und sie können einen Rettungsweg bilden. Auch außerhalb des Einsatzbereiches tragbarer Leitern oder Drehleitern können die Bewohner des Gebäudes die Räume im Brandfall zumindest unmittelbar ins Freie verlassen.

Als Rettungswege im Sinne des Baurechts können sie allerdings nur anerkannt werden, wenn sie bestimmte Anforderungen erfüllen. Sie müssen zu einem zweiten Treppenraum, zu einer Außentreppe oder zu einem Sicherheitstreppenraum führen und mindestens 80 cm breit sein. Die bauliche Beschaffenheit des Fußbodens und der Brüstung muss bei einseitiger Fluchtrichtung dem Feuerwiderstand der angrenzenden Geschossdecke entsprechen und geschlossen sein, bei zweiseitiger Fluchtrichtung, d. h., wenn die Balkone durchgehend um das Geschoss laufen oder zu zwei endständigen Treppen führen, genügt eine Ausführung aus nicht brennbaren Baustoffen, z. B. ein Stahlgitterrost mit Geländer. Bei zwei Fluchtrichtungen ist es nicht nötig, an dem brennenden Raum im selben oder darunterliegenden Geschoss vorbei gelangen zu müssen.

Rettungsbalkone dürfen nicht quer unterteilt sein. Ein so entstehender privater Balkon wird zudem möbliert. Häufig wird argumentiert, man könne eine solche Unterteilung zur Herstellung von Einzelbalkonen, etwa aus Glas oder zementgebundenen Faserstoffen, im Brandfall leicht zerstören und sich den Fluchtweg erst bei Bedarf schaffen.

Dies ist aus den Erfahrungen der Praxis abzulehnen, bzw. kann ein derart unterteilter Balkon nicht als Rettungsweg anerkannt werden. Man sollte Bauteile, die man erst zerstören muss, damit sie ihren Zweck erfüllen, grundsätzlich ablehnen, wenn es auch Fälle geben mag, wo dies unvermeidlich ist.

Jede Nutzungseinheit, die auf den Balkon als Rettungsweg angewiesen ist, ist mit einer Fenstertür zu versehen, die nicht in den Rettungsbalkon aufschlagen darf. Die Außenwand muss bei nur einseitiger Fluchtrichtung bis zu einer Höhe von mindestens 0,90 m über dem Boden des Rettungsbalkons die Feuerwiderstandsdauer F 30 haben, die Fenstertüren dürfen bis zu dieser Höhe nicht verglast sein. Häufig begnügt man sich als Zugang zum Rettungsbalkon auch mit Fenstern, die zum Retten von Personen geeignet sind. Es leuchtet ohne weiteres ein, dass der umlaufende Rettungsbalkon mit zwei Fluchtrichtungen wesentlich sicherer und einfacher zu begehen ist, als der Balkon mit nur einer Fluchtrichtung, auf dem die Fliehenden unter Umständen unter der Fensterbrüstung der brennenden Einheit entlang kriechen müssen. Ein ordnungsgemäß ausgeführter Rettungsbalkon, der als offener Gang vor der Außenwand ausgebildet ist und über Treppen auf den Erdboden führt, kann unter Umständen auch als erster Rettungsweg gelten.

Bild 67: ***Umlaufende Rettungsbalkone ermöglichen es, sich von der Gefahrenquelle zu entfernen und an sicherer Stelle auf die Rettung durch die Feuerwehr zu warten.***

10.2.8 Ersatzfluchtwege

Notleitern sollen die Verbindung einer Wohnung oder vergleichbaren Nutzungseinheit, die nicht mit Feuerwehrleitern erreicht werden kann, mit der Erdgleiche herstellen (▶ Bild 68 und ▶ Bild 69). Sie haben den Vorteil, dass sie bereits vor dem Eintreffen der Feuerwehr – d. h. aus eigener Kraft – benützt werden können.

Die Anforderungen an Notleitern sind gemäß DIN 14094 im Wesentlichen folgende: Sie müssen aus Stahl oder anderen Metallen (z. B. Aluminium) angefertigt werden und dürfen in einem Zug über höchstens 10 m führen. Bei längeren Leitern müssen Ausstiegs- und Wartepodeste in gleichen Abständen vorhanden sein und die

Leiterteile müssen versetzt weitergeführt werden. Besteht eine Absturzhöhe von mehr als 5 m, so müssen sie mit einem Rückenschutz versehen sein.

Bild 68: ***Notleiter aus Stahl mit Ausstiegspodesten als Ersatzfluchtweg***

Es versteht sich von selbst, dass Notleitern nur dort Verwendung finden können, wo wenige Personen auf ihre Benutzung im Brandfall angewiesen sein könnten – keinesfalls etwa in einem Altenheim, an einer Schule oder an einem Versammlungsraum. Auch sind Notleitern oftmals verunstaltend und sollten nur dort gefordert werden, wo es wirklich unumgänglich ist. Ihre Belastbarkeit und Befestigung müssen natürlich nachgewiesen sein; Mängel haben in der Vergangenheit zu Abstürzen geführt.

Bild 69: ***Nicht ordnungsgemäß befestigte Ersatzfluchtwege stellen für die Flüchtenden und die Feuerwehr eine erhebliche Gefahr dar.***

10.2.9 Nicht notwendige Treppen

Häufig wünscht man in repräsentativen Gebäuden offene Treppen ohne Treppenraum, um dem Besucher den Weg in die Obergeschosse augenfällig anzubieten oder nur um der architektonischen Gestaltung willen. Solche Treppen können nicht die notwendigen Treppen im Sinne der Bauordnung sein, da diese ja in feuerwiderstandfähigen Treppenräumen anzuordnen sind. Nicht notwendige Treppen sind daher aus brandschutztechnischer Sicht als Deckendurchbrüche zu behandeln. Sofern in Sonderbauordnungen nichts anderes bestimmt wird, dürfen auf diese Weise nur zwei Geschosse in Verbindung gebracht werden. Die notwendigen Treppen sind davon unberührt. Es kann gestattet werden, dass eine solche offene Treppe als zweiter Rettungsweg in Ansatz gebracht wird. Dies setzt aber voraus, dass der Weg zur notwendigen Treppe im Treppenraum nicht über den Bereich der offenen Treppe führt.

Tabelle 13: ***Mindestausstattung von Aufenthaltsräumen mit vertikalen Rettungswegen (notwendige Treppen)***

Gebäude/Nutzung	Erster Rettungsweg innerhalb der zulässigen Rettungsweglänge	Zweiter Rettungsweg im Geschoss in beliebiger Entfernung	Bemerkung
unter oberstem Kellergeschoss	Treppe in Treppenraum	2. Treppe in Treppenraum oder Ausgang ins Freie	Angriffsweg der Feuerwehr aufgrund erschwerter Löschmaßnahmen
oberstes Kellergeschoss	Treppe in Treppenraum	Ausgang ins Freie, Ausstieg (Fenster)	Ausstieg für einzelne Personen
Erdgeschoss	Ausgang ins Freie oder zu einem Flur	Ausstieg (Fenster), je nach Landesbauordnung direkter Ausgang erster und zweiter Rettungsweg	Direkter Ausgang ins Freie ist mindestens so sicher wie notwendiger Flur oder Sicherheitstreppenraum (über die der erste und zweite Rettungsweg geführt werden dürfen)
Sonderbau erdgeschossig	Ausgang ins Freie	weiterer Ausgang, auch über Flure	je nach Personenzahl oder Grundfläche
Obergeschoss Gebäudeklasse 1 und 2	offene Treppe	Fenster	Fenster zum Retten von Personen geeignet*
Standardbau Fensterbrüstung max. 8 m über Geländeoberfläche	Treppe in Treppenraum	Fenster	Fenster zum Retten von Personen geeignet*
Sonderbau, Gebäudeklasse 1 bis 5	Treppe in Treppenraum	Prüfung, ob weitere Treppe in Treppenraum erforderlich	Gesamtbreite je nach Personen oder Grundfläche
Standardbau Fensterbrüstung mehr als 8 m über der Geländeoberfläche	Treppe in Treppenraum	Fenster	Zufahrt und Aufstellfläche für Drehleiter
	Treppe in Treppenraum	weitere Treppe in Treppenraum	mit notwendigem Flur »Hochhaussituation«

Tabelle 13: ***Mindestausstattung von Aufenthaltsräumen mit vertikalen Rettungswegen (notwendige Treppen) – Fortsetzung***

Gebäude/Nutzung	Erster Rettungsweg innerhalb der zulässigen Rettungsweglänge	Zweiter Rettungsweg im Geschoss in beliebiger Entfernung	Bemerkung
Hochhaus bis 60 m	Treppe in Treppenraum	weitere Treppe(n) in Treppenraum	Innenliegende Treppenräume und Treppenräume in Kellergeschossen müssen Sicherheitstreppenräume sein
	eine Treppe in Sicherheitstreppenraum	über Flure erreichbar	Flure mit nur einer Fluchtrichtung max. 15 m lang
Hochhaus über 60 m	Treppe in Sicherheitstreppenraum	weitere Treppe(n) in Sicherheitstreppenraum	Flure mit nur einer Fluchtrichtung max. 15 m lang

* lichte Öffnung mindestens 0,9 m x 1,20 m (nach MBO), Brüstungshöhe maximal 1,20 m, Zugang für die Feuerwehr

Nicht notwendige Treppen, die durch mehr als zwei Geschosse führen, können gestattet werden, wenn das Gebäude mit Sprinklerschutz versehen ist oder wenn die Treppenräume der nicht notwendigen Treppen (z. B. Hallen) alle Anforderungen erfüllen, die an Treppenräume notwendiger Treppen gestellt werden. Bei Gebäuden mit Sprinklerschutz ist die Gefahr einer Rauchausbreitung gesondert zu beurteilen.

▶Tabelle 13 stellt die notwendige und ausreichende Ausstattung mit Rettungswegen in Abhängigkeit von der Zahl bzw. Lage der Geschosse in schematischer Form dar. Jede Lösung muss dem Grundsatz genügen: zwei voneinander unabhängige Rettungswege für jeden Nutzungsbereich oder zumindest einer, der im Brandfall sicher begehbar bleibt.

10.2.10 Maisonetten und Galerien

Maisonetten nennt man Wohnungen in mehrgeschossigen Gebäuden, auch in Hochhäusern, die sich über zwei – selten über mehrere – Geschosse erstrecken. Eine Ebene – meist die untere – hat Zugang zur notwendigen Treppe, die zweite Ebene wird durch eine offene, innenliegende Treppe ohne eigenen Treppenraum erschlossen. Maisonetten mit Zugang zur notwendigen Treppe in nur einer Ebene sollen im Folgenden als »echte Maisonetten« bezeichnet werden. Sie bilden eine Nutzungseinheit. § 35 MBO besagt:

»Für die Verbindung von höchstens zwei Geschossen innerhalb derselben Nutzungseinheit von insgesamt nicht mehr als 200 m² sind Treppen ohne eigenen Treppenraum zulässig, wenn in jedem Geschoss ein anderer Rettungsweg erreicht werden kann.«

Soll der »andere Rettungsweg« baulich hergestellt werden, so muss entweder ein Zugang zum Treppenraum der notwendigen Treppe in jedem Geschoss geschaffen werden – dadurch entstehen »unechte Maisonetten« – oder man ordnet in jeder Ebene Fluchtbalkone an. Bei der unechten Maisonette ist die innere Treppe für die Rettung ohne Bedeutung und bildet lediglich einen Deckendurchbruch.

In Gebäuden unterhalb der Hochhausgrenze bedarf die unechte Maisonette nur eines einzigen Fensters, das zum Retten geeignet ist, gleichgültig in welcher Ebene, da beim Brand einer fremden Wohnung im Gebäude und nicht begehbarem Treppenraum die Rettung genauso erfolgen kann, wie aus einer normalen eingeschossigen Wohnung.

Für Wohnungen auf einer Ebene ist der erste Rettungsweg der bauliche Zugang zum Treppenraum. Als zweiter Rettungsweg genügt ein Fenster der Wohnung, das mit Feuerwehrleitern erreicht werden kann. Bei echten Maisonette-Wohnungen muss jede Ebene zwei Rettungswege aufweisen, wobei die interne Treppe als Rettungsweg in Ansatz gebracht werden kann. Die interne Verbindungstreppe ist dann eine notwendige Treppe. Die eine Ebene hat den Zugang zum Treppenraum und ein anleiterbares Fenster, die andere Ebene hat als Rettungswege die Verbindungstreppe und ebenfalls ein anleiterbares Fenster. Damit wird ein etwa gleicher Sicherheitsgrad wie in Wohnungen auf einer Ebene hergestellt. Der Fall, dass es in der Maisonette-Wohnung selbst brennt, wird nicht berücksichtigt, ebenso wie in einer Wohnung auf einer Ebene. Tatsächlich sind die Verhältnisse in der – meist oberen – Ebene ohne direkten Zugang zum Treppenhaus für Personen im Brandfall ungünstiger, da sie gegen Wärme und Rauch nach unten fliehen müssen oder – wenn dies nicht möglich ist – auch am Fenster der oberen Ebene nicht warten können. Liegt der Zugang zum Treppenraum in der oberen Ebene, so unterscheidet sich die Maisonette-Wohnung im Hinblick auf Flucht und Rettung nicht von normalen Wohnungen. Gleiches gilt in Dachgeschossen: Die notwendige Treppe muss bauordnungsgemäß in einem Treppenraum liegen, die Fenster müssen zum Retten von Personen geeignet sein.

Im Hochhaus ist die Situation günstiger. Erstens sind dort nur unechte Maisonetten zulässig, da in jedem Geschoss ein Zugang zu einem Rettungsweg gefordert wird. Dies kann nur eine Tür auf einen Fluchtbalkon oder auf einen notwendigen Flur sein, der zu zwei Treppen oder zu einer Treppe in einem Sicherheitstreppenraum führt. Die Wahrscheinlichkeit, dass beide Flure verqualmt sind, ist gering, denn sowohl der Flur in der unteren wie der Flur in der oberen Ebene sind vom Treppenraum durch feuerhemmende, rauchdichte und selbstschließende Türen getrennt.

Liegt die obere Ebene im Wesentlichen über Räumen der unteren Ebene, ist der verbleibende Luftraum über der Deckenöffnung mindestens so groß wie die obere Ebene und befinden sich auf dieser keine abgeschlossenen Räume, so spricht man nicht von einer Maisonette, sondern von einer Galerie. Man beurteilt eine solche offene Galerie brandschutztechnisch nicht als Geschoss, sondern als Einbau. An die Galerie sind dann hinsichtlich der Rettungswege keine Anforderungen zu stellen.

Maisonetten, insbesondere wenn sie sich ins Dachgeschoss hinein oder über mehrere Dachgeschosse erstrecken, bedürfen stets einer gründlichen Analyse ihrer Rettungswege. Auch weichen die landesrechtlichen Regelungen voneinander ab oder werden unterschiedlich ausgelegt.

10.2.11 Ein- und Zweifamilienhäuser

Es ist ein begrüßenswerter Grundsatz, dass das Baurecht im Brandschutz – vereinfacht gesagt – an der Wohnungstür halt macht. Bestimmungen über die Verwendung der Baustoffe, den Feuerwiderstand der Bauteile, die Rettungswege und andere Brandschutzbestimmungen beziehen sich im Wesentlichen auf das Gebäude. Das Innere einer Wohnung als Nutzungseinheit kann frei gestaltet werden. Dafür einige charakteristische Beispiele: im Inneren einer Wohnung sind gefangene Räume zulässig, der Weg zum Schlafzimmer darf durch das Wohnzimmer führen, auch wenn das Schlafzimmerfenster nicht mit Leitern erreichbar ist; die Decken innerhalb einer Wohnung dürfen ungeschützt durchbrochen werden, Maisonetten und Galerien sind zulässig, Verkleidungen, Einbauten, Dekorationen, Ausstattungen dürfen normal- oder sogar leichtentflammbar sein. Der Brandschutz beginnt erst beim Nachbarschutz. Wohnungstrennwände müssen einen Feuerwiderstand besitzen, vor ungeschützten Fensteröffnungen müssen Abstandsflächen freigehalten werden, ein Brand darf sich zwar innerhalb einer Wohneinheit, nicht aber zum Nachbarn hin ausbreiten.

Diesen Grundsatz überträgt das Baurecht auch auf Einfamilienhäuser. Sofern diese freistehend sind, ist dagegen wenig einzuwenden.

Die Musterbauordnung bestimmt, dass tragende Wände und Decken in Gebäuden der Gebäudeklasse 1 ohne Feuerwiderstand und in Gebäuden der Klassen 2 und 3 feuerhemmend auszuführen sind. Die verwendeten Baustoffe müssen mindestens normalentflammbar sein. Da die MVV TB definiert, dass F 30-B als feuerhemmend gilt, erlaubt dies den Bau von Holzhäusern ohne besonderen Schutz. Dies gilt auch für Kellerdecken in den Gebäudeklassen 1 und 2, lediglich ab Gebäudeklasse 3 müssen sie feuerbeständig (F 90-AB) sein. Bei Gebäuden der Klassen 1 bis 3 genügt auf der Grundstücksgrenze anstelle einer Brandwand eine hochfeuerhemmende Wand (F 60). Bei Gebäuden der Gebäudeklasse 3 müssen die Treppenraum-Trennwände feuerhemmend sein, in den Gebäudeklassen 1 und 2 brauchen sie keinen Feuerwiderstand besitzen, denn sie sind nicht notwendig. Keller und Dachräume sind nicht abzutrennen, ein Einfamilienhaus kann brandschutztechnisch ein einziger, zusammenhängender Raum sein, Einzelfeuerstätten sind zulässig.

10.2.12 Aufzüge

In Gebäuden mit einer Höhe von mehr als 13 m des obersten Fußbodens von möglichen Aufenthaltsräumen fordert § 39 MBO Aufzüge in ausreichender Zahl. Dies führt dazu, dass die notwendigen Treppen oft nicht mehr benutzt werden, ja teilweise den Hausbewohnern, insbesondere aber fremden Personen in Hochhäusern oder Hotels diese nicht einmal mehr bekannt sind, da sie vom Entwurfsverfasser nicht mehr attraktiv gestaltet, sondern irgendwo im Kern versteckt werden. Ergibt sich dann im Brandfall die Notwendigkeit der Flucht, so werden alle Personen selbstverständlich versuchen, den gewohnten Weg zu nehmen, d. h. den Aufzug zu benutzen. Ein üblicher Aufzug gilt jedoch niemals als Rettungsweg. Die Benutzung eines Aufzuges im Brandfall ist aus verschiedenen Gründen lebensgefährlich. Fällt die Stromversorgung der Aufzugsmaschinen durch Brandeinwirkung im Gebäude aus, so kann die Aufzugskabine plötzlich an irgendeiner Stelle des Fahrschachtes zwischen den Haltestellen stehen bleiben, ohne dass die darin Befindlichen die Möglichkeit haben, sich zu befreien oder sich unter Umständen nicht einmal bemerkbar machen können. Selbst wenn sie nicht durch Rauch oder Brandwärme geschädigt werden, besteht immer die Gefahr einer Panik oder des Herzversagens bei anfälligen Personen. Auch haben bestimmte Aufzugsteuerungen die Eigenschaft, unter dem Einfluss der Brandwärme die Kabine ins Brandgeschoss zu holen (Sensorsteuerung), oder Personen fahren versehentlich dorthin oder werden dorthin geholt. Dort öffnen sich die Kabinen- und Fahrschachttüren, der Qualm dringt ein, hält über die

Lichtschranke die Türen offen und die Fahrgäste sind gezwungen, den Aufzug in das brennende Brandgeschoss hinein zu verlassen.

Die Benutzung von Aufzügen im Brandfall ist daher unzulässig. Ein entsprechend deutlicher Hinweis auf das Verbot der Benutzung im Brandfall und ein Verweis auf die Nutzung der Treppen ist außerhalb des Aufzugs an den Fahrschachttüren in den Geschossen anzubringen.

Dem Ausfall der Stromversorgung kann auf zweierlei Weise vorgebeugt werden: für den Ausfall des öffentlichen Netzes (ohne Brand) durch eine Ersatzstromversorgungsanlage, die mindestens so bemessen sein muss, dass die Aufzüge nacheinander das nächste Geschoss oder das Eingangsgeschoss anfahren können. Für den Ausfall der Stromversorgung durch Brand kann die Stromzuführung der Aufzugsmaschine ähnlich wie bei einem Feuerwehraufzug geschützt oder als Kabelanlage mit Funktionserhalt nach DIN 4102-12 verlegt werden. Es muss dann noch sichergestellt werden, dass der Aufzugsbetrieb im Brandfall unterbrochen wird und die Aufzüge das Eingangsgeschoss anfahren, etwa durch Auslösung eines Brandmelders (Brandfallsteuerung).

Jeder Aufzug, der Geschossdecken durchbricht, muss gemäß § 39 MBO in einem Schacht liegen, der bis zu drei Aufzüge enthalten darf. Der erforderliche Feuerwiderstand der Schächte richtet sich nach der Gebäudeklasse. Die Abschlüsse der notwendigen Öffnungen in den Fahrschachtwänden sind so zu verschließen, dass Feuer und Rauch ausreichend lang nicht in andere Geschosse übertragen werden können. Dies ist gegeben, wenn die Fahrschachttüren den Normen DIN 18090 bis 18092 entsprechen.

»Aufzüge ohne eigene Fahrschächte sind zulässig

1. *innerhalb eines notwendigen Treppenraumes, ausgenommen in Hochhäusern,*
2. *innerhalb von Räumen, die Geschosse überbrücken,*
3. *zur Verbindung von Geschossen, die offen miteinander in Verbindung stehen dürfen,*
4. *in Gebäuden der Gebäudeklassen 1 und 2; […]«.*

(§ 39 MBO)

Aufzugkabinen müssen aus nichtbrennbaren Baustoffen bestehen. Laufen sie innerhalb des Treppenraumes, so sind brennbare Einbauten verboten.

Laufen sie außerhalb des Treppenraumes, so sind zur Geschosstrennung Fahrschachttüren nach den genannten Normen erforderlich. Diese erbringen im geschlossenen Zustand den gewünschten Feuerwiderstand nur in Verbindung mit nichtbrennbaren Fahrkörben und dem Rauchabzug des Schachtes.

Bild 70: ***Ein Aufzug ist kein Rettungsweg. Das Benutzen eines Aufzuges kann im Brandfall tödlich sein.***

Aufzüge von Hochhäusern und Feuerwehraufzüge (6.1.1 MHHR und DIN EN 81 Teil 72) dürfen nur über Vorräume zugänglich sein. Die Vorräume müssen feuerbeständige Wände und Decken und zu Fluren rauchdichte und selbstschließende Türen aus nichtbrennbaren Baustoffen haben.

Fahrschächte müssen zu lüften sein und eine Öffnung zur Rauchableitung mit einem freien Querschnitt von mindestens 2,5 v. H. der Fahrschachtgrundfläche, mindestens jedoch 0,1 m^2 haben. In Gebäuden mit mehr als 13 m Höhe muss ein Aufzug zur Aufnahme von Kinderwagen, Rollstühlen, Krankentragen und Lasten vorhanden sein. Die erforderlichen Maße betragen bei Rollstühlen 1,10 × 1,40 m, bei Krankentragen 1,10 × 2,10 m. Der Aufzugsmaschinenraum ist in der MBO nicht mehr erwähnt. Als Technikraum gilt er jedoch nicht als Raum mit erhöhter Brandgefahr, sondern muss zum Schutz der Aufzugsanlage feuerbeständig umwandet werden und mit einer feuerhemmenden und rauchdichten Tür (T 30-RS) abgeschlossen sein.

10.3 Maßnahmen für Menschen mit Behinderung

Die Musterbauordnung fordert bauliche Maßnahmen für besondere Personengruppen und versteht unter letzteren »Behinderte, alte Menschen und Kleinkinder«. Nachstehende Ausführungen sollen sich aber nur auf Schwerbehinderte in Rollstühlen beziehen. Die Forderung nach Inklusion hat im Baurecht noch zu keiner Berücksichtigung bei der Betrachtung der möglichen Eigen- und Fremdrettung im Brandfall geführt. In der Einsatzpraxis führt dies bisher zu wenig Problemen, einzelne Menschen mit Behinderung werden meist von anderen Betroffenen unterstützt, bis die Feuerwehr deren Rettung übernimmt.

Wie bereits ausgeführt, dürfen Aufzüge im Brandfall nicht benutzt werden. Die in DIN 18040 beschriebenen Eigenschaften eines behindertengerechten Aufzuges enthalten nichts, was die Benutzung im Brandfall rechtfertigen würde. Mindestens für Aufzüge, die mit dem blau-weißen Hinweisschild mit Rollstuhlsymbol als behindertengerecht angeboten werden, müssen Vorkehrungen für den Brandfall getroffen werden. Mangels öffentlich-rechtlicher Regelung hat sich ein Ermessensstandard entwickelt, der folgende Maßnahmen vorsieht:

- Der Aufzug darf keine Steuer- oder Sicherheitseinrichtungen besitzen, die durch Rauch oder Wärme beeinflusst werden können (Sensorsteuerung).
- Insbesondere dürfen die Fahrschachttüren nicht durch Lichtschranken gesichert werden, es sei denn, diese können durch einen »Tür zu«-Knopf mit Vorrangschaltung vor den Lichtschranken überbrückt werden.
- Im Brandfall muss die Stromversorgung für den Aufzugbetrieb sichergestellt sein. Dies erfordert eine gegen Brandeinwirkung geschützte und von anderen Leitungen getrennte Kabelführung von der Hauptverteilung zur Aufzugsmaschine, desgleichen einen Schutz der Steuerleitungen bzw. die Verwendung von Kabelanlagen mit Funktionserhalt. Ersatzstrom ist nur in großen baulichen Anlagen besonderer Art oder Nutzung erforderlich, die häufig von vielen Menschen mit Behinderungen betreten werden.

- Rauchgeschützte Vorräume als Stauräume vor Behindertenaufzügen, da immer nur ein Rollstuhlfahrer den Aufzug benutzen kann. Auch diese Maßnahme ist nur in besonderen Objekten erforderlich. Solche Aufzüge dürfen keine Evakuierungsschaltung besitzen, da diese dem Menschen mit Behinderung die Rettungsmöglichkeit wieder entzieht.

Durch diese Vorkehrungen kann ein Rollstuhlbenutzer in der ersten Phase eines Brandes den Aufzug noch benutzen. Die genannten Bedingungen für Aufzüge können allenfalls für Wohngebäude gelten, in denen nur einzelne Rollstuhlfahrer zu erwarten sind.

Die genannten Maßnahmen machen aus dem Aufzug aber längst noch keinen Feuerwehraufzug, der im Übrigen auch gar nicht zur Evakuierung dienen soll. Diese Möglichkeit der Rettung von Rollstuhlfahrern in der Anfangsphase eines Brandes ist bei Aufzügen mit Brandfallsteuerung nicht mehr möglich, da die Aufzüge beim Auslösen der Brandmeldeanlage automatisch in die Brandfallhaltestelle fahren.

Befinden sich in Gebäuden jedoch viele Menschen mit Behinderung, so handelt es sich um Sonderbauten und die Wege der Eigen- und Fremdrettung müssen konzeptionell nachgewiesen werden. Rampen, Evakuierungsbereiche oder Evakuierungsaufzüge können notwendig werden.

Ein weiteres Problem bilden Brandschutz- und Rauchabschlusstüren. Der Rollstuhlfahrer kann sie nur über eine Zusatzeinrichtung öffnen. Bei Türöffnungsautomatiken dürfen keine rauch- und wärmeempfindlichen Auslösungen verwendet werden; sie würden die Funktion der Türen außer Kraft setzen.

Hinsichtlich des zweiten Rettungsweges ist Sorge zu tragen, dass Menschen mit Behinderung ein notwendiges Fenster ungehindert mit dem Rollstuhl anfahren und sich bemerkbar machen können. In Gebäuden, die insbesondere für Behinderte dienen, sind als zweiter Rettungsweg bauliche Vorkehrungen, beispielsweise Fluchtbalkone mit möglichst schwellenlosen Fenstertüren vorzusehen. Die Bestimmungen des § 42 MVStättVO schreiben vor, dass der Betreiber die Maßnahmen festzulegen hat, die zur Rettung von Menschen mit Behinderung, insbesondere Rollstuhlbenutzer, erforderlich sind.

Ganz allgemein erwähnt das Grundsatzpapier der Fachkommission Bauaufsicht, dass für die Rettung in Sonderbauten (beispielhaft aufgeführt sind Versammlungs- und Verkaufsstätten, Krankenhäuser, Pflegeheime und Schulen) der Betreiber zu sorgen hat. Dies beinhaltet auch die Rettung von Menschen mit Behinderung.

Treppenlifte erleichtern einem Menschen mit Behinderung die Nutzung des ersten Rettungsweges (Treppe). Die MVV TB beschreibt in der Anlage A 4.2/1 die bauaufsichtlichen Anforderungen an den Einbau von Treppenliften in Treppenräumen notwendiger Treppen.

Durch den nachträglichen Einbau eines Treppenlifts im Treppenraum darf die Funktion der notwendigen Treppe als Teil des ersten Rettungswegs und die Verkehrssicherheit der Treppe grundsätzlich nicht beeinträchtigt werden. Der nachträgliche Einbau eines Treppenlifts ist zulässig, wenn folgende Kriterien erfüllt sind:

1. Die Treppe erschließt nur Wohnungen und/oder vergleichbare Nutzungen.
2. Die Mindestlaufbreite der Treppe von 1,00 m darf durch die Führungskonstruktion nicht wesentlich unterschritten werden; eine untere Einschränkung des Lichtraumprofils von höchstens 0,20 m Breite und höchstens 0,50 m Höhe ist hinnehmbar, wenn die Treppenlauflinie oder der Gehbereich nicht verändert wird. Ein Handlauf muss zweckentsprechend genutzt werden können.
3. Wird ein Treppenlift über mehrere Geschosse geführt, muss mindestens in jedem Geschoss eine ausreichend große Wartefläche vorhanden sein, um das Abwarten einer begegnenden Person bei Betrieb des Treppenlifts zu ermöglichen. Das ist nicht erforderlich, wenn neben dem benutzten Lift eine Restlaufbreite der Treppe von 0,60 m gesichert ist.
4. Der nicht benutzte Lift muss sich in einer Parkposition befinden, die den Treppenlauf nicht einschränkt. Im Störfall muss sich der Treppenlift auch von Hand ohne größeren Aufwand in die Parkposition fahren lassen.
5. Während der Leerfahrten in die bzw. aus der Parkposition muss der Sitz des Treppenlifts hochgeklappt sein. Neben dem hochgeklappten Sitz muss eine Restlaufbreite der Treppe von 0,60 m verbleiben.
6. Gegen die missbräuchliche Nutzung muss der Treppenlift gesichert sein.
7. Der Treppenlift muss aus nichtbrennbaren Materialien bestehen, soweit das technisch möglich ist.

Bei einer notwendigen Treppe in einem bestehenden Gebäude darf durch den nachträglichen Einbau eines zweiten Handlaufs die nutzbare Mindestlaufbreite um höchstens 0,10 m unterschritten werden. Diese Ausnahmeregelung bezieht sich nur auf Treppen mit einer Mindestlaufbreite von 1,00 m nach den Festlegungen der DIN 18065. Abweichende Festlegungen und Anforderungen an die Laufbreite bleiben davon unberührt.

10.4 Rettung von Tieren

Die MBO verlangt in § 14, dass bei einem Brand die Rettung von Tieren möglich ist, macht aber keine weiteren Ausführungen in ihrem materiellen Teil. Alle Ausführungen über Rettungswege beziehen sich auf Rettungswege für Menschen und können auch sinngemäß nicht übertragen werden. Da die Tierrettung bei Bränden in der Landwirtschaft eine nicht zu vernachlässigende Bedeutung hat, sollen dazu einige Überlegungen angestellt werden. Unter Tieren sind im Folgenden Groß-Nutztiere zu verstehen, also Pferde, Rinder, Schafe, Geflügel und Schweine. Zunächst kann man davon ausgehen, dass ein Rettungsweg ausreichend ist, der ins Freie führt. Da Stallungen ausschließlich im Erdgeschoss liegen, ist also hinsichtlich des Rettungsweges für die Tiere lediglich darauf zu achten, dass er unmittelbar oder gesichert ins Freie führt, nicht durch Scheunen, Futtermittellager oder andere Räume mit Brandlast hindurch. Der frühere § »Ställe« ist in der MBO entfallen. Er bestimmte:

»Die ins Freie führenden Stalltüren müssen nach außen aufschlagen. Ihre Zahl, Höhe und Breite muss so groß sein, dass die Tiere bei Gefahr ohne Schwierigkeiten ins Freie gelangen können.«

Eine große Erschwernis ergibt sich daraus, dass die Tiere, zumindest Pferde, Rinder und Schweine, innerhalb des Stalles entweder in Einzelboxen untergebracht sind, die einzeln geöffnet werden müssen, oder einzeln angebunden oder angekettet sind. Die Retter müssen sich in unmittelbare Nähe der durch das Brandgeschehen erregten Tiere begeben, was zeitraubend und lebensgefährlich ist. Schon manches Großtier, insbesondere Pferd oder Bulle, ist umgekommen, da es in seiner Panik niemand mehr an sich heranließ. Hinzu kommt ein nicht vorhersehbares Verhalten der Tiere im Brandfall. Viele Tiere wollen den Stall nicht verlassen und müssen mit Gewalt gerettet werden. Man muss daher bei der Vorkehrung für die Tierrettung besonders den Zeitfaktor im Auge haben. Tiere kann man nur retten, wenn Menschen den Stall noch betreten können. Deshalb darf der Rettungsweg nicht zu lang werden und im Stall keine zu schnelle Brandausbreitung erfolgen, was durch die Verwendung nichtbrennbarer Baustoffe, insbesondere für Wand- und Deckenverkleidungen erreicht werden kann. Die Herstellung der fest mit dem Gebäude verbundenen Einrichtung aus nichtbrennbaren Baustoffen ist deshalb umso wichtiger, als durch die Nutzung ohnehin eine nicht unerhebliche Brandlast in Form von Futter und Streu in einem Stall vorhanden sein kann. Auch auf die Abschlüsse von Räumen mit erhöhter Brandgefahr (Heu- und Strohlager), die selbstschließend und mindestens feuerhemmend sein müssen, ist besonders zu achten; dies gilt auch für Luken zu Futterböden. Zwar dürfen die Decken in freistehenden landwirtschaftlichen Betriebsgebäuden ohne Feuerwiderstand hergestellt werden, was sich noch damit rechtfertigen lässt, dass sich ein Brand von oben nach unten nur sehr langsam ausbreitet, doch ist dann darauf zu achten, dass die Lukendeckel wenigstens rauchdicht schließen.

Für Einzelboxen von wertvollen Großtieren schlagen die Verfasser eine zentrale Entriegelung in der Nähe der Stalltür vor, in Verbindung mit Boxentüren, die das Tier aufdrücken kann – in Rennpferdgestüten und vergleichbaren Einrichtungen sicherlich eine geringe Aufwendung für die Sicherheit wertvoller Tiere im Brandfall.

Elektrogeräte wie Motoren und Leuchten, die sich beim Betrieb erwärmen, sind so anzuordnen, dass sie bei Bedarf leicht zu reinigen sind. Da bei einem Blitzschlag schwerwiegende Folgen zu erwarten sind, sollten die genannten Ställe mit Blitzschutzanlagen ausgerüstet sein.

Nicht geregelt ist die Rettung von Großvieh und Kleinnutztieren in der Massenhaltung. Keine Feuerwehr ist in der Lage, hunderte von Rindern oder zehntausende von Hühnern oder Puten aus Käfigen im Brandfall rechtzeitig in Sicherheit bringen zu können. Nachdem in § 14 MBO die Rettung von Tieren ausdrücklich verlangt wird, müssen solche baulichen Anlagen wohl unter die Bestimmungen des § 2 Abs. 4 Nr. 20 MBO fallen (Sonderbau).

Lösungsorientierte Brandschutzplanungen für Rinderställe bietet etwa die Arbeitsgemeinschaft Landtechnik und Landwirtschaftliches Bauwesen in Bayern e. V. in einem Leitfaden aus dem Jahr 2013. Die Gesamtthematik beschreibt der Bericht 178 des KIT zur Brandschutzforschung der Länder zu effektiven, effizienten und wirtschaftlichen Brandschutzmaßnahmen bei Massentierhaltung.

11 Durchführung wirksamer Löscharbeiten

Aus dem Wort Lösch-»arbeiten« geht hervor, dass der Gesetzgeber an das Handeln von Personen denkt. Die Durchführung wirksamer Löscharbeiten kann zunächst einmal durch die Nutzer des Gebäudes, also brandschutztechnisch gesehen durch Laien, erfolgen. Wirksam werden Löscharbeiten immer dann sein, wenn sie zu einem möglichst frühen Zeitpunkt einsetzen, da ein Brand mit fortschreitender Dauer sehr schnell an Umfang zunimmt und der Löschaufwand damit unverhältnismäßig steigt. Man wird deshalb vorbeugende Maßnahmen treffen müssen, um einen Brand in seiner Entstehungsphase zu bekämpfen und zu löschen.

11.1 Feuerlöscher

Als Vorkehrung für die Selbsthilfe steht an erster Stelle das Bereithalten von geeigneten Feuerlöschern. Geeignet ist ein Feuerlöscher immer dann, wenn sein Löschmittelinhalt der Brandklasse derjenigen Stoffe entspricht, die gelöscht werden sollen (▶ Tabelle 14).

Feuerlöscher müssen der Norm DIN EN 3 entsprechen, amtlich geprüft und zugelassen sein. In Sonderbauverordnungen werden Löscher »in ausreichender Zahl« gefordert. Hinsichtlich der konkreten Zahl der bereitzuhaltenden Löscher gibt es die Technischen Regeln für Arbeitsstätten »Maßnahmen gegen Brände« – ASR A2.2. Meist liegt die Ausstattung mit Feuerlöschern im Ermessen der für den Brandschutz zuständigen Behörde. In Wohnungen und vergleichbaren Nutzungseinheiten wird im Allgemeinen auf die Forderung nach Anbringung eines Feuerlöschers verzichtet – wenngleich er gerade auch dort sehr nützlich wäre – die untere Grenze ist etwa der Laden, das Einfamilienhaus oder die kleine Werkstatt. Mit steigender Gebäudegröße und Zahl der Benutzer steigt auch die Zahl der notwendigen Löscher. Sie sind dann meist allgemein zugänglich auf Fluren, beim Zugang zum Treppenraum und auf Treppenpodesten anzubringen und stehen somit für mehrere Nutzungseinheiten gleichzeitig zur Verfügung. Entweder hängen die Feuerlöscher in Wandhaltern frei sichtbar in Griffhöhe oder sie werden in Nischen oder Wandschränken untergebracht. Für diese ist immer eine deutliche Kennzeichnung gemäß der Technischen Regeln für Arbeitsstätten – ASR A1.3 – erforderlich.

Tabelle 14: ***Geeignete Feuerlöscher für verschiedene Brandklassen***

Brandklasse	brennender Stoff	geeigneter Feuerlöscher
A	feste organische Stoffe	Wasserlöscher, Schaumlöscher, Glutbrand-Pulverlöscher
B	flüssige oder flüssig werdende Stoffe	Schaumlöscher, Pulverlöscher, Glutbrand-Pulverlöscher, Kohlendioxidlöscher
C	Gase	wie für Brandklasse B, außer Schaumlöscher*
D	Metalle	Metallbrand-Pulverlöscher
F	Speiseöle/-fette	Fettbrandlöscher

* Beim Ablöschen von Gasflammen ohne Unterbrechung der Gaszufuhr besteht akute Explosionsgefahr!

Bei der Wahl des Anbringungsortes ist eine gemeinsame Anordnung mit anderen Einrichtungen des Vorbeugenden Brandschutzes, wie Handfeuermelder, Wandhydranten und Auslösestellen für Rauchabzüge sehr vorteilhaft, da diese Einrichtungen durch die Kombination jedenfalls eine ins Auge springende Größe annehmen und man sie nicht an verschiedenen Stellen suchen muss (▶ Bild 71). Zugleich wird der Meldende ans Löschen erinnert und umgekehrt. Werden Löscher im Freien angebracht, so empfiehlt sich ein Witterungsschutz.

Feuerlöscher müssen, wie alle technischen Einrichtungen, regelmäßig geprüft und gewartet werden, damit ihre Betriebsbereitschaft sichergestellt wird. Die Prüfintervalle dürfen nicht länger als zwei Jahre sein. Die Prüfung ist durch einen Sachkundigen durchzuführen und in Form eines Prüfvermerkes auf dem Löscher festzuhalten. Feuerlöscher sind insbesondere dann von großem vorbeugenden Wert, wenn die Benutzer des Gebäudes in ihrer Handhabung eingewiesen und geübt sind. Der Laie, der einen Feuerlöscher zum ersten Mal bedient, ist meist überrascht vom Gewicht, hat Schwierigkeiten mit der Inbetriebnahme und ist sehr erstaunt darüber, was plötzlich aus dem Löscher austritt. Das trifft besonders auf den Pulverlöscher zu.

Die austretende Pulverwolke kann die ohnehin im Brandfall herrschende Aufregung und Neigung zur Panik verstärken. Es sollten daher besonders in Räumen mit großer Personenzahl (Verkaufsstätte, Versammlungsstätte, Gaststätte) anstelle von Pulverlöschern Wasser- oder Schaumlöscher bereitgehalten werden. Gleiches gilt für Bereiche, in denen die Verschmutzung durch Löschpulver großen Schaden anrichten kann (z. B. Krankenhäuser, Alten- und Pflegeheime, EDV-Anlagen). Da der Feuerlöschermarkt hart umkämpft wird, haben sich z. T. unseriöse Verkaufs- und Prüfpraktiken breitgemacht. Die Ausstattung eines Gebäudes mit Löschern von bekannten Firmen ist daher dringend zu empfehlen.

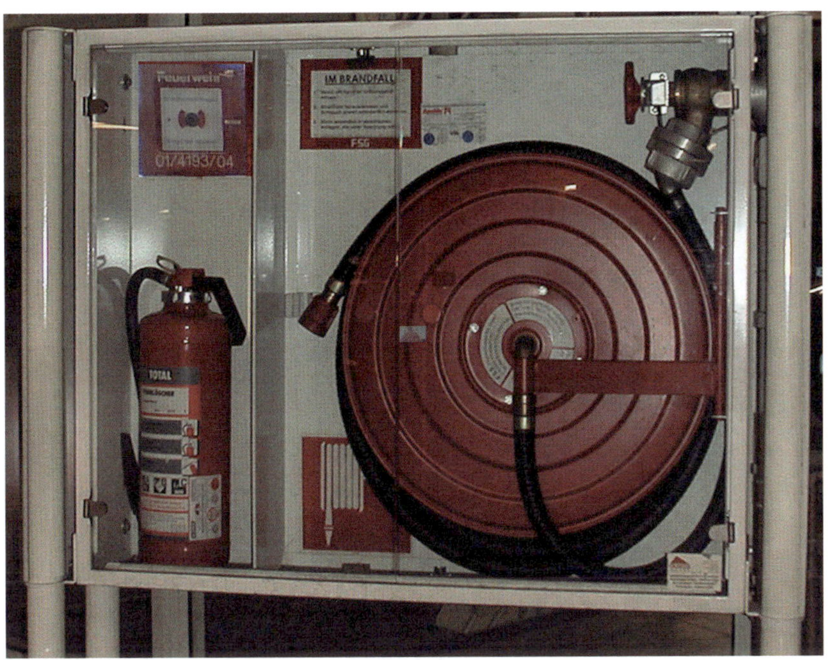

Bild 71: ***Es ist zweckmäßig, Brandschutzeinrichtungen zu kombinieren. Feuerlöscher, Handfeuermelder und Wandhydrant in einer Einheit.***

In Räumen, in denen damit zu rechnen ist, dass die Kleidung von Personen in Brand gerät (Labore, Spritzlackierereien), sind Notduschen zu installieren. Für Brände von Ölen oder Fetten im Gastronomiebereich (Fritteusen ohne Deckel) eignen sich besonders Fettbrandlöscher.

11.2 Ortsfeste Löschanlagen

Wenn wirksame Löscharbeiten nicht möglich sind oder ein Löscherfolg von vornherein nicht zu erwarten ist, sind ortsfeste Löschanlagen vorzusehen. Alle von der Feuerwehr verwendeten Löschmittel können grundsätzlich auch in Form von stationär eingebauten Löschanlagen Bestandteil des baulichen Brandschutzes sein, eine nennenswerte Verbreitung hat jedoch nur die Sprinkleranlage mit dem Löschmittel Wasser gefunden, sofern es um den Schutz der Bausubstanz geht. Zunehmend wird das Löschwasser vernebelt, was die Löschwirkung steigert und den Wasserbedarf sowie Wasserschäden senkt. Sind die zu schützenden Räume sehr hoch (ca. > 10 m) oder haben die vorhandenen Stoffe eine sehr hohe Brandausbreitungsgeschwindigkeit, dann wird anstelle eine Sprinkleranlage eine Sprühwasser-Löschanlage verwendet. Zum Schutz besonders brandgefährlicher oder brandgefährdeter Objekte wird in nennenswertem Umfang noch das Löschmittel Kohlendioxid (CO_2) verwendet. Halone sind mittlerweile aus Gründen des Umweltschutzes verboten. An ihre Stelle sind Löschmittel wie Stickstoff, Inergen oder andere inerte Gase getreten. Abhängig von der Branddetektion und der Art der Auslösung sind solche Anlagen Vorkehrungen, die man aus der Sicht des Vorbeugenden baulichen Brandschutzes eher in das Kapitel »Vorbeugung gegen die Entstehung von Bränden« einreihen muss, da sie ihre Wirkung längst getan haben müssen, bevor Bauteile vom Brand ergriffen werden. Noch weiter gehen Vorkehrungen, die Objekte durch ständige Inertisierung schützen, sodass eine Brandentstehung von vornherein chemisch unmöglich wird.

Wie bei den Feuerlöschern müssen die Objekte von der Brandklasse her für das Löschmittel geeignet sein bzw. umgekehrt, wobei das Löschmittel Kohlendioxid und die inerten Gase wegen ihrer rückstandsfreien Löscheigenschaft besonders zum Schutz hochwertiger Anlagen der Elektronik, des Maschinenbaus sowie für Küchen und Lebensmittelbetriebe in Frage kommen. Solche Anlagen müssen einen Brand stets in der Entstehungsphase löschen, d. h. möglichst frühzeitig und rasch zur Anwendung gelangen. Da CO_2 in den für Löschanlagen erforderlichen Konzentrationen ein Atemgift ist und zugleich die Sauerstoffkonzentration absenkt, müssen die Räume vorher von Personen geräumt werden, sofern es sich um eine Raumschutzanlage handelt.

11.3 Vorkehrungen für den Feuerwehreinsatz

Neben den ortsfesten Anlagen und den Löschgeräten für den Laien richtet sich die Forderung nach der Möglichkeit zur Durchführung wirksamer Löscharbeiten besonders auf Vorkehrungen, die es im Brandfall der Feuerwehr erlauben, rasch und wirksam zu löschen. Hierfür sind verschiedene Voraussetzungen notwendig:

1. Ein Brand muss entdeckt und der Feuerwehr gemeldet werden (Feuermeldung).

2. Das Brandobjekt muss ungehindert erreichbar sein (Zugänglichkeit).
3. Löschmittel (Wasser) muss in ausreichendem Maße vorhanden sein und entnommen werden können.

Zu diesen Grundvoraussetzungen treten in besonderen Fällen noch andere Vorkehrungen hinzu, die im Folgenden erläutert werden.

Im Übrigen sind natürlich alle anderen Maßnahmen des Vorbeugenden baulichen Brandschutzes, wie die Bildung von Brandabschnitten und Brandbekämpfungsabschnitten, die Ausbildung der Angriffswege, Kennzeichnung von technischen Einrichtungen und Sicherheitseinrichtungen, die Vorkehrungen für den Rauchabzug oder Einrichtungen für den reibungslosen Funkverkehr, ergänzt durch organisatorische Vorkehrungen, wie Feuerwehr- und Einsatzpläne, unverzichtbare Voraussetzungen für wirksame Löscharbeiten.

11.3.1 Feuermeldung

Jeder, der einen Brand wahrnimmt, hat ihn unverzüglich zu löschen. Ist ihm dies nicht möglich, so hat er sofort öffentliche Löschhilfe herbeizuholen. Das Herbeiholen der öffentlichen Löschhilfe besteht im Alarmieren der Feuerwehr. Je frühzeitiger die Feuerwehr von einem Brand unterrichtet wird, desto größer ist die Möglichkeit, wirksame Löscharbeiten durchzuführen.

In Abhängigkeit von der Größe und Nutzung einer baulichen Anlage – allgemein gesprochen mit steigendem Brandrisiko – sind auch an die Möglichkeiten zur Entdeckung von Bränden und Abgabe einer Feuermeldung steigende Anforderungen zu stellen.

Mit jedem Telefon kann die Feuerwehr von den Bewohnern oder Nutzern der baulichen Anlage über den Notruf 112 direkt erreicht werden. Dazu gehört an jeden Fernsprecher ein Hinweis mit der jeweiligen Notrufnummer, da erfahrungsgemäß in der Aufregung diese Nummern nicht immer parat sind. Im Übrigen ist mittlerweile beinahe jeder im Besitz eines Mobiltelefons.

Die Meldemöglichkeit ist so sicher wie das Telefon und die Fernmeldeeinrichtungen der Telefongesellschaften. Bei einer Störung ist auch die Sicherheitsfunktion »Feuermeldung« gestört, doch werden Störungen schnell erkannt und relativ schnell behoben. Hier taucht wieder der Grundsatz auf, dass eine technische Einrichtung, die der Sicherheit im Brandfall dient, möglichst auch eine andere tägliche Nutzung erfahren sollte. Auf der Empfängerseite wird durch mehrere ankommende Notrufleitungen mit jeweils getrennter Empfangsmöglichkeit sichergestellt, dass ein

Anrufer in der Regel kein Belegt-Zeichen bekommt oder zumindest aufgefordert wird, nicht aufzulegen.

Diese Feuermeldung über Telefon hat bei weitem den größten Anteil von allen Arten der Alarmierung und veranlasste im städtischen Bereich sogar die Feuerwehren, auf Straßenfeuermelder zu verzichten.

Mit dem Telefon wird daher der gesamte Bereich des Wohnungsbaues, des Kleingewerbes und ähnlicher Risiken hinsichtlich der Möglichkeit zur Abgabe einer Feuermeldung ausreichend bedient.

Mit steigendem Brandrisiko sind auch höhere Anforderungen an die Einrichtung zur Abgabe einer Feuermeldung zu stellen. In Gebäuden besonderer Art oder Nutzung wird daher teilweise die Einrichtung einer Brandmeldeanlage (BMA) verlangt. In den Objekten befinden sich eigene – private – Brandmeldeanlagen, die mit den öffentlichen Brandmeldeanlagen verbunden sind. Dadurch wird die Weiterleitung der Brandmeldeanlage an die Leitstellen sichergestellt.

Da die Bedienung von Hersteller zu Hersteller sehr unterschiedlich ist, wird ein einheitliches Feuerwehr-Bedienfeld nach DIN 14661 gefordert (▶ Bild 72).

Die öffentliche Brandmeldeanlage dient einem größeren Bereich, einer Stadt- oder einem Gemeindegebiet. Die Zentrale ist in der Regel die Integrierte Leitstelle zur Alarmierung der Feuerwehr und des Rettungsdienstes. Die Verbindung zwischen beiden Anlagen wird durch Aufschaltung der privaten Brandmeldeanlage hergestellt. Die Errichtung einer Brandmeldeanlage muss nach den Festlegungen der Normen DIN EN 54 und DIN 14675 sowie der DIN VDE-Bestimmung 0833 »Gefahrenmeldeanlagen für Brand, Einbruch und Überfall« erfolgen.

Durch die in diesen Bestimmungen festgelegte Ausführung der Anlagen, insbesondere durch die Ruhestromüberwachung und Störungsmeldung, erfüllen diese wesentlich höhere Anforderungen an die Betriebssicherheit. Solche Anlagen haben allerdings gegenüber dem Fernsprecher den Nachteil der Anonymität der Meldung: Da kein Sprechkontakt vorhanden ist, sind nähere Angaben oder Nachfragen über Art und Umfang eines Brandes nicht möglich, die Feuerwehr erfährt derzeit nur den Einsatzort.

Aus der Sicht des Vorbeugenden Brandschutzes sind private Brandmeldeanlagen von besonderer Bedeutung. Die Auslösung einer solchen Anlage kann auf zwei Arten erfolgen, von Hand durch Handfeuermelder oder automatisch durch so genannte Brandkenngrößen (Temperatur, Temperaturanstieg, Brandrauch und Flammenschein).

Nichtautomatische Brandmelder (Handfeuermelder) sind in Gebäuden anzuordnen, in denen sich viele Personen aufhalten, deren Leben geschützt werden soll. Der Schutz der Sachgüter ist in diesen Fällen zweitrangig. Es ist davon auszugehen, dass

Bild 72: ***Feuerwehr-Bedienfeld, Feuerwehr-Anzeigetableau und Alarm-Übertragungseinrichtung***

die Entstehung eines Brandes rasch bemerkt wird, wenn sich viele Personen im Raum oder Gebäude aufhalten. Solche Gebäude sind Versammlungsstätten, Schulen, Verkaufsstätten, Gaststätten, Beherbergungsbetriebe, Krankenhäuser, öffentliche Gebäude, Verkehrsbauten und Werkhallen. Automatische Brandmelder sind in Räumen oder Gebäuden anzuordnen, in denen zu befürchten ist, dass ein Brand nicht rechtzeitig von Personen bemerkt wird. Häufig liegt eine Kombination beider Schutzziele vor: Wenn z. B. in einem Theater der Garderobenfundus durch automatische Brandmelder überwacht wird, so dient dies gleichermaßen dem Schutz der Kostüme wie der Besucher und Beschäftigten.

Wichtig für die erhoffte Wirksamkeit der Anlage ist die richtige Auswahl der Meldertypen, um eine möglichst frühe Meldung zu erhalten, ohne zugleich viele Fehlalarme hinnehmen zu müssen. Zwischen diesen beiden Wünschen ist ein Kompromiss zu finden: Empfindliche Melder melden sehr früh, aber häufig »falsch«, d. h. Erscheinungen, die keine Brandgefahr darstellen, wie Fahrzeugabgase, Zigarettenrauch, Staubwolken und Ähnliches; dagegen bringen träge Melder wenig Fehlalarme, aber eine spätere Meldung.

Je nach der Brandkenngröße, auf die der Melder reagiert, gibt es Wärme-, Rauch- und Flammenmelder.

Wärmemelder werden durch die im Brandraum erzeugte Temperatur ausgelöst. Der so genannte Thermo-Maximalmelder löst bei Erreichen einer bestimmten Temperatur – meist 70 °C – durch Widerstandsänderung den Brandalarm in der Nebenmeldeanlage aus. Der Melder ist so auszuwählen, dass die Ansprechtemperatur 50 K über der am Anbringungsort herrschenden »Zimmertemperatur« liegt, d. h. in Kühlräumen bei + 30 °C oder + 50 °C, in normalen Räumen bei + 70 °C, in Räumen mit betriebsmäßig erhöhter Temperatur auch bei + 100 °C oder 130 °C. Diese Melder sind träge, reagieren nicht auf den schädlichen Rauch, sondern nur auf die Wärme. Sie sind daher nicht geeignet, wo eine rasche Brandausbreitung zu erwarten ist oder hochwertige Sachgüter lagern, die bereits durch den Rauch beschädigt werden. Diese Art Melder bringt allerdings kaum Fehlalarme.

Ein Wärmemelder, der nicht nur auf die Temperatur selbst, sondern auf den raschen Anstieg der Temperatur reagiert, ist der Thermo-Differentialmelder. Ein Temperaturgradient von 6 – 10 K/min löst den Melder aus. Er ist besonders für Räume geeignet, in denen die Temperatur betrieblich und jahreszeitlich stark schwanken kann, z. B. eine nicht klimatisierte Lagerhalle, die im Winter die Außentemperatur von -10 °C oder weniger annimmt, im Sommer bei Sonneneinstrahlung hingegen unter dem Dach + 40 °C und mehr aufweist, oder eine Schmiede, in der nachts die Außentemperatur herrscht, während des Betriebes jedoch Temperaturen um 30 ° C und mehr Grad über der Außentemperatur auftreten. Differentialmelder werden stets mit einem Wärmemelder kombiniert.

Für die Überwachung großer Flächen (z. B. Großgaragen, Straßentunnels usw.) stehen Sensorkabel zur Verfügung. Sensoren in den Kabeln erkennen sowohl einen Temperaturanstieg als auch das Überschreiten einer Grenztemperatur. Beide Kriterien führen zur Alarmauslösung. Darüber hinaus bieten die Sensoren eine genaue Lagemeldung der Brandeinwirkung.

Der Rauchmelder ist sehr ansprechempfindlich und ermöglicht eine Meldung schon in der Entstehungsphase eines Brandes (Frühwarnanlage). Andererseits kann er durch Störeinflüsse wie Staub, Gas, Dampf und Rauch aus anderen Quellen zur Auslösung gebracht werden und führt zu Fehlalarmen. Selbst wenn der Melder ordnungsgemäß Rauch meldet, dieser Rauch aber aus dem Auspuff eines Dieselmotors kam, ist die Meldung für die Feuerwehr ein Fehlalarm. Die Melder sind besonders geeignet, um hochwertige brandempfindliche Güter zu schützen, also

Museen, Bibliotheken, Datenverarbeitungs- und Lagerräume, Lebensmittelmärkte, Textilkaufhäuser und ähnliche Risikogebäude.

Sie eignen sich besonders auch zur Überwachung von Rettungswegen, z. B. von Hotelfluren oder Treppenräumen. Solche Melder dienen zur Steuerung und Auslösung von Sicherheitseinrichtungen für den Brandfall, wie Gefahrenmeldeanlagen, Feuerschutzabschlüsse in Öffnungen von Wänden, im Zug von Rettungswegen und in Lüftungskanälen, zum Öffnen von Rauchabzugseinrichtungen, zum Einschalten von Lüftern, zum Abstellen der Umluft, zum Einstellen des Aufzugsbetriebes, zum »Scharfmachen« vorgesteuerter Sprinkleranlagen usw. Es bleibt der für den Brandschutz verantwortlichen Dienststelle vorbehalten, ob sie die Aufschaltung solcher »Steuerungsmelder« auf die öffentliche Brandmeldeanlage fordert oder ablehnt. Um Melder, die autark eine technische Einrichtung auslösen, z. B. einen Rauchabzug öffnen, von Brandmeldern zu unterscheiden, die zu einer Brandmeldeanlage gehören, nennt man sie auch Rauchschalter.

Streulichtmelder arbeiten nach folgendem Prinzip: Eine Lichtquelle im Melder sendet Lichtimpulse aus. Die Empfangseinrichtung ist so angeordnet, dass sie vom direkten Licht nicht getroffen wird. Treten Rauchteilchen in den Melder ein, so wird das Licht gestreut, ein Teil trifft die Empfangseinrichtung und der Melder löst aus.

Durchlichtmelder reagieren auf Sichttrübung durch Rauch. Unsichtbare Gase und Brandgase, z. B. von Alkoholbränden, lösen diesen Meldertyp nicht oder spät aus.

Weiterhin gibt es Flammenmelder, die von den Lichtimpulsen der Flammen eines Brandes ausgelöst werden. Flammen besitzen eine charakteristische Flackerfrequenz von 5 – 20 Hz; andere Lichtquellen wie die Sonne (0 Hz) oder Leuchtstoffröhren (100 Hz) und Glühlampen lösen den Melder nicht aus. Auch diese Melder sind, wie auch die meisten Rauchmelder, mit einem Wärmemelder kombiniert. Die Kombination von unterschiedlichen Melderarten hat in den vergangenen Jahren zugenommen. So werden heute auch Rauchmelder mit Wärmemeldern in einem Gehäuse kombiniert. Es gibt Meldertypen, die Wärme-, Rauch- und Bewegungsmelder beinhalten. Registriert der Bewegungsmelder in seinem Bereich die Anwesenheit von Personen, so schaltet er den Rauchmelder ab. Registriert er über eine gewisse Zeit keine Bewegung im Raum (z. B. nach Betriebsschluss), schaltet er den Rauchmelder wieder zu. Hintergrund des Aufwands ist zum einen, Brände in einem möglichst frühen Stadium zu erkennen und zu melden, zum anderen aber, Fehlalarmierungen weitgehend zu verhindern. Die neueste Generation von automatischen Brandmeldern erkennt einen Brand bereits vor seinem Ausbruch. Sie detektieren das Ausgasen von Stoffen bei deren Erwärmung (Pyrolyseprodukte) und geben einen Voralarm ab. Außerdem erkennen Brandmeldeanlagen heute »voreingestellte Störungen« (z. B. Dieselabgase des Gabelstaplers in einer Lagerhalle oder Zigarettenrauch, Diskonebel und Wärme in einer Diskothek) und vermeiden weitgehend Fehlauslösungen. Betriebsangehörige haben dann Gelegenheit, die Ursache der Erwärmung zu suchen und abzustellen. Nach Ausbruch des Brandes lösen auch diese Melder in einem zweiten Schritt in der Brandmeldezentrale Alarm aus. Für denkmalgeschützte Gebäude (z. B. Kirchen, Schlösser, Museen) oder für Erweiterungen der Brandmeldeanlage in einem bestehenden Gebäude bietet die Industrie bereits automatische Melder an, die herkömmliche Leitungen überflüssig machen. Die Übertragung der Brand- und Störungsmeldungen erfolgt über Funk. Für besondere Objekte stehen spezielle Systeme zur Verfügung; lineare Rauchmelder für denkmalgeschützte Gebäude, Sensorkabel für Tunnelstrecken oder Rauchansaugsysteme.

Es gilt also, für den jeweiligen Anbringungsort einen Meldertyp zu wählen, der die vorherrschenden Brandkenngrößen meldet, auf die vorhersehbaren Störgrößen aber nicht anspricht. Die moderne Pulsmeldetechnik löst nicht mehr bei Erreichen eines Grenzwertes Alarm aus, sondern fragt den ansprechenden und die anderen Melder der Linie mehrfach ab, ob die Brandkenngröße erhalten bleibt oder ansteigt, und löst erst bei Erreichen der Alarmschwelle aus. Dies schließt Täuschungsalarme weitgehend aus.

Sicherheitseinrichtungen für den Brandfall, z. B. Brandmeldeanlagen, sind zusätzlich durch Maßnahmen des »Inneren Blitzschutzes«, wie Blitzschutz-Potentialausgleich, Einhalten von Trennungsabständen, Blitzstromableitern und Überspannungsschutz zu schützen.

Bereits erwähnt wurde, dass auch automatische Löschanlagen zugleich Brandmeldeanlagen sind, wenn der Austritt des Löschmittels einer privaten Brandmeldeanlage mitgeteilt wird. Sie sind sozusagen (träge) Wärmemelder.

Hinsichtlich des Wertes einer Meldeanlage ergibt sich in den Fällen, in denen sie nicht ohnehin vom Gesetzgeber zwingend gefordert wird, dasselbe Bild wie bei einer Sprinkleranlage. In einem Gebäude, das den materiellen Brandschutzanforderungen entspricht, ist die Meldeanlage ein wertvoller zusätzlicher Schutz, der das Brandrisiko deutlich mindert. In einer Anlage, in der der bauliche Brandschutz vernachlässigt ist und die Meldeanlage nur zur Kompensation von Abweichungen dienen soll, ist ihr Wert zweifelhaft; jedenfalls bewirkt sie keine Steigerung des vom Gesetzgeber geforderten Sicherheitsgrades.

Die BMA bedarf einer Infrastruktur in Form der zentralen Sicherheitsstromversorgung, der Brandmeldezentrale, des inneren Blitzschutzes, eines Funktionserhalts, des Leitungsnetzes, der Melder, eines Feuerwehr-Bedienfeldes, gegebenenfalls eines Paralleltableaus, eines Feuerwehr-Schlüsseldepots und der Verbindung zum öffentlichen Brandmeldenetz. Hinzu kommen Laufkarten, um den ausgelösten Melder im

Gebäude zu finden. Eine BMA richtet sich primär auf das Schutzziel »Alarmierung der Feuerwehr«.

Brandmeldeanlagen alarmieren die Feuerwehr frühzeitig; daraus zu schließen, dass die Feuerwehr auch immer frühzeitig eintreffen wird, ist jedoch ein Fehlschluss. Das Eintreffen und der Beginn von Lösch- und Rettungsmaßnahmen hängen im Wesentlichen von der Leistungsfähigkeit der örtlich zuständigen Feuerwehr ab.

11.3.2 Rauchwarnmelder

Unabhängig von einer Brandmeldeanlage können auch Alarmierungsanlagen oder Rauchwarnmelder (RWM) installiert werden. Während Alarmierungsanlagen Menschen in einem beliebig zu definierenden Alarmbereich warnen, dienen Rauchwarnmelder der Warnung innerhalb einer Raumgruppe, in der Regel einer Wohnung. Rauchwarnmelder sollen insbesondere verhindern, dass Personen im Schlaf durch Brandrauch geschädigt werden und so die Zahl der Rauchvergifteten und Brandtoten senken, die im Schlaf umkommen. Diese Todesart bildet den größten Anteil der Brandtoten in Deutschland. Häufig entstehen Brände durch herabfallende Zigaretten, Heizdecken und -kissen, nicht gelöschte Kerzen und aus ähnlichen Gründen. Alle Landesbauordnungen fordern mittlerweile die Installation von Rauchwarnmeldern in Wohnungen.

Die Norm DIN 14676 nennt die Mindestanforderungen für Planung, Einbau, Betrieb und Instandhaltung von Rauchwarnmeldern in Wohnungen und Räumen mit ähnlicher Nutzung. Rauchwarnmelder sollten vom Verband der Schadenversicherer (VdS) nach DIN EN 14604 geprüft sein und ein VdS-Prüfzeichen tragen.

Der Rauchwarnmelder ist zunächst ein autarkes Gerät ohne notwendige Infrastruktur. Er besitzt eine eigene Stromversorgung durch eine Einzelbatterie oder ist an das 230 Volt-Stromnetz angeschlossen und löst unmittelbar an Ort und Stelle – aber auch nur dort – einen Alarm aus, sobald Brandrauch in den Melder eintritt. Die Geräte überwachen sich selbst, ein Nachlassen oder Ausfall der Batteriespannung wird durch einen Signalton angezeigt. Sind die Räume nicht ständig besetzt, bedarf es einer Überwachung und regelmäßigen Kontrolle durch Aufsichtspersonen, um den Ausfall eines Melders (z. B. durch Entfernen der Batterie) festzustellen und für Ersatz zu sorgen bzw. die Wiederherstellung der Betriebsbereitschaft zu testen. Zu diesem Zweck haben alle Rauchwarnmelder eine Prüftaste eingebaut. Die Größe des Überwachungsbereiches und die Einbaulage hängen vom Hersteller des Rauchwarnmelders ab.

Jeder Raum, der mit einem Rauchwarnmelder ausgestattet ist, genügt dem wichtigsten Schutzziel: »Gefahr erkennen und Betroffene im Raum warnen, um die Selbstrettung einzuleiten«. Eine weitergehende Alarmierung für den Rest des Gebäudes in anderen Räumen und eine Alarmierung der Feuerwehr erfolgt dadurch nicht. Eine Person muss den Hausalarm auslösen. Falls dies unterbleibt, erfahren die Schlafenden in anderen Räumen zunächst nichts von der Gefahr. Hier kann nur organisatorisch für das richtige Verhalten der Personen vorgesorgt werden oder es wird eine Alarmierungsanlage vorgesehen. Ungünstiger wird die Situation, wenn sich im Brandentstehungsraum keine Personen aufhalten.

Um den Alarmierungsvorgang von Zufälligkeiten zu befreien, kann man die Rauchwarnmelder miteinander vernetzen. Die Auslösung eines Rauchwarnmelders im Brandraum löst dann gleichzeitig alle Rauchwarnmelder in der Nutzungseinheit aus. Auch Störungen durch Ausfall eines Melders werden überall erkannt.

Die Vernetzung kann über Draht oder über Funkvernetzung erfolgen. Abhängig vom Hersteller können Batterien mit einer Lebensdauer von bis zu zehn Jahren eingesetzt werden und eine Fernwartung stattfinden, sodass sich der Wartungsaufwand erheblich verringert.

11.3.3 Alarmierungsanlage

Werden in einem Gebäude, meist in einem Sonderbau, Feuer oder Rauch entdeckt, so sollten alle Personen im Gebäude darüber informiert werden, um sich über die Rettungswege in Sicherheit bringen zu können oder um Aufgaben zu übernehmen, die ihnen die Brandschutzordnung vorschreibt. Die Verkaufsstättenverordnung fordert beispielsweise »Alarmierungseinrichtungen, durch die alle Betriebsangehörigen alarmiert und Anweisungen an sie und an die Kunden gegeben werden können.« Diese Einrichtungen müssen der MVV TB Anhang 14 Punkt 3 entsprechen. Ist neben einem Alarmierungssignal auch eine Sprachalarmierung gefordert, erfordert dies eine elektrische Lautsprecheranlage (ELA-Anlage). Der Text kann entweder von Betriebsangehörigen oder von der Feuerwehr eingesprochen werden oder vorbereitete Texte laufen automatisch vom Band ab, ausgelöst durch das Auslösen eines Brandmelders. In anderen Objekten, beispielsweise in einer Schule, genügen einfachere Mittel: »Schulen müssen Alarmierungsanlagen haben, durch die im Gefahrenfall die Räumung der Schule oder einzelner Schulgebäude eingeleitet werden kann. Das Alarmsignal muss sich vom Pausensignal unterscheiden und in jedem Raum der Schule gehört werden können. […]« (Muster-Schulbaurichtlinie). Hier genügt also eine Glocke, eine Hupe oder eine Sirene. Die generelle Alarmierung ist in einer Schule sicherlich richtig, in anderen Objekten allerdings auch problematisch. Die Beherbergungsstättenverordnung fordert ab 60 Gastbetten Alarmierungseinrichtungen, die bei Auftreten von Rauch in den notwendigen Fluren selbsttätig auslösen. Dabei ist zu prüfen, ob es sinnvoll ist, alle Gäste eines mehrgeschossigen Hotels nachts aus den Betten zu reißen, wenn an irgendeiner Stelle des Gebäudes ein Brandmelder auslöst. Die aufgeschreckten und nicht ortskundigen Hotelgäste laufen in die Flure, geraten möglicherweise in die verqualmten Bereiche und damit in eine Gefahr, der sie in ihren Zimmern überhaupt nicht ausgesetzt wären, und es entsteht ein Tumult, der eine geordnete Rettung und Brandbekämpfung eher verhindert. Die Alarmierungsanlage ist in solchen Objekten mindestens bereichsweise aufzuteilen. Andererseits setzt eine nicht automatische Alarmierung geschultes Personal, eine detaillierte Brandschutzordnung und genaue Einsatzpläne für die Feuerwehr voraus.

11.3.4 Zugang zum Brandobjekt

Sowohl die Durchführung von Rettungseinsätzen wie die Durchführung wirksamer Löscharbeiten durch die Feuerwehr setzen voraus, dass ein Gebäude für die Feuerwehr zugänglich ist. § 5 MBO führt genau aus, wie Gebäude und die vor und hinter den Gebäuden gelegenen Grundstücksteile von der Feuerwehr erreicht werden können müssen. In Verbindung mit den Abstandsflächen nach § 6 MBO ergeben sich die Angriffswege der Feuerwehr. Die Sonderbauverordnungen fordern und stellen Anforderungen an die »Rettungswege auf dem Grundstück«, die bekanntlich zugleich auch die Angriffswege der Feuerwehr bilden. Der direkte Zugang ist das Betreten des Gebäudes von einer öffentlichen Verkehrsfläche aus, beziehungsweise das Aufstellen von Einsatzfahrzeugen, insbesondere von Drehleitern, auf der öffentlichen Straße. Der indirekte Zugang erfolgt von der öffentlichen Verkehrsfläche aus über »Flächen für die Feuerwehr auf Grundstücken« (Richtlinie über Flächen für die Feuerwehr auf Grundstücken und DIN 14090).

Rein theoretisch wäre es auch möglich, einen Löschangriff über unwegsames Gelände, Zäune und Mauern hinweg vorzutragen, nur wäre dies mit einer solchen Zeitverzögerung verbunden, dass der Löschangriff nicht mehr zeitgerecht und somit »wirksam« wäre. Das Baurecht fordert daher Zugänge, Zufahrten, Aufstell- und Bewegungsflächen für die Feuerwehr. Im Allgemeinen wird ein Abstand von 50 m bis zur öffentlichen Verkehrsfläche toleriert, wenn es sich nicht um ein Gebäude mit erhöhter Brandgefahr, ein Gebäude besonderer Art oder Nutzung oder um ein Hochhaus handelt. In solchen Fällen ist es erforderlich, dass Feuerwehrfahrzeuge bis zu den Eingängen der Treppenräume fahren können.

Die zur Rettung von Personen notwendigen Zugänge, Zufahrten und Aufstellflächen dienen gleichzeitig der Brandbekämpfung, da Feuerwehrleitern nicht nur Rettungsgeräte, sondern auch Angriffsgeräte sind. Neben den Leitern erfordern natürlich auch das Verlegen von Schlauchleitungen, das Instellungbringen von Beleuchtungsgerät, Lüftungsgeräten und Sanitätsgerät, das Herausschaffen von Brandschutt und ähnliche Feuerwehrtätigkeiten einen gewissen Raum auf dem Grundstück. An die Bemessung und Ausführung der Zugänge werden folgende Anforderungen gestellt.

11.3.5 Zugänge

Zugänge sind Flächen auf dem Grundstück, die rückwärtige Grundstücksteile mit der öffentlichen Verkehrsfläche verbinden. Sie können auch überbaut sein. Man nennt sie dann Durchgänge. Zugänge müssen gradlinig, ebenerdig und mindestens 1,25 m breit sein. Durchgänge müssen an jeder Stelle eine lichte Höhe von mindestens 2 m haben. Für Türöffnungen und andere geringfügige Einengungen genügt eine lichte Breite von 1 m. Zu- und Durchgänge für den Transport tragbarer Leitern zur Rettung von Personen unter 8 m Fensterbrüstungshöhe müssen unabhängig sein, d. h. sie dürfen nicht durch den Treppenraum führen. Ist dieser verqualmt – woraus sich die Notwendigkeit einer Rettung mit Leitern ja erst ergibt – so wäre in einem solchen Fall auch der zweite Rettungsweg blockiert.

Die Forderung lässt sich nicht immer aufrechterhalten, vielmehr wird es bei der geschlossenen Bebauung meist nur den Weg durch den Treppenraum im Erdgeschoss geben. Ob dies vertretbar ist, hängt von der Lage und Führung des Durchgangs im Einzelfall ab.

11.3.6 Feuerwehrzufahrten

Feuerwehrzufahrten sind befestigte Flächen auf dem Grundstück, die mit der öffentlichen Verkehrsfläche direkt in Verbindung stehen. Sie können auch überbaut sein. Man nennt sie dann Durchfahrten.

Die wichtigsten Abmessungen sind 3 m Fahrbahnbreite, 3,50 m Durchfahrtshöhe sowie eine Befestigung für 10 t Achslast und eine Gesamtmasse von 16 t. Führen die Zufahrten über bauliche Anlagen wie Keller- oder Garagendecken, so ergibt sich die Bemessung aus DIN EN 1991-1-1:2010-12 und DIN EN 1991-1-1/NA:2010-12. Die genaue Ausführung einer Zufahrt ist § 5 MBO, dem Muster einer »Richtlinie über Flächen für die Feuerwehr auf Grundstücken« und der Norm DIN 14090 sowie der

Empfehlung (2012-03) zur Ausführung der Flächen für die Feuerwehr des FA VB/G der Feuerwehren zu entnehmen.

Tabelle 15: ***Kurvenradien in Feuerwehrzufahrten gemäß MRFlFw (Fassung 2007.02)***

Außenradius der Kurve (in m)				Breite mindestens (in m)
	10,5	bis	12	5,0
über	12	bis	15	4,5
über	15	bis	20	4,0
über	20	bis	40	3,5
über	40	bis	70	3,2
über	70			3,0

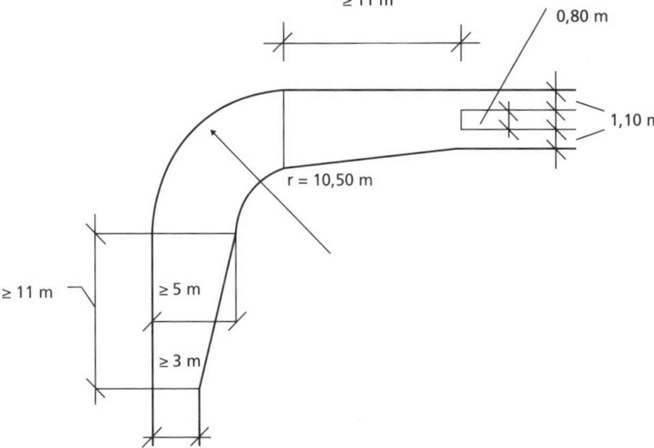

Bild 73: ***Ausbildung der Kurven in Feuerwehrzufahrten***

Die Feuerwehrzufahrt soll dort von der öffentlichen Verkehrsfläche abzweigen, wo das Gebäude mit seiner Hausnummer liegt und im Alarmfall von der Feuerwehr angefahren wird. Feuerwehrzufahrten durch Gartenflächen wachsen mit der Zeit zu und müssen freigeschnitten werden. Wesentlich für die Benutzbarkeit der Zufahrt ist das Freihalten von parkenden Kraftfahrzeugen. Feuerwehrzufahrten sind gemäß § 12 StVO amtlich zu kennzeichnen. Vor solchen Zufahrten besteht ein Haltverbot.

Wird die Zufahrt durch Absperrpfosten oder Sperrbalken freigehalten, so müssen diese mit Verschlüssen versehen sein, die die Feuerwehr mit dem genormten Überflurhydrantenschlüssel (DIN 3223) oder dem Feuerwehrbeil (Verschlusseinrichtung nach DIN 14925) öffnen kann. Von manchen Berufsfeuerwehren werden auch Vorhängeschlösser toleriert, deren Bügeldicke ein bestimmtes Maß nicht übersteigt. Immer mehr gibt es ortsspezifisch eigene Schließanlagen der Feuerwehren, mit denen Sperrbalken und Tore im Zuge von Feuerwehrzufahrten rasch und zerstörungsfrei geöffnet werden können.

Sind rückwärtige Gebäudeteile anzuleitern, so ist dies deutlich zu kennzeichnen.

Bild 74: ***Kennzeichnungen der Flächen für die Feuerwehr erleichtern und beschleunigen die Menschenrettung und den Löschangriff.***

11.3.7 Aufstellflächen

Aufstellflächen sind nicht überbaute befestigte Flächen auf dem Grundstück, die mit der öffentlichen Verkehrsfläche direkt oder über Feuerwehrzufahrten in Verbindung stehen. Sie dienen dem Einsatz von Hubrettungsfahrzeugen. Sie sind so anzuordnen, dass alle zum Retten von Personen notwendigen Fenster erreicht werden können. Die Breite muss mindestens 3,5 m betragen, die Befestigung ist für einen Auflagedruck der Abstützeinrichtung von mindestens 80 N/cm² zu bemessen. Weitere Angaben enthält die DIN 14090 oder die Richtlinie über Flächen für die Feuerwehr sowie der Empfehlung (2012-03) zur Ausführung der Flächen für die Feuerwehr des FA VB/G der Feuerwehren. Aufstellflächen für tragbare Leitern sind hier explizit nicht enthalten. Eine ausreichende Qualifizierung vorausgesetzt, sollte es jeder Feuerwehr gelingen, diese auch ohne definierte Aufstellflächen in Stellung zu bringen.

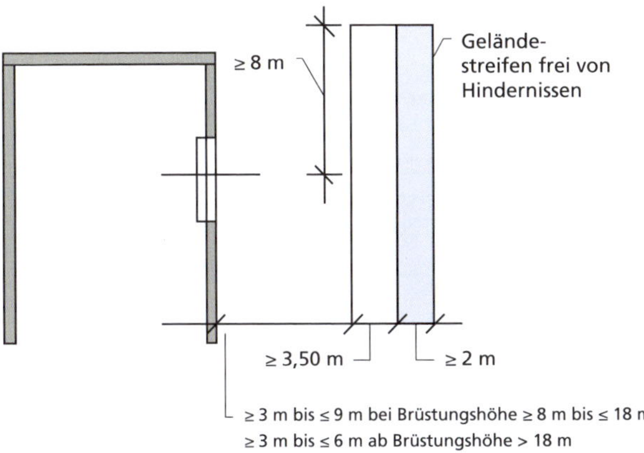

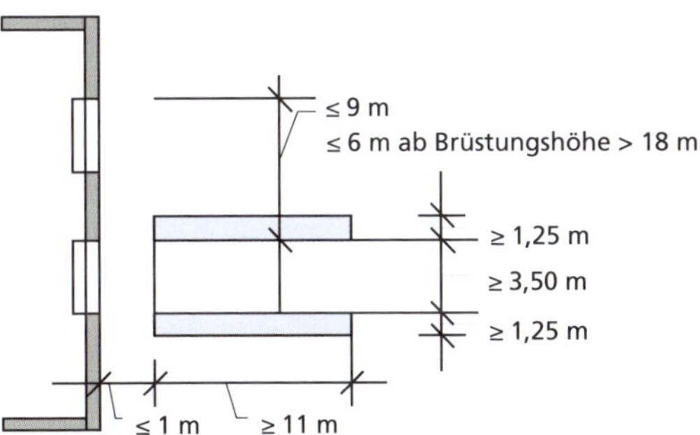

Bild 75: ***Ausbildung der Aufstellflächen parallel und senkrecht zum Gebäude***

11.3.8 Bewegungsflächen

Bewegungsflächen sind befestigte Flächen auf dem Grundstück mit einer Größe für jedes Feuerwehrfahrzeug von 7 m mal 12 m, die mit der öffentlichen Verkehrsfläche direkt oder über Feuerwehrzufahrten in Verbindung stehen. Sie dienen dem Aufstellen von Feuerwehrfahrzeugen, der Entnahme und Bereitstellung von Geräten und der Entwicklung von Rettungs- und Löscheinsätzen. Sie können nicht zugleich Feuerwehrzufahrten und Aufstellflächen sein.

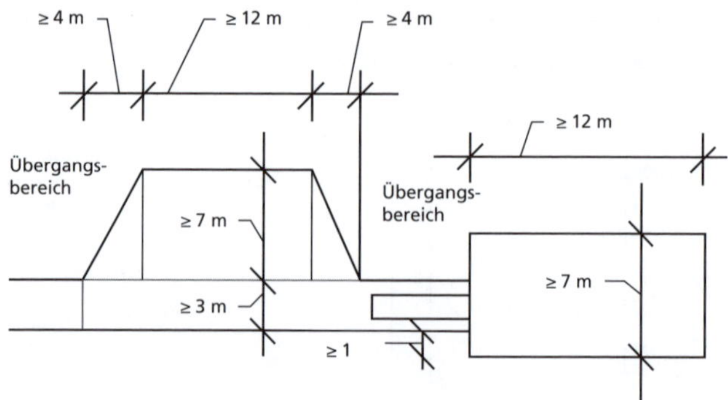

Bild 76: ***Bewegungsflächen***

11.3.9 Feuerwehr-Schlüsseldepot

In der Regel öffnet der Betroffene oder der Alarmierende der anrückenden Feuerwehr Tore und Türen. In Objekten mit automatischen Brandmeldern, die nicht ständig bewohnt oder besetzt sind, entsteht dann das Problem des Zugangs. Natürlich kann sich die Feuerwehr gewaltsam Zugang verschaffen, doch entsteht dabei eine Einsatzverzögerung und ein Sachschaden an Türen oder Fenstern. Ist offenes Feuer oder Rauch erkennbar, so wird man unverzüglich verschlossene Türen aufbrechen. Häufig jedoch erfolgt aus Objekten, die mit selbsttätigen Brandmeldern ausgestattet sind, eine Feuermeldung, ohne dass bei Ankunft am Objekt äußerlich etwas zu erkennen ist. Da bei solchen Meldern die Gefahr des Fehlalarms groß ist, ist man nicht geneigt, sich gewaltsam Zutritt zu verschaffen. Wenn also der Betreiber eines Objektes mit einer Feuermeldeanlage nicht in der Lage ist, für eine ständig besetzte Stelle zu sorgen, so muss er stattdessen ein Feuerwehr-Schlüsseldepot (FSD) installieren. Dieser kleine Tresor in der Gebäudeaußenwand wird durch das Auslösen der Meldeanlage elektrisch entriegelt und kann dann von der Feuerwehr innerhalb einer Gemeinde mit einem speziellen Schlüssel geöffnet werden, allerdings nur, wenn die Brandmeldeanlage ausgelöst wurde. Feuerwehr-Schlüsseldepots können mit dem Polizeiruf kombiniert sein und sind vom Verband der Schadenversicherer anerkannt.

Das Bereithalten von Objektschlüsseln wird von den Feuerwehren aus Haftungsgründen abgelehnt.

Bild 77: *Feuerwehr-Schlüsseldepot: Die erste Klappe wird von der Brandmeldezentrale entriegelt, die zweite wird von der Feuerwehr mit einem Universalschlüssel geöffnet. Erst dann kann der Generalschlüssel entnommen werden. Nicht zulässig sind die weiteren Schlüssel am Schlüsselring, da sie nicht überwacht sind.*

11.3.10 Feuerwehraufzüge

Der Zugang zum Brandobjekt endet nicht an der Eingangstür, sondern setzt sich im Inneren des Gebäudes fort. Als Angriffswege und Rettungswege für die Feuerwehr, d. h. im Sinne einer aktiven Personenrettung dienen die Treppen und Flure sowie die Gänge in den Räumen. Es liegt nahe, dass insbesondere bei weiträumigen und hohen Gebäuden der Ausbildung dieser Angriffswege besondere Bedeutung zukommt. Die für Rettungswege zu fordernde Feuerwiderstandsdauer von 30 Minuten genügt oft nicht mehr.

In Hochhäusern erfordert das Ersteigen der Treppen einen Zeitaufwand, der sowohl für die Rettung von Personen als auch zur Durchführung eines wirksamen Löschangriffes unvertretbar groß ist. Man fordert daher in Hochhäusern die Einrichtung eines Feuerwehraufzuges als Aufstiegshilfe, der in höchstens 50 m Entfernung erreichbar sein muss. Das Benützen der normalen Aufzüge ist im Brandfall nicht möglich, da die ständige Gefahr besteht, dass ein solcher Aufzug entweder stecken bleibt oder aus anderen Gründen das Brandgeschoss direkt anfährt. Er darf im Brandfall weder von den Hausbewohnern noch von der Feuerwehr benutzt werden. An den Feuerwehraufzug hingegen werden eine Reihe von Anforderungen gestellt, die seine Verwendung im Brandfall weiterhin erlauben. Er dient nicht als Rettungsweg für die Bewohner, sondern – wie sein Name sagt – als Einrichtung für die Feuerwehr.

Um seiner Aufgabe gerecht zu werden, muss der Feuerwehraufzug die nachstehend genannten baulichen und technischen Anforderungen erfüllen. Die baulichen Anforderungen finden sich in den Hochhausrichtlinien:

- er ist in einem eigenen feuerbeständigen Fahrschacht anzuordnen, in den Feuer und Rauch nicht eindringen können,
- er ist in allen Geschossen so zu kennzeichnen, dass dies durch verglaste Sichtöffnungen in den Fahrschachttüren erkennbar ist,
- sein Triebwerk muss einen eigenen feuerbeständigen Triebwerksraum besitzen,
- er darf von den Geschossen aus nur über feuerbeständig umwandete Vorräume zugänglich sein, die ihrerseits nur Verbindung zu Fahrschächten, zu notwendigen Fluren und ins Freie haben dürfen,
- die Abmessungen von Vorraum und Aufzug müssen das ungehinderte Befördern einer Krankentrage (0,6 × 2,1 m) erlauben,
- im Fahrschacht müssen ortsfeste Leitern angebracht werden, die ein Wechseln in den Fahrkorb erlauben,
- der Feuerwehraufzug muss an eine Ersatzstromversorgungsanlage angeschlossen sein,
- der Feuerwehraufzug ist als solcher zu kennzeichnen,
- er muss eine Reihe weiterer technischer Details aufweisen; die entsprechenden Festlegungen findet man in DIN EN 81 Teil 72.

Darüber hinaus fordert die Richtlinie über brandschutztechnische Anforderungen an Leitungsanlagen für Feuerwehraufzüge grundsätzlich einen Funktionserhalt von 90 Minuten.

Bei technischen Anlagen besteht immer die Gefahr, dass im Laufe der Zeit Mängel auftreten. Mängel von Feuerwehraufzügen stellen eine erhebliche Gefahr für die Einsatzkräfte der Feuerwehr dar und verzögern die Rettung von Menschen und die Durchführung wirksamer Löscharbeiten. Deshalb sind Feuerwehraufzüge turnusgemäß zu warten und zu prüfen. Auf die Empfehlung »Prüfung von Feuerwehraufzügen« (2016-1, aktualisiert April 2023) des FA VB/G der Feuerwehren wird in diesem Zusammenhang hingewiesen.

12 Versorgung mit Löschwasser

Zu den wichtigsten Maßnahmen des Vorbeugenden Brandschutzes, die die Durchführung wirksamer Rettungs- und Löscharbeiten ermöglichen sollen, gehört neben der Vorkehrung zur Feuermeldung und der Anfahrts- und Zugangsmöglichkeit zum Objekt insbesondere die Bereitstellung von Löschmitteln in ausreichender Menge. Allen begeistert aufgenommenen Neuerungen zum Trotze ist und bleibt das Wasser wegen seiner vielen Vorteile das für die weitaus überwiegende Zahl aller Brände am besten geeignete Löschmittel. Selbst dort, wo besondere Brandgüter besondere Löschmittel erfordern (z. B. die Schaum-Löschanlage in einem Tanklager), stellt die Wasserversorgung die Grundlage dar. Aus Umweltschutzgründen ist Wasser ebenfalls das optimale Löschmittel, sofern es sparsam verwendet wird.

Die gemeinsame Fachempfehlung des Deutschen Vereins des Gas- und Wasserfaches (DVGW) und des Fachausschusses Vorbeugender Brand- und Gefahrenschutz der deutschen Feuerwehren (FA VB/G) führt zur Löschwasserversorgung aus:

»Die Anforderungen an die Löschwasserversorgung seitens der Feuerwehren setzen im Allgemeinen voraus, dass Hydranten ausreichend zur Verfügung stehen. Bestehen Einschränkungen seitens der Trinkwasserversorgung werden auch andere Möglichkeiten, zum Beispiel unterirdische Löschwasserbehälter, -brunnen oder -teiche, in Betracht gezogen.«

Weiterhin beziehen sich die Anforderungen nur auf den Grundschutz im Brandschutz für Wohngebiete, Gewerbegebiete, Mischgebiete und Industriegebiete ohne erhöhtes Sach- oder Personenrisiko.

Die Versorgung mit Löschwasser aus dem Trinkwasserrohrnetz nennt man abhängige Löschwasserversorgung.

Tabelle 16: ***Löschwasserbedarf zur Sicherstellung des Grundschutzes***
Richtwerte für den Löschwasserbedarf *(in l/min) unter Berücksichtigung der baulichen Nutzung und der Gefahr der Brandausbreitung[e)] nach DVGW-Arbeitsblatt W 405:2008-02*

Bauliche Nutzung nach § 17 der Baunutzungs-Verordnung	**Reine Wohngebiete (WR) Allgem. Wohngebiete (WA) besondere Wohngebiete (WB) Mischgebiete (MI) Dorfgebiete (MD)[a)]**		**Gewerbegebiete (GE)**			**Industriegebiete (GI)**
			Kerngebiete (MK)			
Zahl der Vollgeschosse (N)	N ≤ 3	N > 3	N ≤ 3	N = 1	N >1	–
Geschossflächenanzahl[b)] (GFZ)	0,3 ≤ GFZ ≤ 0,7	0,7 < GFZ ≤ 1,2	0,3 < GFZ ≤ 0,7	0,7 < GFZ ≤ 1	1 < GFZ ≤ 2,4	–
Baumassen-Zahl[c)]l (BMZ)	–	–	–	–	–	BMZ ≤ 9

Tabelle 17: ***Löschwasserbedarf***

Bei unterschiedlicher Gefahr der Brandausbreitung[e)]	**l/min (m^3/h)**	**l/min (m^3/h)**	**l/min (m^3/h)**	**l/min (m^3/h)**	**l/min (m^3/h)**	**l/min (m^3/h)**
Klein	800 (48)	1 600 (96)	800 (48)	1 600 (96)	1 600 (96)	
Mittel	1 600 (96)	1 600 (96)	1 600 (96)	1 600 (96)	3 200 (192)	
Groß	1 600 (96)	3 200 (192)	1 600 (96)	3 200 (192)	3 200 (192)	

Tabelle 18: ***Überwiegende Bauart***

Klein	feuerbeständige[d)], hochfeuerhemmende[d)] oder feuerhemmende Umfassungen, harte Bedachungen[d)]
Mittel	Umfassungen nicht feuerbeständig oder nicht hochfeuerhemmend oder nicht feuerhemmend, harte Bedachungen; oder Umfassungen feuerbeständig oder feuerhemmend, weiche Bedachungen[d)]
Groß	Umfassungen nicht feuerbeständig oder nicht feuerhemmend; weiche Bedachungen, Umfassungen aus Holzfachwerk (ausgemauert). Stark behinderte Zugänglichkeit, Häufung von Feuerbrücken usw.

Erläuterungen:
Die Richtwerte beziehen sich auf den Normalfall, d. h. auf die vorhandene beziehungsweise im Bebauungsplan vorgesehene bauliche Nutzung. Für Einzelobjekte sind begründete Ausnahmen zulässig:

a) Soweit nicht unter kleine ländliche Ansiedlungen fallend (zwei bis zehn Anwesen).
b) Geschossflächenzahl = Verhältnis von Geschossfläche zu Grundstücksfläche.
c) Baumassenzahl = Verhältnis vom gesamten umbauten Raum zur Grundstücksfläche.
d) Die Begriffe »feuerhemmend«, »hochfeuerhemmend« und »feuerbeständig« sowie »harte Bedachung« und »weiche Bedachung« sind baurechtlicher Art.
e) Begriff nach DIN 14011 Teil 2: »Brandausbreitung ist die räumliche Ausdehnung eines Brandes über die Brandausbruchstelle hinaus in Abhängigkeit von der Zeit«. Die Gefahr der Brandausbreitung wird umso höher, je brandempfindlicher sich die überwiegende Bauart eines Löschbereiches erweist.

12.1 Abhängige Löschwasserversorgung

Für die Planung des Rohrnetzes führt das Arbeitsblatt W 405 hinsichtlich des erforderlichen Löschwasserbedarfes die in ▶ Tabelle 17 genannten Richtwerte auf. Für feuergefährliche Betriebe, die im Brandfall große Löschwassermengen erfordern können, müssen die Anforderungen an die Wasserlieferung im Einzelfall festgelegt werden. Für den Bauherrn und Entwurfsverfasser ist dabei besonders wichtig, dass er sich frühzeitig mit dem örtlichen Trinkwasserversorger in Verbindung setzt.

Die Planung einer Sprinkleranlage erfolgt nach DIN EN 12845 bzw. VdS CEA 4001. Nach diesen Vorschriften kann der Wasserbedarf einer Sprinkleranlage in Abhängigkeit von der Brandgefahr bemessen werden. Danach beträgt die Wasserbeaufschlagung – je nach Risiko – zwischen 2,25 und 12,5 l/(m^2/min) bzw. 2,25 und 12,5 mm/min. Der Wasserbedarf einer ortsfesten, selbsttätigen Sprühwasserlöschanlage kann nach der DIN CEN/TS 14816 ermittelt werden. Er liegt – wiederum gestaffelt nach dem jeweiligen Risiko – zwischen 5 und 30 mm/min für eine Löschzeit von 10 bis 200 Minuten.

Die Entnahme des Löschwassers aus dem Trinkwasserrohrnetz durch die Feuerwehr erfolgt im Allgemeinen durch Hydranten. Die technische Ausführung regelt DIN 1988-600 »Technische Regeln für Trinkwasser-Installationen – Teil 600: Trinkwasser-Installationen in Verbindung mit Feuerlösch- und Brandschutzanlagen; Technische Regel des DVGW«. Folgende Abstände sind beim Einbau von Hydranten auf der öffentlichen Verkehrsfläche zu wählen: in offenen Wohngebieten etwa 120 m, in geschlossenen Wohngebieten etwa 100 m und in Geschäftsstraßen etwa 80 m, jeweils in Straßenachse gemessen. Dabei sind die Hydranten außerhalb der Fahrbahn anzuordnen. Details sind der »Information der Arbeitsgemeinschaft der Leiterinnen und Leiter der Berufsfeuerwehren und des Deutschen Feuerwehrverbandes in Abstimmung mit dem DVGW Deutscher Verein des Gas- und Wasserfaches e. V.« – Löschwasserversorgung aus Hydranten in öffentlichen Verkehrsflächen (2018-4) – zu entnehmen.

12.1.1 Überflurhydranten

Aus Sicht der Feuerwehr ist der Überflurhydrant vorteilhafter als ein Unterflurhydrant. Er ist weithin sichtbar, rascher betriebsbereit, liefert mehr Wasser und es können darauf keine Autos parken oder Gegenstände abgestellt werden. Für den Bauherrn ist er oft störend, wird leicht angefahren und ist teurer. Überflurhydranten sind im Normblatt DIN EN 14384 genormt. Sie sollen gut erkennbar sein, eine entsprechende Farbgebung oder Kennzeichnung ist daher erforderlich.

12.1.2 Unterflurhydranten

Im Bereich der öffentlichen Verkehrsfläche werden überwiegend Unterflurhydranten gesetzt. Sie haben für die Feuerwehr dem Überflurhydranten gegenüber den Nachteil, dass sie nicht leicht gefunden werden, ihre Inbetriebnahme zeitraubender ist, da erst ein Standrohr eingesetzt werden muss und die Straßenkappe zugestellt – insbesondere durch parkende Pkw – oder von Eis und Schnee bedeckt sein kann. Die Wasserlieferung ist geringer als beim Überflurhydrant, da sie durch die lichte Weite des Standrohres bestimmt wird. Unterflurhydranten für Feuerlöschzwecke sind in der DIN EN 14339 genormt. Sie sind durch Hinweisschilder nach DIN 4066 »Hinweisschilder für die Feuerwehr« zu kennzeichnen.

12.1.3 Wandhydranten

Löschwasserentnahmestellen aus dem Trinkwassernetz im Inneren von Gebäuden sind die in DIN EN 671 und DIN 14461 genormten Feuerlösch-Schlauchanschlusseinrichtungen an Löschwasserleitungen »nass« oder »nass/trocken«, kurz Wandhydranten genannt. Für den Einbau stehen zwei grundsätzlich verschiedene Typen zur Verfügung. »Typ F« ist für die Selbsthilfe und für die Verwendung durch die Feuerwehr, »Typ S« nur für die Selbsthilfe geeignet. Beide Typen haben eine betriebsbereit angekuppelte Schlauchleitung mit einem Strahlrohr.

Beim Typ F muss die Wasserlieferung beim gleichzeitigen Betrieb dreier Wandhydranten an der hydraulisch ungünstigsten Stelle mindestens 100 bzw. 200 l/min betragen. Der Mindestdruck muss am Schlauchanschlussventil im ersten Fall 0,30 MPa, im zweiten Fall 0,45 MPa betragen.

Beim Typ S muss die Wasserlieferung beim gleichzeitigen Betrieb zweier Wandhydranten 24 l/min bei einem Mindestdruck von 0,20 MPa an der hydraulisch ungünstigsten Stelle betragen.

Kann der Mindestdruck nicht durch den Druck des Trinkwasserrohrnetzes erzeugt werden, so ist der Einbau einer Druckerhöhungsanlage erforderlich. Diese muss eine Ersatzstromversorgung erhalten und ist mit Funktionserhalt zu verlegen.

Welche Wandhydranten eingebaut werden müssen und ob die Wasserlieferung beim Typ F 100 oder 200 l/min betragen muss, entscheidet die für den Brandschutz zuständige Dienststelle. Die Entnahmestellen sind beim Typ F mit Schlauchanschlussventilen der Größe C nach DIN 14461 Teil 3 versehen. Sie sind durch Nischentür, Einbauschrank oder Wandschrank geschützt.

Löschwasserleitungen »nass« sind ständig mit Wasser gefüllt. »Nass/trockene« Löschwasserleitungen werden erst beim Öffnen des Schlauchanschlussventils innerhalb von 60 Sekunden mit Wasser geflutet. Wandhydranten – Typ F – dürfen nicht mehr direkt an das Trinkwassernetz angeschlossen werden.

Bei der Brandbekämpfung werden große Wassermengen – und somit Rohrleitungen mit einem großen Querschnitt – benötigt. Da aber der Brandfall nur sehr selten auftritt, steht das Wasser in den Rohrleitungen über lange Zeit. Dadurch besteht die Gefahr der Stagnation und Verkeimung des Trinkwassers. Kleinere Verbraucher am Ende der Löschwasserleitung (»Alibi«-Waschbecken) verhindern die Verkeimung nicht wirkungsvoll. Die Verbraucher müssten – um einer Stagnation wirkungsvoll vorzubeugen – mindestens einmal in der Woche das 1,5-fache Volumen der Löschwasserleitung entnehmen, und das bei einem Volumenstrom von mindestens 20 bis 50 Prozent des Nennvolumenstroms der Wandhydrantenanlage. In einer 50 m langen Löschwasserleitung mit einer Nennweite DN 80 mm befinden sich 250 l

Wasser. Bei der erforderlichen Wasserlieferung in einer Wandhydrantenanlage von 300 l/min müssten am oberen Ende der nassen Löschwasserleitung Verbraucher vorhanden sein, die mindestens einmal pro Woche 400 l Wasser mit 60 bis 150 l/min entnehmen. In der Praxis ist dies nur in den seltensten Fällen möglich. Deshalb dürfen Wandhydranten Typ F nur noch über automatische Füll- und Entleerungsstationen nach DIN 14463-1 an das Trinkwassernetz angeschlossen oder aus Vorlagebehältern gespeist werden. Deshalb wurde der Wandhydrant Typ S (Selbsthilfe) zum direkten Anschluss an Trinkwasserleitungen genormt, der nur noch der Selbsthilfe und nicht mehr der Feuerwehr dient und deshalb mit einer kleineren Wassermenge (24 l/min) auskommt. Der Wandhydrant Typ S hat stets einen formbeständigen Schlauch und man geht davon aus, dass zugleich höchstens zwei Wandhydranten Typ S eingesetzt werden. Sofern der Einbau von Wandhydranten notwendig wird, sind zunächst Wandhydranten Typ F erforderlich. Der Einbau des Wandhydranten Typ S darf nur mit Zustimmung der für den Brandschutz zuständigen Dienststelle erfolgen. Dabei taucht häufig die Frage auf, ob die Wandhydranten im Treppenraum oder im Raum angebracht werden sollen, den es zu löschen gilt.

Für beide Anbringungsarten gibt es Gründe: Der Standort im Treppenraum erlaubt dem Benutzer, den Wandhydranten im geschützten Bereich betriebsbereit zu machen und mit Wasser am Strahlrohr in die Brandstelle vorzugehen. Dies hat den Nachteil, dass das vollständige Ausrollen des Schlauches, das bei der Ausführung mit Flachschlauch erforderlich ist, im Treppenraum nur sehr schwer zu bewerkstelligen ist und dass bei der Brandbekämpfung die Tür zum Treppenraum mindestens um die Schlauchbreite aufstehen muss, sodass Rauch aus dem Brandraum in den Treppenraum eindringen kann. Die Anordnung im Raum hat diese Nachteile nicht, zwingt aber den Benutzer, den Wandhydranten im Brandraum selbst betriebsbereit machen zu müssen. Für Betriebsangehörige ist die Vornahme des Wandhydranten jedoch einfacher, wenn der Wandhydrant sich in der eigenen Nutzungseinheit befindet. Will die Feuerwehr bei einem ausgedehnten Brand mit »Wasser am Strahlrohr« den Löschangriff aus einem gesicherten Bereich heraus vortragen, hat sie auch die Möglichkeit, auf Wandhydranten des darunter liegenden Geschosses zurückzugreifen. Die Gründe für eine Installation des Wandhydranten in der Nutzungseinheit und außerhalb des Treppenraumes überwiegen somit im Regelfall.

Unproblematisch ist die Anbringung, wenn sich zwischen Treppenraum und Nutzräumen Flure und Vorräume befinden. Die Wandhydranten sind dort beim Zugang zum Treppenraum anzubringen. Gut ist eine Kombination des Wandhydranten mit dem Feuerlöscher und gegebenenfalls mit dem Handfeuermelder. Die Brandschutzeinrichtungen prägen sich so dem Benutzer des Gebäudes besser ein und er wird beim Löschen an die Feuermeldung erinnert und umgekehrt. Beim

Einbau der nassen Löschwasserleitung ist neben DIN 14462 auch DIN 1988-600 zu beachten. Die Normen DIN 14462 und DIN 1988-600 sehen neben der Löschwasserleitung »nass« und der Löschwasserleitung »trocken« noch eine Löschwasserleitung »nass/trocken« vor und verstehen darunter Löschwasserleitungen, die im Bedarfsfall durch Fernbetätigung von Armaturen mit Wasser aus dem Trinkwassernetz gespeist werden. Solche Löschwasserleitungen sollen dort eingebaut werden, wo Frostgefahr oder – wie bereits beschrieben – die Gefahr der Verkeimung und Stagnation besteht. Die Füll- und Entleerungsstation ist in DIN 14463-1 geregelt. Die Planung und den Einbau von Wandhydranten und Löschwasserleitungen regelt die DIN 14462.

Zu Gunsten von kleineren Rohrquerschnitten ist man bei den Löschwasserleitungen »nass« und »nass/trocken« von einer starren Bemessungsgrundlage abgegangen. Die Rohrdurchmesser werden mittels einer hydraulischen Berechnung berechnet.

12.1.4 Brandschieber

Löschwasserentnahmestellen auf privaten Grundstücken können möglicherweise nur dann ihre Nennleistung abgeben, wenn ein besonderer Brandschieber geöffnet wird. Dieser Schieber öffnet eine Umgehungsleitung (Bypass) um die Wasseruhr, die den erhöhten Löschwasserfluss stark drosseln würde. Solche Schieber sind oft versteckt angebracht und der Feuerwehr nicht bekannt. Hier kommt es besonders auf eine einwandfreie Kennzeichnung nach DIN 4066 an.

12.2 Unabhängige Löschwasserversorgung

Wo die Versorgung mit Löschwasser aus dem Trinkwasserrohrnetz nicht ausreicht oder ein solches überhaupt nicht vorhanden ist, muss auf natürliche oder künstliche Löschwasserreserven zurückgegriffen werden. Man nennt dies unabhängige Löschwasserversorgung. Darunter fallen alle natürlichen offenen Gewässer wie Bäche, Flüsse, Teiche, Seen, Kanäle, sofern sie zugänglich und für Löschfahrzeuge anfahrbar sind und eine Wasserentnahme auch bei Vereisung möglich ist. Vorausgesetzt muss dabei werden, dass die Gewässer – insbesondere Bäche – eine ausreichende Löschwassermenge das ganze Jahr über liefern. Bei Wasserläufen, deren Tiefe 40 cm unterschreitet, muss eine vertiefte Saugstelle oder Staustelle angelegt oder zumindest vorbereitet werden. Dies geschieht in der Regel durch Führungen aus Beton, in die Bretter eingesteckt werden. Eine Norm dafür gibt es nicht.

12.2.1 Löschwasserbrunnen

Löschwasserbrunnen sind künstlich angelegte Entnahmestellen für Löschwasser aus dem Grundwasser. In DIN 14220 werden sie je nach Ergiebigkeit in drei Klassen eingeteilt:

- Klein: Kennzahl 400, Ergiebigkeit über drei Stunden 400 bis 800 l/min,
- Mittel: Kennzahl 800, Ergiebigkeit über drei Stunden 800 bis 1 600 l/min,
- Groß: Kennzahl 1 600, Ergiebigkeit über drei Stunden mehr als 1 600 l/min.

Für die Löschwasserentnahme ist ein Sauganschluss nach DIN 14244 zu verwenden. Es muss sichergestellt sein, dass die Löschwasser-Entnahmevorrichtung jederzeit eisfrei bleibt. Die Löschwasserentnahmestelle muss über eine Zufahrt erreichbar sein, deren Ausführung der Muster-Richtlinie über Flächen für die Feuerwehr bzw. DIN 14090 entspricht. Bei maximaler Löschwasserentnahme darf der Betriebswasserspiegel des Brunnens nicht unter einer geodätische Saughöhe von 7,50 m liegen.

Nur bei einer regelmäßigen Wartung und Nutzung der Brunnen stehen diese im Brandfall mit der erforderlichen Wasserleistung zur Verfügung. Werden Löschwasserbrunnen zum Nachweis des Löschwasserbedarfs herangezogen, so ist auch dieser Aspekt mit zu berücksichtigen.

12.2.2 Löschwasserteiche

Ein Löschwasserteich ist ein künstlich angelegter offener Löschwasser-Vorratsraum mit Entnahmestelle. Er soll nach DIN 14210 ein Fassungsvermögen von mindestens 1 000 m^3 haben. Aufgrund von Verschlammung, Vereisung, Verdunstung oder Überschreitung der geodätischen Saughöhe kann nicht das ganze Fassungsvermögen des Löschwasserteiches, sondern nur das Nutzvolumen zur Erbringung der erforderlichen Löschwassermenge angerechnet werden.

Für die Berechnung des Nutzvolumens darf nur die Wassermenge bis zur geodätischen Saughöhe von 7,50 m angerechnet werden.

Die Entnahme des Löschwassers muss über einen Saugschacht oder mindestens ein Saugrohr erfolgen können. Die Ausführung des Saugschachtes und des Saugrohres sind ebenfalls in DIN 14210 beschrieben. Beim Sauganschluss ist darauf zu achten, dass die Löschwasserentnahme auch während der Frostperioden möglich sein muss. Hinsichtlich der Zufahrt gilt das bereits oben Ausgeführte.

Die normativen Anforderungen an künstlich angelegte Löschwasserteiche bedeuten nicht, dass natürliche Gewässer nur angesetzt werden können, wenn diese Anforderungen erfüllt sind. Wichtig erscheint jedoch, dass das Löschwasser im Brandfall auch vorliegt und nicht zufällig ein Teich leer ist oder dass die Löschwasserentnahme leicht (Zufahrt, Ansaugstelle) möglich ist.

12.2.3 Unterirdische Löschwasserbehälter

Ein unterirdischer Löschwasserbehälter ist ein künstlich angelegter überdeckter Löschwasser-Vorratsraum mit Löschwasserentnahmestelle. Die DIN 14230 unterscheidet:

- kleine, mit einem nutzbaren Fassungsvermögen von 75 bis 150 m^3,
- mittlere, mit über 150 bis 300 m^3 und
- große, mit über 300 m^3 nutzbarem Fassungsvermögen.

Die Wassertiefe muss mindestens 2 m betragen. Die Behälterabdeckung muss mindestens das Gewicht der Erdlast und eines Feuerwehrfahrzeuges mit einer zulässigen Gesamtmasse von 18 000 kg tragen können. Die Löschwasserbehälter müssen einen Saugschacht, der zugleich Einstiegsschacht ist, und je nach Größe mindestens 1, 2 oder 3 Saugrohre haben. Auch hier wird eine Feuerwehrzufahrt nach der Richtlinie über Flächen für die Feuerwehr bzw. DIN 14090 gefordert.

12.2.4 Löschwasser-Sauganschlüsse

Löschwasser-Sauganschlüsse sind in DIN 14244 für Überflur und Unterflur genormt. Sie sind zum Anschluss an Trinkwasserrohrnetze nicht zulässig.

12.3 Löschwasserleitungen »trocken«

Darunter versteht man fest verlegte Löschwasserleitungen in baulichen Anlagen, die nicht an das Trinkwasserrohrnetz angeschlossen sind. Sie dienen demnach nicht der Wasserversorgung, sondern ermöglichen der Feuerwehr die Einspeisung und Entnahme von Löschwasser ohne zeitraubendes Verlegen von Schläuchen. Sie dienen also nicht der Selbsthilfe.

Bild 78: ***Löschwasserentnahmestelle an einer Löschwasserleitung »trocken« (Bild: Jochen Thorns)***

Ihre Ausführung ist in der DIN 14462 festgelegt. Trockene Löschwasserleitungen kommen überwiegend in hohen Gebäuden zum Einbau, also Gebäuden der Gebäudeklassen 4 und 5, Silos, Türmen und ähnlichen Bauten.

Die Hochhausrichtlinien erlauben sie allerdings nur zusätzlich zu den zwingend vorgeschriebenen nassen Löschwasserleitungen mit Wandhydranten.

Die Notwendigkeit einer trockenen Löschwasserleitung sollte regelmäßig auch in Gebäuden mit mehr als fünf Vollgeschossen geprüft werden, da sich hiermit die Einsatzzeiten der Feuerwehr wesentlich verkürzen lassen und insbesondere die notwendige Treppe verkehrssicher bleibt. Bei einer Schlauchverlegung über die Treppenläufe werden im Brandfall diese für Fliehende und Einsatzkräfte zu Stolperschwellen.

Bei jeder Einrichtung der unabhängigen Löschwasserversorgung ist streng darauf zu achten, dass Löschwasser nicht mit Trinkwasser in Berührung kommt. Zum Beispiel muss beim Befüllen eines Löschwasserteiches oder -behälters aus einer Sammelwasserleitung das Wasser zwischen dem Austritt aus der Füllleitung und dem Eintritt in den Vorratsraum mit der freien Atmosphäre in Berührung kommen – eine Forderung des DVGW, der bei jeder Feuerlöscheinrichtung darum besorgt ist, dass niemals ein Zurückfließen des Löschwassers aus der Feuerlöscheinrichtung in das Trinkwasserrohrnetz möglich ist. Durch Stagnation des Wassers in Löschwasserleitungen entstehen Keime, deren Weg ins Trinkwasser sicher verhindert werden muss. Siehe hierzu auch die Bestimmungen der DIN 1988-100 bzw. DIN EN 1717.

12.4 Löschwasserrückhaltung

Bis zum berüchtigten Großbrand im Lager der Firma Sandoz im November 1986 mit nachfolgender Verseuchung des Rheins endete die Kette der Brandschutzmaßnahmen – Verhinderung der Brandentstehung, Verhinderung der Brandausbreitung, Durchführung wirksamer Löscharbeiten – wenn ein Brand erfolgreich gelöscht war. Aus Gründen des Umweltschutzes ist seitdem ein neues Glied an diese Kette gefügt worden: Schutz der Gewässer vor verunreinigtem Löschwasser (§ 3 MBO »… und die natürlichen Lebensgrundlagen nicht gefährdet werden…«). Das aus der Brandstelle abfließende, mit Schadstoffen belastete Löschwasser darf nicht ins Grundwasser, nicht in offene Gewässer und nicht in die Kanalisation gelangen, sondern muss aufgefangen und entsorgt werden.

Die ursprünglich entwickelten Schutzkonzepte mündeten in der »Richtlinie zur Bemessung von Löschwasser-Rückhalteanlagen beim Lagern wassergefährdender Stoffe«.

Leider wurde das Regelwerk aus der MVV TB entfernt, so dass nur mehr der nicht quantifizierte Besorgnisgrundsatz nach dem Wasserhaushaltsgesetz als Rechtsgrundlage anzusetzen ist. Dies kann zu unverhältnismäßigen Forderungen führen oder aber auch dazu, dass keine Löschwasserrückhaltung vorgesehen wird, so sie im Brandfall zwingend notwendig wäre. Bayern hat den Verzicht in den Technischen Baubestimmungen nicht vollzogen, dort kann weiterhin auf die Richtlinie zurückgegriffen werden. Nach dieser sind die Stoffe in eine Wassergefährdungsklasse (WGK 1 bis 3) einzuordnen. In die Ermittlung des Volumens des zurückzuhaltenden Löschwassers gehen folgende Parameter ein:

- Art der Feuerwehr (öffentliche Feuerwehr und Werkfeuerwehr),
- brandschutztechnische Infrastruktur (Brandmeldeanlage, Feuerlöschanlage),
- Fläche des Lagerabschnitts,
- Lagerguthöhen, Lagerdichte und Lagermenge,
- Art des Lagerns (im Freien, im Gebäude, in ortsbeweglichen Gefäßen, in ortsbeweglichen und ortsfesten Behältern).

Boden und Wände von Löschwasser-Rückhalteanlagen müssen bis zum Zeitpunkt der Entsorgung ausreichend dicht sein. Dies kann z. B. durch die Verwendung von Stahl oder von wasserundurchlässigem Beton nach DIN 1045 mit einer Dicke von 20 cm erreicht werden. Die zulässigen Lagerabschnitte sind gegenüber anderen Lagerabschnitten, anderen Räumen oder Gebäuden durch feuerbeständige Wände und Decken aus nichtbrennbaren Baustoffen (F 90-A) abzutrennen. Bei Lagerabschnitten mit einer Fläche von mehr als 1 600 m^2 muss die Abtrennung durch feuerbeständige Decken aus nichtbrennbaren Baustoffen (F 90-A) und durch Brandwände erfolgen. An den Zugängen zu den Lagerabschnitten sind Schilder nach DIN 4066 mit der Aufschrift »Löschwasser-Rückhaltung« anzubringen. Für Löschwasser-Rückhalteanlagen sind zusätzliche Bauvorlagen und Feuerwehrpläne zu erstellen.

Unabhängig von dieser Forderung, die ohne Zutun der Feuerwehr in der Anfangsphase funktionieren muss, besteht nach dem Wasserhaushaltsgesetz der Besorgnisgrundsatz, wenn verschmutztes Löschwasser in Böden und Gewässer eingeleitet wird. Es ist daher bei entsprechenden Gefahren, wie etwa bei Reifenlagern oder Müllsortieranlagen, eine Abstimmung mit den Umweltbehörden erforderlich. Grundlage muss stets ein realistischer Löschwassereinsatz sein, der bei den erwähnten Beispielen doch immens sein kann.

13 Sicherheitsstromversorgung

In vielen Bauvorschriften wird die Forderung erhoben, in einem Gebäude für die Aufrechterhaltung des Betriebes technischer Einrichtungen bei Ausfall des Netzstromes eine Sicherheitsstromversorgung einzurichten. Dabei ist zunächst noch nicht an die Sicherheit im Brandfall gedacht. Innenliegende Flure und Treppenräume sollen nicht plötzlich unbeleuchtet sein und zu Stürzen und Verletzungen führen, in den stehenbleibenden Aufzugskabinen soll mindestens die Beleuchtung weiter brennen und ein Notruf möglich sein.

Nun kann der – allerdings wenig wahrscheinliche – Fall eintreten, dass während des Netzausfalles ein Brand entsteht, z. B. durch die Verwendung von Kerzen und offenem Licht als Ersatzbeleuchtung. Dann müssen trotz des Netzausfalles alle elektrisch betriebenen Sicherheitseinrichtungen für den Brandfall weiter betrieben werden können. Hierzu gehören alle sicherheitstechnischen Anlagen und Einrichtungen wie z. B. die Beleuchtung der Rettungswege, Lüftungsanlagen von Sicherheitstreppenräumen, Schleusen, innenliegenden Treppenräumen, Fahrschächten und Triebwerksräumen von Feuerwehraufzügen, Wasserdruckerhöhungsanlagen, Einrichtungen zur Alarmierung der Personen im Gebäude, Brandmeldeanlagen, elektrisch betriebene Feuerschutzabschlüsse (Rolltore) und im gewerblichen Bereich alle der Sicherheit dienenden Betriebsüberwachungsanlagen. Dabei ist ein wesentliches Kriterium, ob die Sicherheitsstromversorgung unterbrechungslos erfolgen muss (bei Feuermeldeanlagen und Sicherheitsbeleuchtungen darf die Umschaltzeit nicht mehr als eine Sekunde betragen) oder ob eine Unterbrechung bis zum Anlaufen eines Stromerzeugungsaggregates von etwa 15 Sekunden in Kauf genommen werden kann. In den beiden ersten Fällen (Feuermeldeanlagen und Sicherheitsbeleuchtung) muss die Sicherheitsstromversorgung über eine Batterie erfolgen. Die Sicherheitsstromversorgung mittels einer Batterie kann zu einem späteren Zeitpunkt von einem Notstromaggregat übernommen werden. Für Sicherheitsbeleuchtungen wäre die Stromversorgung ggf. auch über ein Schnellstartaggregat möglich, sofern die zulässige Umschaltzeit eingehalten werden kann. Eine Batterie ist nur dort möglich, wo die erforderliche elektrische Leistung nicht zu hoch ist, also keinesfalls mehr zum Betrieb von Aufzugs- oder Lüftermaschinen. In diesem Zusammenhang soll darauf hingewiesen werden, dass zum Schutz des Batterieraums dieser feuerbeständig von anderen Räumen zu trennen ist und nicht anderweitig genutzt werden darf.

Es besteht auch die Möglichkeit, gewisse elektrisch betriebene Sicherheitseinrichtungen für den Brandfall so auszubilden, dass sie bei Netzausfall automatisch wirksam werden, wie z. B. die elektromagnetischen Feststellanlagen von Feuerschutzabschlüssen (Ruhestromprinzip).

Der Vollständigkeit halber wird in diesem Zusammenhang nochmals darauf hingewiesen, dass die genannten Einrichtungen und Anlagen auch nach einem direkten oder indirekten Blitzschlag funktionieren müssen. Dies kann nur erreicht werden, wenn ausreichende Maßnahmen des äußeren und inneren Blitzschutzes getroffen werden.

13.1 Sicherheitsbeleuchtung

Die MBO fordert in § 35:

»Innenliegende notwendige Treppenräume müssen in Gebäuden mit einer Höhe von mehr als 13 m (Fußbodenoberkante des höchstgelegenen Geschosses, in dem ein Aufenthaltsraum möglich ist) eine Sicherheitsbeleuchtung haben.«

Um bei Ausfall der allgemeinen Beleuchtung die Rettungswege vom Platz im Raum, über Gänge, Ausgänge, Flure, Treppen, Ausgänge ins Freie bis auf die öffentliche Verkehrsfläche sicher begehen zu können, fordert der Gesetzgeber schon seitjeher in bestimmten Sonderbauten (Versammlungsstätten, Verkaufsstätten, Gast- und Beherbergungsstätten, große Schulen) die Einrichtung einer Sicherheitsbeleuchtung. Die Beleuchtungsstärke muss mindestens 1 Lux betragen, soweit in den Bestimmungen nicht höhere Werte gefordert sind. Die technischen Ausführungsregeln sind u. a. in DIN VDE 0100-560, DIN VDE 0100-718, DIN EN 1838 und DIN EN 50172 zu finden. Es gibt zwei Arten der Schaltung von Notleuchten:

1. **Notleuchte in Dauerschaltung**: Sie ist einzuschalten, wenn sie benötigt werden könnte, d. h. in einem Theater im Bühnenhaus bei Beginn der Bühnenarbeiten, im Zuschauerraum vor Einlass der Besucher. In notwendigen Fluren und Treppenräumen einer Beherbergungsstätte muss die Sicherheitsbeleuchtung in Dauerschaltung ständig in Betrieb sein, da der Hotelbetrieb rund um die Uhr läuft. Die Sicherheitsbeleuchtung brennt also mit der Allgemeinbeleuchtung mit und wird auch aus dem Netz gespeist. Bei Absinken der Netzspannung auf weniger als 85 Prozent über eine Zeit von mehr als 0,5 Sekunden schaltet sie automatisch auf Ersatzstrom um. Die Umschaltzeit darf nach DIN VDE V 0108-100 maximal eine

Sekunde betragen. Die Bemessungsbetriebsdauer der Stromquelle muss mindestens drei Stunden betragen.

2. **Notleuchte in Bereitschaftsschaltung**: In Räumen, die betrieblich verdunkelt sein müssen (Zuschauerraum von Kinos, Theatern), würde die Sicherheitsbeleuchtung stören. Man wählt deshalb eine Schaltung, bei der die Sicherheitsbeleuchtung bei Absinken der Netzspannung der Allgemeinbeleuchtung (unabhängig davon, ob diese eingeschaltet ist) automatisch eingeschaltet wird, d. h. im verdunkelten Raum beginnen die Sicherheitsleuchten zu leuchten, während die Bühnenbeleuchtung erlischt oder die Filmvorführung unterbrochen wird. Unabhängig von der Bereitschaftsschaltung müssen jedoch auch im verdunkelten Raum die Leuchten der Ausgangshinweise und Stufenbeleuchtung in Dauerschaltung leuchten.

Die oben genannten Normen verlangen, dass die Leitungen vom Netz der allgemeinen Stromversorgung getrennt zu verlegen sind. Darüber hinaus müssen die Leitungen einem Brand ausreichend lang widerstehen. Die Bestimmungen der Leitungsanlagen-Richtlinie (MLAR) schreiben für Sicherheitsbeleuchtungsanlagen einen Funktionserhalt von mindestens 30 Minuten vor (P 30 nach DIN EN 13501).

Zur Beleuchtung der Ausgangshinweise, die gegebenenfalls auch auf den Rettungswegen auf dem Grundstück bis zur öffentlichen Verkehrsfläche hin anzubringen sind, gibt es zwei Möglichkeiten: Entweder wird der Hinweis, der ein Piktogramm sein soll, transparent ausgeführt und mit einer Lampe der Sicherheitsbeleuchtung hinterleuchtet oder der Hinweis wird als Schild nach ASR A1.3 (grüner Grund RAL 6018 mit weißer Beschriftung und Rand) ausgeführt und von einer Leuchte der Sicherheitsbeleuchtung angestrahlt.

Neben den Fällen, in denen der Gesetzgeber die Einrichtung einer Sicherheitsbeleuchtung fordert, kann eine solche auch in Sonderbauten erforderlich sein und verlangt werden, wo immer Personen, insbesondere viele oder ortsunkundige Personen, auf elektrisch beleuchtete, innenliegende Rettungswege angewiesen sind. Das sind beispielsweise Bürogroßräume in Firmen oder öffentlichen Gebäuden, große Industriebauten, Verkehrsbauten, Arbeitsräume in Kellergeschossen, Rettungstunnel und Ähnliches (§ 51 MBO).

13.2 Funktionserhalt

Von dem bisher zugrunde gelegten – seltenen – Fall »Brand bei Netzausfall« ist der Fall »Ausfall der Hausinstallation durch Brand« deutlich zu unterscheiden. Werden nämlich in einem Gebäude elektrische Kabel und Leitungen durch Brandeinwirkung beschädigt oder zerstört, so kommt es zu Kurzschlüssen oder zu Leitungsbrüchen und die Sicherungen sprechen an. Dann ist die Stromversorgung der elektrisch betriebenen Einrichtungen, insbesondere der Sicherheitseinrichtungen unterbrochen, ohne dass ein Netzausfall stattgefunden hat. Die Sicherheitsstromversorgung wird in diesem Fall gar nicht wirksam. Außerdem ist es gleichgültig, ob die zerstörten Leitungen den Strom des Netzes oder der Netzersatzquelle nicht mehr führen. Für diesen Fall ist also die Einrichtung einer Ersatzstromversorgung wertlos. Man prüfe daher sorgfältig, ob ein geeigneter Kabelschutz nicht wertvoller ist als die aufwendige Sicherheitsstromversorgung. Es kommt hier doch darauf an, die Kabel und Leitungen zum Betrieb der Sicherheitseinrichtungen geschützt gegen Brandeinwirkung zu verlegen. Die Isolierung von Kabeln und Leitungen ist relativ wärmeempfindlich, die verwendeten thermoplastischen Kunststoffe, meist Weich-PVC, versagen bei etwa 120 bis 150 °C. Solche Leitungen müssen zunächst getrennt von anderen Leitungen geführt werden. Sie müssen darüber hinaus gegen die Brandeinwirkung aus den Räumen geschützt werden. Dies muss durch Bauteile mit Feuerwiderstand geschehen, wobei darauf zu achten ist, dass trotz des Einbaus die entstehende Betriebswärme der Kabel – etwa bei Aufzugsmaschinen – noch sicher abgeführt wird, da sonst das Kabel auch ohne äußere Brandeinwirkung durchbrennen kann. Alternativ können auch Leitungsanlagen mit integriertem Funktionserhalt verwendet werden. Wichtig ist, dass solche Leitungen nicht ungeschützt durch Räume mit erhöhter Brandgefahr geführt werden (Werkstätten, Lagerräume, Müllräume). Meist werden die Leitungen in den Erschließungswegen des Gebäudes geführt, was aus Sicht des Vorbeugenden Brandschutzes allerdings ein anderes Problem aufwirft: der Schutz dieser Wege, die meist allgemein zugänglich sind und als Rettungswege dienen, ist vor der Verqualmung durch durchbrennende oder schmorende Kabel nicht mehr gewährleistet. Ein entsprechender feuerwiderstandsfähiger Einbau der Leitungen erfüllt hier demnach zwei Zwecke. In Treppenräumen dürfen Leitungen nicht geführt werden, obgleich der Treppenraum der sicherste Raum eines Gebäudes ist. Hier überwiegt der Gesichtspunkt »Schutz des Treppenraumes«, da die Leitungen ja einen unzulässigen brennbaren Einbau bilden. Einzelne Leitungen, die zum Betrieb des Treppenraumes dienen, sind davon ausgenommen. An die Stelle der getrennten und geschützten Verlegung kann die Verwendung von Kabeln und Leitungen mit integriertem Funktionserhalt nach DIN 4102-12 treten. Die MLAR schreibt verbindlich vor:

Bild 79: ***Ungeschützte Kabelanlage nach einem Brand***

»Die elektrischen Leitungsanlagen für bauordnungsrechtlich vorgeschriebene sicherheitstechnische Anlagen und Einrichtungen müssen so beschaffen oder durch Bauteile abgetrennt sein, dass die sicherheitstechnischen Anlagen und Einrichtungen im Brandfall ausreichend lang funktionsfähig bleiben (Funktionserhalt). Dieser Funktionserhalt muss bei möglicher Wechselwirkung mit anderen Anlagen, Einrichtungen oder deren Teilen gewährleistet bleiben.«

Die Dauer des Funktionserhalts der Leitungsanlagen muss mindestens 90 Minuten betragen bei

- Wasserdruckerhöhungsanlagen zur Löschwasserversorgung,
- maschinellen Rauchabzugsanlagen und Rauchschutz-Druckanlagen für notwendige Treppenräume in Hochhäusern sowie für Sonderbauten, für die solche Anlagen im Einzelfall verlangt werden; abweichend hiervon genügt für Leitungsanlagen, die innerhalb von Treppenräumen verlegt sind, eine Dauer von 30 Minuten,

- Bettenaufzügen in Krankenhäusern und anderen baulichen Anlagen mit entsprechender Zweckbestimmung sowie Feuerwehraufzügen; ausgenommen sind Leitungsanlagen, die sich innerhalb der Fahrschächte oder der Triebwerksräume befinden.

Die Dauer des Funktionserhalts der Leitungsanlagen muss mindestens 30 Minuten betragen bei

- Sicherheitsbeleuchtungsanlagen,
- Personenaufzügen mit Brandfallsteuerung; ausgenommen sind Leitungsanlagen, die sich innerhalb der Fahrschächte oder der Triebwerksräume befinden,
- Brandmeldeanlagen einschließlich der zugehörigen Übertragungsanlagen; ausgenommen sind Leitungsanlagen in Räumen, die durch automatische Brandmelder überwacht werden, sowie Leitungsanlagen in Räumen ohne automatische Brandmelder, wenn bei Kurzschluss oder Leitungsunterbrechung durch Brandeinwirkung in diesen Räumen alle an diese Leitungsanlage angeschlossenen Brandmelder funktionsfähig bleiben,
- Anlagen zur Alarmierung und Erteilung von Anweisungen an Besucher und Beschäftigte (Hausalarmanlagen),
- Natürliche Rauchabzugsanlagen.

Die Muster-Leitungsanlagenrichtlinie (MLAR) berücksichtigt nicht die Erhöhung des elektrischen Widerstands durch die Temperaturerhöhung der Leitungsanlagen im Brandfall. Um den ordnungsgemäßen Betrieb der sicherheitstechnischen Anlagen und Einrichtungen im Brandfall sicherzustellen, muss der Elektroplaner bei der Dimensionierung derartiger Anlagen berücksichtigen, dass Kabelanlagen in Kanälen und beschichtete Kabelanlagen zum Zeitpunkt des Funktionsverlustes eine Temperatur von etwa 150 °C aufweisen. Für Kabelanlagen mit integriertem Funktionserhalt sind näherungsweise als Leitertemperaturen zum Zeitpunkt des Funktionsverlustes die Brandraumtemperaturen anzusetzen. Bei einem Funktionserhalt über 30 Minuten sind dies 842 °C, nach 60 Minuten 945 °C und nach 90 Minuten 1 006 °C.

14 Brandschutz auf Baustellen

Es ist eine statistisch erhärtete Erfahrung, dass Brände unverhältnismäßig oft auf Baustellen, in Rohbauten und insbesondere kurz vor der Fertigstellung von Gebäuden ausbrechen. Die Gründe dafür sind einleuchtend: zu einer Anhäufung brennbarer Stoffe gesellt sich die Verwendung von offenem Feuer. Zwischen Abfallhaufen und Stapeln von Packmaterial, Plastikfolien, Isolierstoffen, Dämmstoffen, Bauholz und ähnlichen normal- oder leichtentflammbaren Stoffen wird geschweißt, gelötet, geschnitten, werden Kleber, Vergussmassen, Teer und Bitumen angewärmt, wird geraucht, stehen Lacke und Lösungsmittel, Schweißgarnituren, Flüssiggasflaschen und Trockenöfen. Der übliche Termindruck erhöht nicht gerade die Sorgfalt der Beschäftigten.

Andererseits sind in dieser Bauphase die Löscheinrichtungen wie nasse und trockene Löschwasserleitungen, Wandhydranten, Feuerlöscher, automatische Löschanlagen, Brandmeldeanlagen, Rauch- und Wärmeabzugsanlagen in der Regel noch nicht betriebsbereit. Die Feuerwehrzufahrten sind weder frei, noch befestigt, noch gekennzeichnet, da die Außenanlagen zuletzt fertig gestellt werden. Gerade in den Fällen wären die oben genannten Einrichtungen dringend erforderlich, da wegen der besonderen Art oder Nutzung mit einer erschwerten Brandbekämpfung zu rechnen ist. Auch wenn das Objekt von den künftigen Nutzern noch nicht bezogen ist, befinden sich darin die am Bau Beteiligten – bei großen Objekten oft Hunderte von Beschäftigten. Es muss daher schon während der Bauzeit ein Mindestmaß an Voraussetzungen für die Rettung und die Durchführung wirksamer Löschmaßnahmen geschaffen werden. An der Baustelle ist daher zumindest die Löschwasserversorgung sicherzustellen. In Hochhäusern oder Bauten mit mehr als 30 m Höhe soll in dem Treppenraum, in dem die Bautreppe eingerichtet ist, eine trockene Löschwasserleitung einsatzfertig hochgeführt werden, die mit dem Baufortschritt von Geschoss zu Geschoss zu ergänzen ist. Eine trockene Löschwasserleitung mit DN 50 reicht bis 100 m Gebäudehöhe erfahrungsgemäß aus, um bei Einspeisung mit einer Feuerlöschkreiselpumpe im obersten Geschoss ein C-Rohr mit ausreichendem Druck vorzunehmen. Einspeisung und Entnahmestellen sind frei und zugänglich zu halten und deutlich zu kennzeichnen. Desgleichen ist – zumindest bei größeren Bauvorhaben – die Zufahrt bis in die Nähe der Bautreppe bzw. Einspeisung freizuhalten, provisorisch zu befestigen und zu kennzeichnen. Die Rechtsgrundlage für solche Forderungen bietet der § 11 MBO: »Baustellen sind so einzurichten, […] dass […] Gefahren […] nicht entstehen«. Besonderes Augenmerk ist bei Großbaustellen auch auf die Bürocontainer zu richten, die oft das Ausmaß von kleinen Siedlungen annehmen und in hohem Maße brandgefährdet sein können. Büros, Kantinen, Unterkünfte mit Schlafräumen müssen hinsichtlich ihrer Anordnung, Rettungswege, baulichen Ausführung sowie ihrer Beheizung und Beleuchtung den Anforderungen an dauerhafte Gebäude entsprechen, besonders wenn die Container aus Platzmangel zwei- und mehrgeschossig ausgeführt werden.

Bild 80: ***Der Brandschutz der Baustelle und der Baustelleneinrichtung darf nicht vernachlässigt werden.***

Bild 81: ***Brandereignisse auf Baustellen können sehr rasch zum vollständigen Verlust des Gebäudes führen.***

15 Schlussbetrachtung

Im vorliegenden Buch wurde versucht, die Grundideen und Grundsätze des Vorbeugenden Brandschutzes darzustellen. In zahlreichen Rechtsvorschriften, deren Inhalt Belange des Brandschutzes berührt, wird der Leser eine Flut von Einzelvorschriften finden. Alle Einzelbestimmungen passen letztlich wieder unter einen der vier Gesichtspunkte, die der § 14 der Musterbauordnung in seinem ersten Satz aufzählt: Der Entstehung eines Brandes und der Ausbreitung von Feuer und Rauch vorzubeugen, die Rettung von Menschen und Tieren und wirksame Löscharbeiten möglich zu machen. Ergänzend hierzu gilt es die Sicherheit der Einsatzkräfte zu bedenken. Diese fünf Gesichtspunkte muss sich derjenige stets vor Augen halten, dessen Ziel die Sicherheit im Brandfall ist. Er darf jedoch bei der Forderung und Durchsetzung der Maßnahmen des Vorbeugenden Brandschutzes eines nie außer Acht lassen: Jede Maßnahme, die er fordert, kann den Bauherrn bei der geplanten Nutzung des Gebäudes räumlich, betrieblich und wirtschaftlich belasten.

Kein Gebäude wird errichtet, damit in erster Linie den Forderungen des Vorbeugenden Brandschutzes Genüge getan wird, sondern damit eine bestimmte Nutzung in einem architektonisch ansprechenden und zweckmäßig strukturierten Gebäude in wirtschaftlicher Weise durchgeführt werden kann. Es gilt daher, insbesondere in Ermessensfragen, bei Erleichterungen und Abweichungen einen kritischen, vernünftigen und konsequenten Maßstab anzulegen und die Erkenntnisse der Einsatzpraxis zu berücksichtigen.

Nicht derjenige betreibt den besten Vorbeugenden Brandschutz, der in blindem Eifer alle ihm bekannten Möglichkeiten der Vorbeugung über einen Bauplan ausschüttet und versucht, aus dem Gebäude einen »Bunker« zu machen, sondern der, der in wohl abgewogenem maßvollen Anwenden der möglichen, aber auch nur der nötigen Maßnahmen eine vernünftige Synthese aus der notwendigen Sicherheit und einem immer bleibenden, vertretbaren Restrisiko findet, bei der sowohl die Bestimmungen des Bauordnungsrechts, wie auch die Wünsche des Bauherrn angemessene Berücksichtigung finden. Dabei ist auch immer nur eine bestimmungsgemäße Nutzung vorauszusetzen.

Vorbeugender Brandschutz kann auch niemals eine einzelne Maßnahme sein, sondern ist immer ein System von aufeinander abgestimmten Maßnahmen – ein Brandschutzkonzept. Die Anwendung der Einzelbestimmung muss stets mit Blick auf das Ganze erfolgen. Erst der Zusammenhang zwischen Gebäude, seiner Nutzung und die Summe aller Sicherheitsvorkehrungen ergeben letztlich den wirksamen

Schutz. Dies setzt voraus, dass man auch nicht nur die Einzelbestimmung des Baurechts kennt, sondern Sinn, Schutzziel und Konsequenzen der Forderungen in einem Brandschutzkonzept zusammenfügt.

Man muss sich wirklich immer wieder fragen, ob und warum ein Bauteil im Einzelfall feuerhemmend bzw. feuerbeständig sein muss, wenn es ohne Risiko auch ungeschützt sein könnte. Es hat keinen Sinn, den Feuerüberschlag an der Fassade mit großem Aufwand zu verhindern, wenn das Feuer innerhalb des Gebäudes ungehindert hochlaufen kann – und umgekehrt. Die »Hochhausgrenze« verliert jeden Sinn, wenn es weit und breit keine Drehleiter gibt.

Ist das massive Hallendach wirklich das Beste? Wäre ein leichtes Dach, das durchbrennt und die Brandenergie entweichen lässt, im gegebenen Fall nicht genauso sicher, würde aber dem Wunsch des Bauherrn entsprechen, da es nur einen Bruchteil kostet?

Eine derart differenzierte Betrachtungsweise bedarf einiger Voraussetzungen: genaue Kenntnis der Begriffe, sowohl im Baurecht, als in der Technik, Kenntnis des Wertes und der Grenzen einer geforderten Maßnahme, Bereitschaft zur Alternative, zur Verantwortung in vollem Bewusstsein ihrer Konsequenzen.

Viele Entscheidungen sind Ermessensentscheide, »wenn Bedenken wegen des Brandschutzes bestehen« oder »nicht bestehen«. Gerade da zeigt sich die Expertise der Brandschutzplanerin und des Brandschutzplaners, der Prüfenden und der Feuerwehren. Während häufig der Unkundige seine Unsicherheit oder Hilflosigkeit hinter harten und übertriebenen Forderungen zu verbergen trachtet, ermöglichen schutzzielorientierte Herangehensweisen, die gerade auch die Einsatzpraxis mit betrachten, oftmals abweichende aber ausreichend sichere, praxisgerechte und wirtschaftliche Lösungen.

Andererseits darf man nicht der Versuchung verfallen, Gefahren durch Brand zu verharmlosen. Nur zu häufig wird argumentiert: »Was kann denn hier schon brennen?« oder »Wann brennt es denn schon bei uns?« Würde man die berechtigten Forderungen des Vorbeugenden Brandschutzes aufgrund solcher Argumente außer Acht lassen, so wäre dies ein grundlegender Fehler.

Die Fortschreibung des Bauordnungsrechts ist oft durch Kürzungen und Erleichterungen gekennzeichnet. Hier besteht die Gefahr, dass Ursache und Wirkung verwechselt werden. Die Argumentation darf nicht lauten »Es ist ja nichts passiert, also sind die Vorschriften zu streng«, sondern gerade diese Vorschriften haben große Schäden seither verhindert.

Gerade weil die Bestimmungen in Deutschland relativ streng und konsequent waren, ist unser Land seither von Brandkatastrophen, wie sie aus anderen Ländern berichtet werden, weitgehend verschont geblieben.

Feuer mit mehreren hundert Toten müssen einfach außerhalb des Möglichen bleiben. Brände mit Todesopfern kann man – soweit sie durch bauliche Maßnahmen überhaupt beeinflusst werden können – bei konsequenter Anwendung der heutigen Erkenntnisse ziemlich sicher verhindern. Nicht verhindern konnte man allerdings seither einen jährlichen Sachschaden in Milliardenhöhe, der insbesondere durch Großbrände in der Industrie verursacht wird. Wenige Großbrände, 0,5 Prozent der Brandfälle, mit Schäden von zwei- und dreistelligen Millionenziffern verursachen 50 Prozent des Gesamtbrandschadens. Dabei sind noch nicht einmal die weiteren Folgeschäden berücksichtigt, die sich für die Betroffenen und für die gesamte Volkswirtschaft in Form von Betriebsunterbrechungen, Verlust von Märkten und Kunden sowie von Arbeitsplätzen und Bruttosozialprodukt ergeben und die die rein materiellen Schäden häufig um ein Vielfaches übersteigen.

Ob es allein mit den Methoden des ingenieurmäßigen Brandschutzes künftig möglich sein wird, diese Schäden zu senken, wagen die Verfasser zu bezweifeln. Zu sehr ist gerade die Industrie auf eine flexible Nutzung ihrer baulichen Anlagen angewiesen, als dass sie einen Genehmigungszustand aufrechterhalten könnte, der so exakt festgelegt sein muss, dass er als Basis einer Rechnung dienen kann. Die Zukunft wird zeigen, ob dieser Weg zu einem besseren Vorbeugenden Brandschutz führen kann.

Mehr und mehr wird unser bewährtes bauliches Brandschutzsystem durch anlagentechnische Schutzmaßnahmen ersetzt und kompensiert. Auch das vereinte Europa hat unser gewohntes System des Vorbeugenden baulichen Brandschutzes verändert und wird es auch weiterhin verändern und zwingt uns, von mancher gewohnten Vorstellung Abschied zu nehmen. Dies ist kein Grund zur Besorgnis. Die sinnvolle Anwendung künftiger Vorschriften wird auch weiterhin das Erreichen der in den derzeitigen Bestimmungen angestrebten Schutzziele möglich machen, an denen sich natürlich nichts ändert. Das Grundlagendokument Brandschutz der EU führt dazu aus:

»Das Bauwerk muss derart entworfen und ausgeführt sein, dass bei einem Brand

- *die Tragfähigkeit des Bauwerks während eines bestimmten Zeitraums erhalten bleibt,*
- *die Entstehung und Ausbreitung von Feuer und Rauch innerhalb des Bauwerks begrenzt wird,*
- *die Ausbreitung von Feuer auf benachbarte Bauwerke begrenzt wird,*
- *die Bewohner das Gebäude unverletzt verlassen oder durch andere Maßnahmen gerettet werden können,*
- *die Sicherheit der Rettungsmannschaften berücksichtigt ist.«*

Und wie kann man überhaupt Erfolg oder Misserfolg eines Systems feststellen? Eine Vorschrift kreiert einen Gebäudetyp. Dieser muss erst so oft gebaut werden, dass sich darin Brände in repräsentativer Häufigkeit ereignen können. Hierzu bedarf es wohl des Zeitraumes einer Generation, um überhaupt Tendenzen zu erkennen. In den von uns begutachteten Gebäuden werden vielleicht erst unsere Enkel löschen. Man kann daher nur über lange Zeiträume hinweg die statistischen Schadenzahlen verfolgen und Schlüsse daraus ziehen. Leider fehlt uns die Zeit für dieses »Feedback«, da eine Gesetzesänderung auf die andere folgt.

Anhang

A »Rettung von Personen« und »wirksame Löscharbeiten« – bauordnungsrechtliche Schutzziele mit Blick auf die Entrauchung

Ein Grundsatzpapier der Fachkommission Bauaufsicht

G. Famers, J. Messerer

1 Einführung

Im Zusammenhang mit der Erstellung von Brandschutzkonzepten für komplexe Bauaufgaben stellt sich häufig die Frage nach den mit den bauordnungsrechtlichen Vorschriften verfolgten Schutzzielen. Diskussionen in der Fachwelt haben gezeigt, dass über diese Ziele in einigen Punkten Unklarheit besteht. Zudem war zu beobachten, dass sich die Auffassungen darüber, was öffentlich-rechtlich erforderlich ist, aus unterschiedlichen Gründen auseinander entwickelt haben, wie z. B. hinsichtlich der Notwendigkeit einer raucharmen Schicht für die Personenrettung, aber auch über die Frage, was unter »wirksamen« Löschmaßnahmen zu verstehen ist.

Die Fachkommission Bauaufsicht der Bauministerkonferenz – ARGEBAU, die für die Musterbauordnung (MBO) als Muster für die Landesbauordnungen zuständig ist, hat sich dieser Frage angenommen und ihre Projektgruppe Brandschutz mit diesbezüglichen Untersuchungen beauftragt. Dabei wurden alle Regelungen der Musterbauordnung und der zugehörigen Sonderbauvorschriften auf ihre Zielsetzung hinterfragt. Das Ergebnis sind die nachfolgend abgedruckten Grundsätze zu Fragen der Personenrettung und wirksamen Löschmaßnahmen.

Das Grundsatzpapier wurde im Oktober 2008 sowohl von der Fachkommission Bauaufsicht als auch von den Gremien der Arbeitsgemeinschaft der Leiterinnen und Leiter der Berufsfeuerwehren in Deutschland – AGBF (Arbeitskreis Grundsatzfragen und Arbeitskreis Vorbeugender Brand- und Gefahrenschutz – AK VB/G) einstimmig und ohne Änderungen angenommen.

2 Zum Inhalt

Die Grundsätze beziehen sich nur auf solche Gebäude, die die bauordnungsrechtlichen Anforderungen einhalten, also keine Abweichungen in Anspruch nehmen.

Es werden Standardbauten und Sonderbauten unterschieden; Sonderbauten sind in der Musterbauordnung konkret aufgezählt (z. B. Hochhäuser, große Verkaufsstätten, Versammlungsstätten, Krankenhäuser, Heime usw., siehe § 2 Abs. 4 MBO), alle anderen Bauvorhaben werden als Standardbauten bezeichnet. Für Standardbauten befinden sich die Brandschutzanforderungen abschließend in der MBO; für bestimmte Sonderbauten (geregelte Sonderbauten) sind weitere Regelungen zu beachten, wie z. B. die Versammlungsstättenverordnung, Verkaufsstättenverordnung, Beherbergungsstättenverordnung, Hochhausrichtlinie, Schulbaurichtlinie, Industriebaurichtlinie. Für andere Sonderbauten sind ggf. im Einzelfall Brandschutzanforderungen festzulegen.

3 Ergebnis

Es wurde klargestellt, dass das Bauordnungsrecht nicht die Aufgaben der Feuerwehr regelt, die Aufgaben der Feuerwehr ergeben sich aus den Feuerwehrgesetzen der Länder. Das Bauordnungsrecht erfasst nur die bauliche und technische Beschaffenheit eines Gebäudes. Diese muss so sein, dass die Rettung von Personen und wirksame Löschmaßnahmen **möglich** sind. Lediglich bei Gebäuden, für die als zweiter Rettungsweg eine »anleiterbare Stelle« genügt, muss zur tatsächlichen Herstellung dieses zweiten Rettungswegs die Feuerwehr mit ihrer Leiter mitwirken.

Die Feuerwehr kann im Brandfall nur eine begrenzte Anzahl von Personen retten. Die Anzahl der Personen, die von der Feuerwehr gerettet werden können, lässt sich nicht benennen, da die Umstände im Brandfall äußerst unterschiedlich sein können (Hilfsfrist, Zeit der Brandentdeckung und -meldung, Brandentwicklung, Stärke der Feuerwehr, Mobilität der zu rettenden Personen usw.). Die Feuerwehr kann in Sonderbauten mit vielen Menschen die Personenrettung nicht sicherstellen; sie ist darauf angewiesen, dass die Personen beim Eintreffen der Feuerwehr das Gebäude bereits weitgehend verlassen haben oder sich in sicheren Bereichen befinden. Neben der ausreichenden Ausbildung von Rettungswegen ist daher ebenso von Bedeutung, dass die Menschen früh-/rechtzeitig mit der Flucht beginnen. Für eine rechtzeitige Räumung hat deshalb in Sonderbauten (z. B. Versammlungs- und Verkaufsstätten, Krankenhäuser, Pflegeheime, Schulen) der Betreiber zu sorgen.

Hinsichtlich der Ausbreitung von Feuer und Rauch sehen alle Brandschutzvorschriften der MBO und der zugehörigen Sonderbauregeln Anforderungen an Baustoffe und raumabschließende Bauteile vor, die direkt oder indirekt dem Schutz der Rettungswege vor Feuer und Rauch dienen. Eine Rauchableitung aus Rettungswegen zur Sicherstellung der Benutzbarkeit in der Phase der Personenrettung ist nicht vorgesehen, sie könnte ohnehin nur bereits eingedrungenen Rauch abführen. Für die Personenrettung muss in diesem Fall der alternative (zweite) Rettungsweg benutzt werden. Sind Rettungswege besonders schutzbedürftig, wird Rauchfreihaltung verlangt (wie z. B. in einem Sicherheitstreppenraum).

Die bauordnungsrechtlich verlangten Öffnungen zur Rauchableitung oder Rauchabzugsanlagen dienen der Unterstützung der Feuerwehr bei ihrer Arbeit, selbst wenn dafür keine quantifizierte Entrauchungswirkung vorgegeben ist.

Löschmaßnahmen sind auch dann wirksam, wenn die Brandausbreitung erst an den klassischen »Barrieren« des bauordnungsrechtlichen Brandschutzes, wie z. B. der Brandwand, gestoppt werden kann.

4 Ausblick

Es besteht Handlungsbedarf seitens der ARGEBAU bezüglich der im Grundsatzpapier genannten Formulierungen in Muster-Vorschriften, die missverständlich sind. Erreicht werden soll, dass im Regelfall die Gestaltung der Rettungswege ohne ingenieurmäßige Bemessungen auskommt und diese nur bei Abweichungen heranzuziehen sind. Sonstige Änderungen werden nicht für erforderlich gehalten, da keine Erkenntnisse vorliegen, die eine Verschärfung des Anforderungsniveaus erfordern. Auch eine Absenkung ist nicht veranlasst und auch nicht beabsichtigt.

Zu untersuchen wäre, ob es typische Abweichungsfälle, wie übergroße Räume oder mehrgeschossige Atrien, gibt, für die sich häufig vorkommende Randbedingungen feststellen lassen. Das für geregelte Bauvorhaben zugrunde gelegte Schutzniveau muss auch hier erreicht werden, was in einem Brandschutzkonzept nachzuweisen ist. Hierfür ist seitens Wissenschaft und Forschung der Frage nachzugehen, was eine qualifizierte Entrauchung als Teil eines Brandschutzkonzepts leisten kann und welche Bemessungsmethoden zu belastbaren, wiederholbaren und zuverlässigen Ergebnissen führen können.

Nachfolgend ist das Grundsatzpapier der Fachkommission Bauaufsicht abgedruckt.

Verfasser: Gabriele Famers, Obfrau der Projektgruppe Brandschutz der Fachkommission Bauaufsicht; Joseph Messerer, Vorsitzender des Arbeitskreises Grundsatzfragen und des Arbeitskreises Vorbeugender Brand- und Gefahrenschutz der AGBF – Arbeitsgemeinschaft der Leiterinnen und Leiter der Berufsfeuerwehren in Deutschland

A1 Grundsätze zur Auslegung des § 14 MBO der Fachkommission Bauaufsicht der Bauministerkonferenz (ARGEBAU) abgestimmt mit dem AK Grundsatzfragen und dem AK VB/G der AGBF (16./17.10.2008)

Das Papier dient der Erläuterung und Klarstellung zweier in § 14 der Musterbauordnung (MBO) aufgeführten Ziele des Brandschutzes – insbesondere im Hinblick auf die Anforderungen zur Rauchableitung in den bauordnungsrechtlichen Vorschriften. Die Ziele werden hier getrennt betrachtet, um sie besser bewerten zu können. Tatsächlich können bestimmte Maßnahmen aber auch beiden Zielen dienen.

§ 14 Brandschutz
Bauliche Anlagen sind so anzuordnen, zu errichten, zu ändern und instand zu halten, dass der Entstehung eines Brandes und der Ausbreitung von Feuer und Rauch (Brandausbreitung) vorgebeugt wird und bei einem Brand ***die Rettung von Menschen und Tieren sowie wirksame Löscharbeiten möglich sind****.*

I. »Rettung von Menschen ermöglichen«

1. Zu unterscheiden sind **Sonderbauten**, also Gebäude, die einen der Tatbestände des § 2 Abs. 4 Nrn. 1 bis 18 MBO-2002 erfüllen, und sonstige Gebäude (im Weiteren »**Standardbauten**« genannt).
   - 1.1. In beiden Fällen verlangt das Bauordnungsrecht für jede Nutzungseinheit mit Aufenthaltsräumen **zwei voneinander unabhängige Rettungswege** je Geschoss (§ 33 Abs. 1 MBO).
   - 1.2. Bei **Standardbauten** darf der zweite Rettungsweg regelmäßig über Rettungsgeräte der Feuerwehr führen. Dabei geht die MBO davon aus, dass jede öffentliche Feuerwehr über Rettungsgeräte verfügt, mit denen Brüstungen in einer Höhe von bis zu 8 m über der Geländeoberfläche erreicht werden können. Gebäude, deren zweiter Rettungsweg über Geräte der Feuerwehr führt und bei denen die Oberkante der Brüstung von zum Anleitern bestimmten Stellen mehr als 8 m über der Geländeoberfläche liegt, dürfen nur

errichtet werden, wenn die örtliche Feuerwehr über die hierfür erforderlichen Rettungsgeräte (wie Hubrettungsfahrzeuge) verfügt.

1.3. Bei **Sonderbauten** (mit Aufenthaltsräumen), die in den Geltungsbereich einer eigenen Muster-Verordnung oder Muster-Richtlinie fallen (Beherbergungsstätten, Schulen, Verkaufsstätten, Versammlungsstätten) werden i. d. R. zwingend **bauliche Rettungswege** verlangt.

1.4. Bei **Sonderbauten** darf der zweite Rettungsweg nur dann über Geräte der Feuerwehr führen, wenn keine Bedenken wegen der Personenrettung bestehen (§ 33 Abs. 3 Satz 2 MBO).

2. Bei **Sonderbauten** mit ausschließlich baulichen Rettungswegen bedarf es für die Personenrettung in aller Regel **nicht** der Mitwirkung der Feuerwehr. Die Gebäude sind so zu planen, dass sich die Personen darin im Gefahrenfall selbst in Sicherheit bringen können. Soweit es sich um Gebäude handelt, die überwiegend von Personen genutzt werden, die sich nicht oder nur eingeschränkt selbst retten können (z. B. Personen mit Mobilitätseinschränkung, Kinder, alte Menschen oder Patienten), muss die Evakuierung (Räumung) als Teil der Personenrettung im Brandfall Gegenstand geeigneter **betrieblicher/organisatorischer Maßnahmen** sein (in aller Regel eingewiesenes Personal/Verbringen in einen sicheren Bereich).

Aus Nr. 1. und 2. oben ergeben sich folgende Schlussfolgerungen für die Frage der Rauchableitung:

3. Grundlagen der bauordnungsrechtlichen Anforderungen zur Rettung von Personen sind
   - die innere Abschottung von Gebäuden,
   - die Führung, Bemessung und bauliche Ausbildung von Rettungswegen sowie
   - betriebliche/organisatorische und ggf. anlagentechnische Maßnahmen einschließlich der Alarmierung.
4. Sind diese grundlegenden bauordnungsrechtlichen Anforderungen eingehalten (= **im Normalfall**), ist eine Rauchableitung nur zur Unterstützung der Brandbekämpfung durch die Feuerwehr vorgesehen.

Anmerkung:
Allerdings sind einzelne Regelungen über eine zulässige Verlängerung der Rettungswege jeweils in Abhängigkeit zur Raumhöhe (M-IndBauR und M-VStättV) bzw. in Abhängigkeit zu vorhandenen Rauchabzugsanlagen (M-VStättV und M-VkV) in dieser Hinsicht missverständlich. Diese Regelungen werden zurzeit überprüft und in der textlichen Aussage klargestellt.

5. Die MBO sieht für die Personenrettung keine Maßnahmen zur Rauchableitung vor. Solche Maßnahmen (bei denen z. B. die rechtzeitige und sichere Funktion der Rauchabzugsanlagen Voraussetzung für die Benutzbarkeit der Rettungswege ist) können allenfalls im **Einzelfall**, zur Kompensation für eine Abweichung von bauordnungsrechtlichen Anforderungen in Betracht kommen.
6. Wird bauordnungsrechtlich gefordert, dass in bestimmte Räume Rauch nicht eindringen darf (z. B. beim Sicherheitstreppenraum – wenn also auf einen der beiden eigentlich verlangten Rettungswege verzichtet werden darf), werden keine Maßnahmen zur Rauchableitung verlangt, sondern vielmehr zur Rauch**freihaltung** (d. h.: Rauch darf in den Rettungsweg erst gar nicht eindringen können).
7. Für die Evakuierung (Räumung) großer Gebäude mit vielen Menschen sind aus Sicht des Bauordnungsrechts insbesondere die Faktoren »**Zeit**« und »**Vermeidung von Staus**« von Bedeutung. Beiden Faktoren wird bauordnungsrechtlich in erster Linie durch die **Anordnung (Lage, Anzahl) und Breite der Ausgänge** (und ggf. auch der Gänge im Raum) Rechnung getragen. Die Evakuierung (Räumung) großer Gebäude kann nicht nur aufgrund eines Brandes, sondern auch aus anderen Gründen (Terrordrohung/-anschlag, Amoklauf, Wassereinbruch, Teileinsturz etc.) erforderlich werden. Maßnahmen zur Rauchableitung können hierbei für eine schnelle Evakuierung keinen Beitrag leisten.

II. »Wirksame Löscharbeiten ermöglichen«

1. Das Bauordnungsrecht ermöglicht wirksame Löscharbeiten grundsätzlich dadurch, dass die Feuerwehr eine bauliche Anlage von der öffentlichen Verkehrsfläche aus ungehindert erreichen und die Rettungswege als Angriffswege nutzen kann, durch die Standsicherheit im Brandfall für

eine bestimmte Zeit, durch die Schaffung von Brandabschnitten und dadurch, dass ggf. Löschanlagen zur Verfügung stehen.

2. Das Bauordnungsrecht stellt keine Anforderungen an die Leistungsfähigkeit der öffentlichen Feuerwehr, geht aber von einer den örtlichen Verhältnissen entsprechend funktionsfähigen Feuerwehr aus.
3. Das Bauordnungsrecht lässt nur einen zeitlich eingeschränkten Feuerwehreinsatz innerhalb einer baulichen Anlage zu, der durch die vorgegebene Standsicherheit der Anlage im Brandfall bestimmt wird.
4. Müssen aufgrund der Brandentwicklung beim Eintreffen der Feuerwehr einzelne, brandschutztechnisch abgetrennte Räume, die Nutzungseinheit, der Brandabschnitt/Brandbekämpfungsabschnitt oder das Gebäude aufgegeben werden, können aber die benachbarten Räume/Nutzungseinheiten/Brandabschnitte/Brandbekämpfungsabschnitte/Gebäude durch den Feuerwehreinsatz geschützt werden, handelt es sich gleichwohl im bauordnungsrechtlichen Sinn um »wirksame Löscharbeiten«.
5. Dass bauordnungsrechtlich in bestimmten Fällen Öffnungen zur Rauchableitung oder Rauchabzugsanlagen verlangt werden, trägt der Erfahrung Rechnung, dass solche Öffnungen/Anlagen – selbst wenn dafür keine quantifizierte Entrauchungswirkung vorgegeben ist – die Feuerwehr bei ihrer Arbeit unterstützen.

Bei Planern und Prüfsachverständigen macht sich in letzter Zeit vermehrt eine Erkenntnis breit, wonach auf baurechtlich erforderliche Trennwände verzichtet werden kann, nachdem in dem Grundsatzpapier der Fachkommission Bauaufsicht »Rettung von Personen und wirksame Löscharbeiten« wirksame Löscharbeiten auch dann vorliegen, wenn der gesamte Brand- bzw. Brandbekämpfungsabschnitt ausbrennt. Die Verfasser des Grundsatzpapiers und deren Erläuterungen – Frau Gabriele Famers und Herr Joseph Messerer – haben deshalb die nachstehenden Erläuterungen verfasst, mit der Projektgruppe Brandschutz und dem Fachausschuss »Vorbeugender Brand- und Gefahrenschutz« der deutschen Feuerwehren (AGBF Bund und DFV) abgestimmt und herausgegeben.

A2 Erläuterungen zum Grundsatzpapier der Fachkommission Bauaufsicht »Rettung von Personen« und »wirksame Löscharbeiten« – bauordnungsrechtliche Schutzziele mit Blick auf die Entrauchung

G. Famers, J. Messerer

München, den 20.12.2022
In dem Papier »Grundsätze zur Auslegung des § 14 MBO« steht unter dem Punkt »Wirksame Löscharbeiten ermöglichen« u. a. folgendes:

Müssen aufgrund der Brandentwicklung beim Eintreffen der Feuerwehr einzelne, brandschutztechnisch abgetrennte Räume, die Nutzungseinheit, der Brandabschnitt/Brandbekämpfungsabschnitt oder das Gebäude aufgegeben werden, können aber die benachbarten Räume/Nutzungseinheiten/Brandabschnitte/Brandbekämpfungsabschnitte/Gebäude durch den Feuerwehreinsatz geschützt werden, handelt es sich gleichwohl im bauordnungsrechtlichen Sinn um »wirksame Löscharbeiten«.

Dieser Passus führte in der Vergangenheit immer mehr zu der Annahme, dass aus baurechtlicher Sicht auf Trennwände mit Feuerwiderstandsdauer verzichtet werden kann, da sich das Feuer auf den gesamten Brandabschnitt ausdehnen darf.

Zur Klarstellung wird auf die Entstehung dieser Zeilen näher eingegangen. Als das Thema in der Projektgruppe Brandschutz zur Debatte stand, war in Feuerwehrkreisen eine Meinung weitgehend verbreitet, die von der Meinung des Baurechts erheblich abwich. Die Feuerwehren vertraten den Standpunkt, dass »wirksame Löscharbeiten« sich dadurch abzeichnen, dass das Feuer auf den beim Eintreffen der Feuerwehr vorgefundenen Umfang begrenzt wird. Die Bauaufsichtsbehörden waren dagegen der Auffassung, dass wirksame Löscharbeiten aus der Sicht der Bauordnung auch dann gegeben sind, wenn der Brandherd auf den im Bauordnungsrecht verlangten brandschutzrelevanten Abschnitt begrenzt wird. Dies ist vor allem die Nutzungseinheit, die durch Trennwände von anderen Nutzungseinheiten oder Räumen abgetrennt wird. Sofern es der Feuerwehr im Einzelfall jedoch nicht möglich ist, die Brandausbreitung auf die Nutzungseinheit zu begrenzen, wird aus bauordnungsrechtlicher Sicht auch dann noch von einer wirksamen Brandbekämpfung gesprochen, wenn sich das Feuer zwar weiter ausdehnt, aber auf den Brandabschnitt bzw.

Brandbekämpfungsabschnitt begrenzt wird. Da nicht jedes Gebäude in mehrere Brandabschnitte unterteilt ist, kann auch dann noch von einer wirksamen Brandbekämpfung ausgegangen werden, wenn das Gebäude dem Brand zum Opfer fällt, die Nachbarschaft jedoch nicht in Mitleidenschaft gezogen wird.

Die bauordnungsrechtlich verlangten abschottenden Bauteile wie Trennwände dienen vor allem der Einschränkung der Brandausbreitung und sind damit eine Voraussetzung dafür, dass wirksame Löscharbeiten möglich sind. Die Annahme, dass auf feuerwiderstandsfähige Trennwände innerhalb von Brandabschnitten (z. B. Trennwände von Nutzungseinheiten) verzichtet werden kann, widerspricht eindeutig dem Baurecht und auch dem Anliegen des Grundsatzpapiers. An eine Aufweichung des Baurechts mittels des o. g. Satzes war nie gedacht; der Text sollte den unbestimmten Rechtsbegriff »wirksame Löscharbeiten« einheitlich (Bauaufsicht und Feuerwehr) definieren.

Autorin MR Gabriele Famers Ministerialrätin a. D.; langjährige Leiterin des Sachgebiets Fachliche Angelegenheiten der Bayerischen Bauordnung im Bayerischen Staatsministerium des Innern und Obfrau der Projektgruppe Brandschutz der Fachkommission Bauaufsicht der Bauministerkonferenz (ARGEBAU); Kommentarautorin zur BayBO

Autor Dipl.-Ing. (FH) Joseph Messerer Leitender Branddirektor a. D.; rund 38 Jahre bei der Branddirektion München im vorbeugenden und abwehrenden Brandschutz, Leitung Abteilung »Vorbeugender Brand- und Gefahrenschutz«; jahrelang Vorsitzender des Arbeitskreises »Vorbeugender Brand- und Gefahrenschutz« der AGBF auf Landes- und Bundesebene; Referent und Fachbuchautor

B Vorschriftenverzeichnis

Musterbauordnung

- Abrufbar über den Internetauftritt der IS-ARGEBAU unter: öffentlicher Bereich → Mustervorschriften/Mustererlasse →Bauaufsicht/Bautechnik; https://www.is-argebau.de/verzeichnis.aspx?id=991&o=759O986O991, letzter Zugriff: 02.04.2025.

Muster-Verwaltungsvorschrift (MVV TB), Muster Regelungen für Sonderbauten, Feuerungsanlagen und Garagen, Muster zu Verfahren und die Prüfungen, Hinweise zum Brandschutz, Musterrichtlinien

- Abrufbar über den Internetauftritt der IS-ARGEBAU unter: öffentlicher Bereich → Mustervorschriften/Mustererlasse →Bauaufsicht/Bautechnik; https://www.is-argebau.de/verzeichnis.aspx?id=991&o=759O986O991, letzter Zugriff: 02.04.2025.

Auswahl an Normen und Technischen Regeln (die jeweils aktuellen Fassungen sind auf der Seite des Deutschen Instituts für Normung e.V. zu finden)

DIN 1045 »Tragwerke aus Beton, Stahlbeton und Spannbeton« siehe auch DIN EN 1991-1 »Einwirkungen auf Tragwerke«
DIN 1072 »Straßen- und Wegbrücken; Lastannahmen« zurückgezogen, siehe DIN EN 1991-2 »Verkehrslasten auf Brücken«
DIN 3223 »Betätigungsschlüssel für Armaturen«
DIN 4066 »Hinweisschilder für die Feuerwehr«
DIN 4102-1 »Brandverhalten von Baustoffen und Bauteilen – Teil 1: Baustoffe; Begriffe, Anforderungen und Prüfungen«
DIN 4102-4 »Brandverhalten von Baustoffen und Bauteilen – Teil 4: Zusammenstellung und Anwendung klassifizierter Baustoffe, Bauteile und Sonderbauteile«
DIN 4844 »Graphische Symbole – Sicherheitsfarben und Sicherheitszeichen«
DIN 13024 »Krankentrage«
DIN 14094 »Feuerwehrwesen – Notleiteranlagen«
DIN 14095 »Feuerwehrpläne für bauliche Anlagen«
DIN 14096 »Brandschutzordnung – Regeln für das Erstellen und das Aushängen«
DIN 14210 » Künstlich angelegte Löschwasserteiche«
DIN 14220 »Löschwasserbrunnen«

DIN 14230 »Unterirdische Löschwasserbehälter«
DIN 14244 »Löschwasser-Sauganschlüsse – Überflur und Unterflur«
DIN 14318 »B-Festkupplung mit metallischer Dichtfläche PN 16, aus Aluminium-Legierung und B-Deckkapsel, aus Grauguss oder Aluminium-Legierung«
DIN 14461 »Feuerlösch-Schlauchanschlusseinrichtungen«
DIN 14462 »Löschwassereinrichtungen – Planung, Einbau, Betrieb und Instandhaltung von Wandhydrantenanlagen sowie Anlagen mit Über- und Unterflurhydranten«
DIN 14661 »Feuerwehrwesen – Feuerwehr-Bedienfeld für Brandmeldeanlagen«
DIN 14675-1 »Brandmeldeanlagen – Teil 1: Aufbau und Betrieb«
DIN 14676-1 »Rauchwarnmelder für Wohnhäuser, Wohnungen und Räume mit wohnungsähnlicher Nutzung – Teil 1: Planung, Einbau, Betrieb und Instandhaltung«
DIN 14925 »Feuerwehrwesen, Verschlusseinrichtung«
DIN 18017 »Lüftung von Bädern und Toilettenräumen ohne Außenfenster«
DIN 18040 »Barrierefreies Bauen – Planungsgrundlagen«
DIN 18065 »Gebäudetreppen – Begriffe, Messregeln, Hauptmaße«
DIN 18090 »Aufzüge – Fahrschacht-Dreh- und -Falttüren für Fahrschächte mit Wänden der Feuerwiderstandsklasse F 90«
DIN 18091 »Aufzüge; Schacht-Schiebetüren für Fahrschächte mit Wänden der Feuerwiderstandklasse F 90«
DIN 18092 »Aufzüge; Vertikal-Schiebetüren für Kleingüteraufzüge in Fahrschächten mit Wänden der Feuerwiderstandsklasse F 90«
DIN 18095-1 »Türen; Rauchschutztüren; Begriffe und Anforderungen«
DIN 18230 »Baulicher Brandschutz im Industriebau«
DIN 18232 »Rauch- und Wärmefreihaltung«
DIN EN 3 »Tragbare Feuerlöscher«
DIN EN 81-72 »Sicherheitsregeln für die Konstruktion und den Einbau von Aufzügen – Besondere Anwendungen für Personen- und Lastenaufzüge – Teil 72: Feuerwehraufzüge«
DIN EN 1125 »Schlösser und Baubeschläge – Paniktürverschlüsse mit horizontaler Betätigungsstange für Türen in Rettungswegen – Anforderungen und Prüfverfahren«
DIN EN 1363 »Feuerwiderstandsprüfungen«
DIN EN 14604 »Rauchwarnmelder«
DIN VDE 0185-600 »Blitzschutz – Teil 600: Prüfung der Eignung von beschichteten Metalldächern als natürlicher Bestandteil des Blitzschutzsystems«
DIN VDE 0833 »Gefahrenmeldeanlagen für Brand, Einbruch und Überfall«
VdS 2035 »Stahltrapezprofildächer – Planungshinweise für den Brandschutz«
VdS CEA 4001 »Sprinkleranlagen – Planung und Einbau«

Auswahl Fachempfehlungen der deutschen Feuerwehren (Fachausschuss Vorbeugender Brand- und Gefahrenschutz der AGBF (Städtetag) und des Deutschen Feuerwehrverbandes)

- Bauen unter Hochspannungsleitungen
- Umgang mit Photovoltaik-Anlagen
- Wirksame Löscharbeiten an Holzfassaden
- Brandschutztechnische Anforderungen an Krankenhäuser
- Brandschutz bei Lithium-Ionen-Großspeichersystemen
- Fachempfehlung Elektrofahrzeuge

- Fachempfehlung Fassadenbegrünung
- Fachempfehlung Objektfunkanlagen
- Fachempfehlung WDVS
- Pflege- und Behinderteneinrichtungen
- Tageseinrichtungen für Kinder
- Brandlasten in Rettungswegen
- Blitzschutzanlagen
- Elektromobilität
- Verbesserung der Brandsicherheit von Bussen
- Anwendungsbereich RWM-Alarmierungsanlagen-BMA
- Moderne Schulbauformen-Unterrichtskonzepte
- Unterbringung Flüchtlinge und Asylbewerber
- Garagenabtrennungen
- Durchführung der Brandverhütungsschau
- Objektfunkanlagen

Stichwortverzeichnis